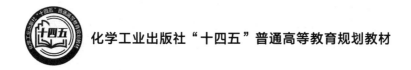

化学工业出版社"十四五"普通高等教育规划教材

生物标本采集与制作

Collection and Production of Biological Specimens

第二版

李典友　王睿　高本刚　编著

化学工业出版社

·北京·

内容简介

《生物标本采集与制作》第一版被众多高校用作教材，多次重印，广受好评。新版保留了初版的基本编写框架，主要内容包括动植物标本采集、干制标本制作、浸制标本制作、动物剥制标本制作、骨骼标本制作、透明骨骼标本制作、生物玻片标本制作，作物病虫害标本、鸟卵和鸟类胚胎标本等特殊生物标本制作应用，以及生物标本的保管和维护、组织培养与常用实验动物饲养。

基于教学工作需要，新版增加了"第一章 生物标本及其在教学中的作用"和"第八章 沿海无脊椎动物标本采集与制作"。

新版集科学性、实用性、示范性为一体，文字简练，浅显易懂，是大专院校生物类专业本科教材，也可供生物标本制作初学者阅读参考。

图书在版编目（CIP）数据

生物标本采集与制作 / 李典友，王睿，高本刚编著. 2版. -- 北京：化学工业出版社，2025.1. --（化学工业出版社"十四五"普通高等教育规划教材）. -- ISBN 978-7-122-47055-3

Ⅰ. Q-34

中国国家版本馆CIP数据核字第2025CD5498号

责任编辑：傅四周　　　　　　　　　　　文字编辑：徐　旸
责任校对：宋　玮　　　　　　　　　　　装帧设计：韩　飞

出版发行：化学工业出版社（北京市东城区青年湖南街13号　邮政编码100011）
印　　装：三河市航远印刷有限公司
787mm×1092mm　1/16　印张13　字数304千字　2025年3月北京第2版第1次印刷

购书咨询：010-64518888　　　　　　　售后服务：010-64518899
网　　址：http://www.cip.com.cn
凡购买本书，如有缺损质量问题，本社销售中心负责调换。

定　价：55.00元　　　　　　　　　　　　　　　　　　　版权所有　违者必究

前言

《生物标本采集与制作》自 2016 年 4 月由化学工业出版社出版以来,受到了广大生物学教学工作者和生物爱好者的广泛好评,同时读者也给出了不少好的建议和意见,为修订再版提供了良好的基础。在化学工业出版社的大力支持下,我们对初版《生物标本采集与制作》进行了修订。

生物标本制作技术是生物学教学内容的重要组成部分。采集和制作生物标本,可以加深学生对生物学知识的理解,是从事生物学研究的必备技术,生物标本是生物专业学生理论联系实际的良好载体。借助生物标本,学生能直接观察到受时间和空间限制看不到的动植物,获得相应生物的形态特征和生理结构,加深对所学知识的理解,提高教学质量。而且采集和制作生物标本,能培养学生的实践操作能力。同时,生物标本也是从事科学研究的基础材料。此外,生物标本制作也受到部分宠物爱好者的青睐,他们可以将死亡的宠物制成形态逼真、美观动感的生态标本,作为一种纪念方式,在心理上得到一定的安慰。

《生物标本采集与制作》新版保留了初版的基本编写框架,主要内容包括动植物标本采集、干制标本制作、浸制标本制作、动物剥制标本制作、骨骼标本制作、透明骨骼标本制作、生物玻片标本制作,作物病虫害标本、鸟卵和鸟类胚胎标本等特殊生物标本制作应用,以及生物标本的保管和维护、组织培养与常用实验动物饲养。

新版认真贯彻党的二十大精神,新增内容中融入了辩证唯物主义世界观和爱国主义精神等思政元素。增加了"第一章 生物标本及其在教学中的作用",也考虑到海洋资源的开发日益受到重视,新增了"第八章 沿海无脊椎动物标本采集与制作",对海洋无脊椎动物标本的采集步骤和制作操作方法作了详尽阐述,图文并茂,便于初学者学习掌握。

新版修订过程中力求内容丰富新颖，科学性、实用性、示范性融为一体；文字简练，浅显易懂。新版也对原版中的一些疏漏之处进行了修正，进一步统一了计量单位，可以用作大专院校生物类专业本科教材，也可供生物标本制作初学者阅读参考。

尽管我们进行了认真细致的修订，但限于作者水平，书中遗漏之处在所难免，敬请生物学教学和研究的同仁们不吝赐教，以便再版时完善。

编　者

于茅台学院旅游管理系

2024 年 9 月

目录

第一章 生物标本及其在教学中的作用 001~012	第一节 生物标本的概念、用途、采集制作的 基本原则和制作原理 第二节 生物标本在生物教学中的作用	001 006

第二章
动植物标本采集
013~030

第一节　低等植物及菌类标本采集　　　013
第二节　动物标本采集　　　　　　　　017

第三章
干制标本制作
031~042

第一节　腊叶植物标本采集与制作　　　031
第二节　立体标本和叶脉标本制作　　　034
第三节　动物干制标本制作　　　　　　035
第四节　脊椎动物内脏的干制标本制作　042

第四章
浸制标本制作
043~066

第一节　植物标本的浸制　　　　　　　　　043
第二节　鱼类标本的浸制　　　　　　　　　044
第三节　蚯蚓整体标本的浸制　　　　　　　047
第四节　田螺整体标本的浸制　　　　　　　047
第五节　两栖、爬行动物的整体浸制　　　　048
第六节　蛇类标本的浸制　　　　　　　　　048
第七节　小型鸟类标本的浸制　　　　　　　049
第八节　动物解剖标本的浸制　　　　　　　050
第九节　脊椎动物血液循环注射标本的制作　056
第十节　脊椎动物神经标本的制作　　　　　060
第十一节　蛙类系统发育标本的浸制　　　　064

第五章
动物剥制标本制作
067~089

第一节	鱼类标本的剥制	067
第二节	两栖类标本的剥制	069
第三节	龟类标本的剥制	071
第四节	蛇类标本的剥制	073
第五节	鳄鱼标本的剥制	075
第六节	鸟类标本的剥制	077
第七节	小型兽类标本的剥制	084
第八节	中型兽类标本的剥制	088

第六章
骨骼标本制作
090~104

第一节	制作骨骼标本的工具、器材和药品	090
第二节	普通动物骨骼标本	091
第三节	鲫鱼骨骼标本的制作	094
第四节	蟾蜍骨骼标本的制作	096
第五节	龟类骨骼标本的制作	097
第六节	蛇类骨骼标本的制作	099
第七节	家鸽骨骼标本的制作	100
第八节	家兔骨骼标本的制作	102

第七章
透明骨骼标本制作
105~106

第一节	取材及处理	105
第二节	固定	105
第三节	透明	105
第四节	染色	106
第五节	肌肉脱色和再透明	106
第六节	脱水	106

第八章
沿海无脊椎动物标本采集与制作
107~136

第一节	海洋环境的特点和分区	107
第二节	沿海无脊椎动物标本采集的注意事项	109
第三节	沿海无脊椎动物标本采集用的主要器械及工具	109
第四节	沿海无脊椎动物标本采集要点	110
第五节	沿海无脊椎动物标本制作	130

第九章
生物玻片标本制作
137~162

第一节	生物玻片标本的主要制作方法	137
第二节	常见实验种子植物的制片	141
第三节	常见实验孢子植物的制片	145
第四节	常见微生物的制片	148
第五节	常见实验动物的制片	150
第六节	脊椎动物的石蜡切片和制片	156

第十章
特殊生物标本制作应用
163~170

第一节	作物病虫害标本制作	163
第二节	鸟卵和鸟类胚胎标本制作	168

第十一章
生物标本的保管和维护
171~172

第一节	标本室、橱和柜	171
第二节	消毒	172
第三节	保养	172
第四节	管理	172

第十二章
组织培养与常用实验动物饲养
173~199

第一节	组织培养技术	173
第二节	菌种培养方法	178
第三节	常见实验动物的饲养方法	182

参考文献
200

第一章
生物标本及其在教学中的作用

第一节 生物标本的概念、用途、采集制作的基本原则和制作原理

一、生物标本的概念

在日常教学和科学研究工作中，掌握理论或实践方面的各项基本概念极为重要。概念不清会谬误百出，从而造成不应有的混乱和损失。因此，必须明确界定有关生物标本的几个常用的概念。

1. 标本

在自然科学中，常会提到"标本"一词。什么是标本？根据字意和不同的引用范围，对标本有不同的解释。标本有表里、内外、本末的意思。就教学科研来说，标本通常是指能够提供观摩、研究用的，经过整理而保持原形的动物、植物、矿物等实物样品。这一宏观概念比较简要明确。

2. 生物标本

生物标本是指经过加工保存，保持原形或特征，供生物教学、科学研究或陈列观摩用的动物、植物和微生物。在生物教学、科研工作中，经常要做些生物标本的采集、制作活动。根据制作的对象不同，生物标本可分为动物标本、植物标本和微生物标本；根据制作方法的不同，可将生物标本分为干制标本、浸制标本、剥制标本、腊叶标本、玻片标本等，也有研究人员把剥制标本和腊叶标本列入干制标本一类。

3. 标本与模型、生物标本与生物模型的区别

标本和模型的概念不同。标本的概念已如上述，这里不再重复。模型则有三个方面的含义：其一是指根据实物、设计图或设想，按比例、生态或其他特征制成的同实物相似的物体，供展览、观赏、绘画、摄影、实验或观测等用；其二是指铸造用的模具；其三是为说明抽象理论而制成的实物，如当一个数学结构作为某个形式语言的解释时，即称为模型。由此可见，模型和标本在概念上存在着很大的差异。

同样，生物模型和生物标本也是两个不同的概念。生物模型是用混合石膏、塑料等材料，经过艺术加工，并根据生物体或各类代表性动物的内脏和器官的解剖，以及植物根、

茎、叶、花、果实等进行复制放大做成的模型。不难看出，生物模型的实质是指选用一些特殊材料仿制而成的生物模拟体，而生物标本的实质是指动植物及微生物等经过加工处理后保存起来的生物体本身。

4. 模式标本

在生物标本中，有一类重要的标本类型叫模式标本，它是指新发现的作为原始描述和定名所依据的标本，通常以"模式标本"、"Type"（英文）或"Typus"（拉丁文）标明。这种标本在一般中小学教学应用中很少见，常常被保存在这一新种（或新亚种、新变种）的原始记载和定名者的研究单位或大学的动植物标本室内。

二、生物标本的用途

生物标本的用途是多方面的，在科学研究和生物教学上都离不开生物标本，生物标本在科普、绘图、展览、观赏等方面也有重要作用。

1. 生物教学的直观教具

在生物教学中，生物标本的用途非常广泛。我国有句成语，叫做"百闻不如一见"，即使在科学技术比较发达的今天，这句成语仍然符合实际。在课堂里，常常会出现这样的现象——讲台上教师无论怎样用生动具体的语言描述某个生物的特征，讲台下听课的学生仍然无精打采，提不起精神；但当教师出示了这一生物标本后，课堂气氛顿时活跃起来，学生的注意力集中到这个形象而生动的"生物体"上，教师的讲解把他们带进一个真实体验的境地，使他们一面听讲，一面观察，大脑也同时在记忆、思考。这样的生物课，教师教得生动活泼，学生学得津津有味，而且懂得快，理解深，记得牢。

2. 科学思维训练的载体

在生物课外小组的活动中，生物标本的采集与制作是备受师生欢迎的一种活动。采集标本意味着学生必须走向大自然，开阔视野，活跃思想，启迪思维；制作标本时，学生不仅亲自动手做出栩栩如生、招人喜爱的生物标本，而且进一步巩固了所学的生物学知识，提高了自己的观察能力和动手能力。

3. 绘图和制图的道具

在绘画和制图方面，生物标本还是最形象、直观的临摹道具。

4. 科普教育展示

在自然博物馆里，参观者常常可以见到许多珍贵的动植物标本，这些生物标本的展出，为广大青少年和科技工作者提供了学习生物学知识的条件；在商店的柜台上和窗橱中，常常摆设有生物标本，这些形态奇特、活灵活现的生物工艺品，可供广大群众观赏、购买。

5. 科学研究的工具

就科学研究来说，生物标本可以为科研工作者提供最直接、可靠、精确的直观实物及有关数据，对于在室内深入研究动植物的生活、生长及发育规律有重要意义。例如，植物分类学家在对各种植物进行系统分类时，必须以植物标本作为主要依据，分析它们之间在根、茎、叶、花、果实、种子等方面的相同点和不同点，正确判断出它们的特征，才能对每一种植物做出准确无误的鉴定。我国明代杰出的医药学家李时珍，重视临床实践，主张革新，在群众的协助下，经常上山采药，深入民间，向农民、渔民、樵夫、药农、林医请教，同时参考历代医药有关典籍，并收集整理宋、元时期民间发现的很多药物，充实了医药学内容，经过27年的艰苦努力，著成《本草纲目》一书。在这部巨著中，李时珍对植物标本进行分类、定名、鉴定，使一些由于不同药物有着同一名称或同一药物有着不同的名称所引起的混乱得以澄清，书中共收集原有诸家《本草》所载药物1518种，新增药物374种，是我国医药学的一份宝贵遗产。

三、生物标本采集制作的基本原则

采集和制作一件合格的生物标本，不仅需要经过一系列的加工处理，而且要严格遵循有关的基本原则，不是一件轻而易举的事。

1. 真实性原则

真实性原则要求生物标本一定是实实在在的生物实体。生物标本若失去了真实性，那就没有任何存在的价值。生物标本的实质是经过加工处理的生物体本身，因此，如果在做生物标本时不使用生物体本身，而采用其他什么东西代替，这样制作出来的"标本"就不能称之为生物标本。对于不同动植物体的不同部分是不能拼凑的，必须防止以假乱真而失去标本的真实性。

2. 典型性原则

典型性是指所采集的生物标本必须是能够体现这一物种的最突出的特征，并且这些特征是最明显、最能说明问题的。为此，一定要采集那些具有典型特征的生物体；不典型的生物标本将会给生物分类、定名、识别、辨认带来许多不必要的麻烦。

3. 完整性原则

完整性是指生物体不能缺少任何组成部分，应该是一个完全的整体。例如，一棵植株包括根、茎、叶、花、果实、种子，制作一个完整的草本植物腊叶标本，这六个部分就应完整无缺；如果在采集时不慎碰坏了花、丢了果实或弄断了根，这棵植株就不宜再做标本，即使做了也已失去它本身的生物学意义。因为植物生长发育有阶段性，所以通常不易一次采集到花果俱全的植株整体，而需要根据不同种类的植物花期、果期分期分批补采齐全。

4. 以科学性为主、艺术性为辅的原则

生物标本在制作技术、定名等方面都应尊重科学，即生物标本应具有科学性，这是不言而喻的。但我们同时还应注意生物标本的艺术性；有些标本的确科学性很强，但粗制滥造，叫人看起来很不舒服，这也是不可取的。因此，制作生物标本是科学性与艺术性相结合的一项技术操作。相对来说，属于科普范围内的生物标本，在强调科学性的同时，有必要在制作过程中适当配合一些工艺手段，如调整标本的姿态和搭配一些简要的背景，以及适度的装饰等。但是，既然是生物标本，就应以科学性为主、艺术性为辅，一些不必要的加工缀饰，喧宾夺主、过于发挥，就难免失去标本本身的科学应用价值，也就是说，应该注意保持生物标本的科学严肃气氛。例如，在中学植物标本竞赛中，有的参赛标本适当加入了彩色吹塑纸作为标本的衬托，外观比较协调大方，但是有的标本在衬托之外又粘贴了不必要的花边，费了较多的工夫，实际上反倒破坏了标本的严肃性。

四、生物标本的制作原理

制作各种生物标本，既要符合科学性，做到真实、完整，还要模拟出生物在真实生活中的自然形态和神气，这才能完美地显示出栩栩如生的姿态，诱发观赏者和爱好者对标本的主题内容进行仔细观察，深入研究，使标本具备一定的科学应用价值。

制作生物标本有一定的制作原理可循，主要有以下几点，供标本爱好者在制作生物标本时参考使用。

1. 厘清标本的生物学特性

制作各种生物标本，首先要熟悉制作对象的生物学特性，其中包括形态、结构、生理机制、生活习性以及标本组织结构方面的理化性质等，然后结合标本的用途，如教学、科研或科普展出等，制订"制以致用"的操作方案。

在生物标本制作过程中，只有自始至终结合生物学的特征，才能使制成的标本既不失真，又能满足需要，还可持久保存。此外，还应根据对标本质量的具体要求和制作条件，"因材施制"。因此，标本制作的方式、方法不是一成不变的。例如，鸟兽标本通常是采用剥制方法制作。但如果标本由于置放日久或贮藏不当，在临案制作时其被羽、毛已明显脱落甚至躯体已有微腐现象，那就失去了剥制的基本条件，如系珍贵生物标本，也只能改用液浸方式保存。

总之，只有掌握标本的生物学特性，结合标本的具体条件，才能制作出具有典型特征、符合工作需要、利于保存的生物标本来。

2. 掌握制作标本时使用材料的化学性状

在确定某种生物标本的制作、保存方法后，要进一步精选所需用的各种材料，针对需用材料的化学性能及其经济效益择优选取，才能收到好的效果。

比如生物标本制作中常用的试剂——酒精（乙醇）和福尔马林（甲醛水溶液），它们虽然都有灭菌、固定作用，但对生物体所起的效应，却各有特点。

乙醇溶液有强烈的杀菌力，渗透能力强，并有脱水作用，是常用的一种效果比较好的灭菌、固定剂。它的缺点是易使标本收缩、僵硬。一般使用浓度为 70%～75%，浓度过高灭菌效果反而降低。为了避免标本收缩、僵硬，在单独使用乙醇溶液固定标本时，宜采用由低浓度到高浓度渐次升高的方法来解决。用 95% 的乙醇配制各种浓度的乙醇见表 1-1。

表 1-1　配制各级乙醇溶液时 95% 乙醇用量表

常配乙醇浓度 /%	95% 乙醇用量 /mL	加水量 /mL
30	30	65
40	40	55
50	50	45
60	60	35
70	70	25
75	75	20
80	80	15
90	90	5

福尔马林是一种无色、有刺激性气味的液体试剂，具有强烈的杀菌作用，渗透力强，固定速度快，并有良好的防腐性能。它的缺点是易使标本发涨。常用浓度为 5%～10%。配制时按市售福尔马林的浓度为 100% 计算。

综上所述，我们应根据每种溶液的特点，除有目的地单独使用外，在配制标本浸液时还可以扬长避短，把乙醇和乙醇配成混合浸液使用。此外，乙醇价格较高，乙醇价格较低，两者混合使用还可降低成本，经济上更加合理。

除各种化学试剂、药品外，对制作标本使用的其它物品，如铁丝、铅丝和木质材料、玻璃、有机玻璃和塑料制品等，都需了解并掌握其性能、规格等，从而达到经济有效、运用自如、合理使用的目的。

3. 物理学原理的正确运用

自然界中各种生物都有一套适应外界环境的形态、生理结构和本能。随着其中奥秘被不断揭示，它们在近代仿生应用方面已经发挥了很大的启示作用。作为生物学科内容之一的标本制作，对此应高度重视，并保证所制标本更加科学，更符合实际。

在制作标本时，对于标本的结构有时需结合物理学原理进行加工，以保持姿态自然、重力平衡、支撑牢固。例如，在制作鸟类剥制标本时，用铁丝支架固定于标本台板上，根据物理学原理，我们可以将整个鸟的剥制标本分为前、后、左、右四个部分，取中点 O 为整个动物体的支点，前边部分力和力臂的乘积应等于后边部分力和力臂的乘积（见图 1-1）。$AO×F_1=OB×F_2$。左边部分力和力臂的乘积也应等于右边部分力和力臂的乘积（见图 1-2），即 $CO×F_3=OD×F_4$。也就是说，前后力矩要相等，左右力矩也要相等，才能保证鸟体的重力平衡，支撑牢固，作用于重心的重力在鸟体的支撑面之内，鸟体端正地立于标本台板上。

图 1-1　鸟类剥制标本前后力矩关系示意图　　图 1-2　鸟类剥制标本的左右力矩关系示意图

4. 注重创新，制作精品

当前各项生物标本的制作方法，有些还是基于传统的方式，操作方法和使用材料等还有待进一步革新、开发。近年来，有些从事教学、科研以及科普的科技工作者，已在逐步研究探索，试制出一些新的标本并获得一定成果。例如，用聚甲基丙烯酸甲酯（一种有机玻璃）包埋昆虫、植物腊叶标本的压膜都很成功，并且已由生物标本延伸到工艺装饰的应用方面。我们有必要时刻注意国内外有关生物标本制作方面的信息，结合自己的具体条件，在制作方法和用料方面有所创新，为教学、科研和普及科学知识做出应有的贡献。

第二节　生物标本在生物教学中的作用

一、通过采集、制作生物标本，培养学生辩证唯物主义世界观，进行爱国主义教育

在采集和制作标本的活动中，不仅要使学生学到生物学基础知识，训练基本技能，培养生物学能力，还可以结合这一过程对学生进行辩证唯物主义和爱国主义的思想教育。

辩证唯物主义世界观能使人们正确地认识世界，并用这种正确的认识来指导实践，得到具有科学预见性的结果。

在采集观察动植物标本时，有大量的资料可以证明自然界的一切事物都是相互联系、相互制约，而不是孤立的。例如，生物体与自然环境中温度、光照、水分、空气、土壤之间相互联系的关系，生态系统中各种动物和动物之间、植物和植物之间、动物和植物之间相互联系、相互制约的关系等等。一个典型的例子是采集寄居蟹标本时可以看到海葵与其共生的现象。要证明自然界的一切都处在不断的运动、变化和发展中，通过观察动植物的生活环境从水生到陆生的历史过程，通过制作动物的浸制解剖标本由低级向高级、由简单到复杂的发展过程等即可得出结论。辩证唯物论的其他原理，如运动是由于内在矛盾引起的，突然的质变是通过渐进的量变实现的等等，也都可以用大量生物标本制作过程中观察到的生物学知识来说明。

爱国主义是一种伟大的道德力量，它既表现在情感中，也反映在建设社会主义祖国的行动上。在进行生物标本采集与制作的同时，还应向学生进行爱国主义思想教育。这方面的素材很多，如：我们的祖国地大物博，生物资源非常丰富，我国有许多珍贵的、世界罕见的动物和植物；我国古代在医药、农业和生物学上有许多伟大的发现，社会主义祖国在生物学科中取得了许多新的进展，某些项目还具有国际领先水平等，这些都是进行爱国主义思想教育的好材料。

另外，在采集和制作生物标本过程中，还应教育学生养成珍惜大自然中一草一木的好作风，养成爱护公物、爱护园林、热爱祖国山山水水的好品德，并寓这种品德教育于技能学习和能力培养之中。

二、学习采集制作生物标本，进行生物学技能训练

传授生物学基本技能是生物教学的又一项重要任务。什么是技能？技能是指在一定条件下，选择和运用正确的方法，顺利完成某种任务的一种动作或心智活动方式。生物学基本技能主要包括三个方面的内容：

① 实验器具和仪器的操作技能；

② 搜集、培养和处理观察实验材料的动作技能，其中又包括制作涂片、装片和徒手切片的技能，采集动植物并制成标本的技能和培养、解剖动植物的技能；

③ 观察和实验的心智技能和动作技能。

生物学基本技能的训练要和生物学基础知识的学习结合在一起进行。技能的训练要有明确的目的，而且练习的方式要多样化，保证质量，明确结果。采集和制作生物标本恰恰有助于生物学基本技能的培养。

随着科学技术的迅猛发展，现代教育界已愈来愈深刻地认识到：培养学生的能力比传授知识更重要，因为能力是自我获得知识的手段和源泉。生物学能力是指"以思维为核心，把生物学基础知识和基本技能结合起来，去分析新问题和解决新问题的一种思考和行动的综合表现"。生物学能力使学生在学校里能更快地获得知识，在走上工作岗位后能不断获得新知识并圆满地解决科学、生产和生活中的问题，有些还可能有创造发明等。因此，生物学能力的培养是不可忽视的。

培养生物学能力有多种途径，其中采集和制作生物标本是重要途径之一，因为这一活动涉及的知识面很广，而且非常结合实际，所以难度比较大，培养出来的能力水平也就高一些。有些生物标本的采集和制作还具有科学研究的性质，有的就是科学研究的初级题目。例如，有些标本的采集和制作要经过反复实验和观察，最后才能成功，这就是科学研究的雏形。

三、生物标本在直观教学中的作用

1. 生物标本激发学习兴趣

生物标本的优点是生动、形象、真实感强，有助于学生正确、迅速地理解和掌握知识，并且记得快、记得牢，从而可以激发学生的学习兴趣，提高学生的求知欲望。例如，在讲解小麦花、桃花的结构时，如将这两种花的标本分发给每一个学生，使他们不仅能集中精力专心致志地观察、学习，而且能较快地了解花的一般结构，以及单子叶、双子叶植物花在构造上的区别。

2. 生物标本反映生物特征

生物标本的特点是稳定性好，能准确、完整地反映生物的特征。静止的生物标本为学生观察、实验和深入地钻研知识之间的内在联系带来了方便。例如，家兔的生理机能是比较抽象的知识，应首先使学生明白任何动植物的形态结构都是与其生活环境和生理机能相适应的，然后让学生观看家兔的解剖浸制标本和外形剥制标本，结合这些形态结构去领会其生理机能，这样学习就变得生动活泼得多，知识间的内在联系也容易被理解。比如，家兔的盲肠粗大就是与草食性相适应的等等。又如，学生看了植物根系的干制标本，将很容易理解庞大的根系有利于固定植物体，有利于从土壤中吸收水分和无机盐。

3. 生物标本在直观教学中突破时空限制

从教学的角度来看，生物标本之所以具有重要的应用价值，主要是因为它克服了空间和时间的限制，显示出它特殊的效果。

动植物种类繁多，区域性分布复杂，有的只生在南方，有的则为北方所特有。为了全面系统地满足教学的需要，将不同地区特有的物种制成标本在课堂上使用，就可以从根本上克服区域性的空间限制，使生活在南方的学生可以看到北方的动植物，生活在北方的学生可以看到南方的动植物。遇到植物凋谢、动物蛰伏的寒冬时节，由于有了事先采制的各种生物标本，我们照样可以看到它们的实体，这样就克服了时间给教学带来的种种限制。

此外在生物教学中，常需系统地了解某种生物的系列发育变化，例如蝌蚪的发育、蚕的生活史、种子的萌发等，观察活体的这个全过程需要有足够长的时间，但如果事先在其各个发育阶段选择典型个体制成系列标本，那就可以收到在同一时间内观察不同时期生物发育过程的效果。

4. 生物标本对教学的效果

作为直观教具，生物标本在教学中有特殊的地位。

① 生物标本能真实地反映生物的形态和结构，因此在讲授生物形态学、解剖学、分类学以及生活史时，若与展示生物标本相结合，必然会收到良好的效果。

② 讲授生态学知识的同时观察生物标本，可为观察自然界中的活体生物打下一定的基础。

③ 讲授生理学知识的同时观察生物标本，能从形态上为理解生物生理机能提供依据。

为了探索生物标本在教学中的作用，李作龙、刘更曾做过一些教学实验。

一次植物课教学中，进行苔藓类植物、蕨类植物和裸子植物三个单元的教学，在同一年级不同班分别采用了不同的教学方法。"对照班"只利用挂图讲述。"实验班"除用挂图外另发给学生每人一份植物标本；讲蕨类植物时发给蕨的标本，讲裸子植物时发给带球果的松枝，讲苔藓类植物时发给葫芦藓标本，同时提供放大镜和显微镜，让学生亲自观察这些植物的形态结构，教师从旁适当引导。

课后十天，分别在两个班进行了一次测试，要求写出苔藓类植物、蕨类植物、裸子植物的主要特征，并说明苔藓类植物、蕨类植物、裸子植物的形态结构与其生活环境、生理机能相适应的特点。测试题型多样，不仅是问答题。测试结果见表1-2。

表1-2 实验教学效果

班级	教学方法	抽样参加考试人数	平均成绩
对照班	只采用挂图讲解	20	78.60
实验班	挂图和生物标本结合讲解	20	88.45

结果表明，"实验班"的平均成绩高于"对照班"。为了弄清平均分之间的差异究竟是由于教师采用不同的教学方法引起的还是由于偶然因素造成的随机误差，又对此进行了统计处理，借以验证。

首先设无效假设 $H_0: \bar{x}_1 = \bar{x}_2$（"对照班"和"实验班"的总体平均数是相等的），备择假设 $H_1: x_1 \neq x_2$（"对照班"和"实验班"的总体平均数不相等）。然后通过计算，得出 $p < 0.01$，否定了无效假设。具体结果见表1-3。

表1-3 实验教学效果检验

班级	教学方法	n（抽样人数）	$\bar{x}$（均值）	S（标准差）	t	p
对照班	只用挂图讲解	20	78.60	7.72	49.3	< 0.01
实验班	挂图结合生物标本讲解	20	88.45	4.57		

检验表明，在教学过程中，单纯用挂图讲解与既用挂图又配合生物标本讲解效果是不一样的，"实验班"成绩高于"对照班"是教师使用了生物标本的结果。这也说明，在课

堂教学中，生物标本确实能使学生更加准确、迅速、牢固地掌握所学的知识。

另一次是在动物课进行昆虫知识教学时采用了不同的教学方法："对照班"只用挂图讲解，"实验班"在用挂图讲解的同时让学生观察了蝗虫标本，以后又分组观察了活体蝗虫。三天后进行测试，要求学生全面地写出蝗虫的外形和机能。测试结果，"实验班"平均成绩是 79.89，"对照班"平均成绩是 70.02。

两个班的成绩是否存在着显著差异？这种差异是由于误差造成的吗？这种误差出现的概率在 100 次中只有 1 次或小于 1 次（即 $p \leqslant 0.01$）。同样经过统计处理，得到了表 1-4。

表 1-4 实验教学效果差异的显著性检验

班级	教学方法	n（抽样考试人数）	$\bar{x}$（均值）	S（标准差）	t	p
实验班	挂图结合生物标本讲解	55	79.89	12.84	4.24	< 0.01
对照班	只采用挂图讲解	54	70.02	11.4		

$p < 0.01$，这就再次证明，在生物教学中使用和不使用生物标本存在着显著的差异，使用生物标本的教学效果明显优于不使用生物标本的教学效果。

四、采集制作生物标本在直观教学中的作用

生物标本在直观教学中的作用是不可忽视的，概括地讲有以下四个方面。

1. 激发学生的学习兴趣

绚丽多彩的自然界，鲜明生动的生物标本，激发了学生的学习兴趣，并使认识活动变得容易和充实。

爱因斯坦有一句名言："热爱是最好的老师"。学生在学习任何一门课程时，只要热爱，就会主动地去学。而热爱和主动地去学习一门课程的关键是要有学习的兴趣。学习兴趣是指对学习的一种积极的认识倾向与情绪状态。学生对某一学科有兴趣，就会持续地、专心致志地去钻研，从而提高学习效果。从对学习的促进来说，兴趣可以成为学习的动因，从由于学习产生新的兴趣和提高原有兴趣来看，兴趣又是在学习活动中产生的，可以认为是学习的结果。

学习兴趣的产生和培养，与教师有密切的关系，教师应使学习活动有趣味。当教师把学生送到五彩缤纷的大自然中去观察，捕捉动物、采集植物时，当教师把学生领到自然博物馆和动物园去观察标本和动物时，当教师把学生带进实验室去亲手解剖各种各样的生物时，他们兴奋的心情是难以形容的。在这种情况下，学生和教师的关系变了，学生要进行独立的观察和实验，他们是主动者，而教师则是指导者。这种学生"直接去做"的学习活动，调动了他们学习的积极性，提高了他们的学习兴趣。久而久之，学生就会更加主动地去学习，并且热爱所学的知识，从而达到我们教学的目的。

学习兴趣有两类：一类是间接兴趣，它是由学习活动的结果引起的，如获得一个好的学习成绩等；另一类是直接兴趣，即由所学材料或学习活动本身所引起的兴趣。间接兴趣和直接兴趣都能激发学生的学习欲望，但大量实践表明，对学习的直接兴趣才是提高学习质量最有利的因素。

在教学中，利用鲜明的生物标本引起学生的学习兴趣，往往会使认识活动变得容易和充实，因为这种直观教学有助于解决名词术语脱离事物、抽象概念脱离具体形象、理解脱离感知等矛盾。直观形象可以使抽象的概念和思想不致表现为枯燥、呆板的图式，而在给予具象化方面起到辅助的作用。如果能让学生亲自采集和制作生物标本，那么通过直接的知觉和观察所形成的生动联想，就能长时间地保持记忆，并且有助于形成再现性想象，进行创造性活动。

　　在课堂教学中，使用生物标本能提高学生听课的注意力。大量的生物教学实践证明，为了使学生的注意力集中，教师在课堂上出示生物标本要比大声疾呼"注意"有效得多。为什么？因为人的知觉不是一架录像机，有像就能录下来，而是有选择性的。当外界事物引起学生的兴趣时，其注意力集中在大脑的相应区域，称为优势兴奋灶，也就是平常所说的注意力集中点，处于这种优势兴奋的区域的反应能力最好，注意力最集中，条件反射易于形成，所以学习效率也最高。利用生物标本在课堂上教学时可以引起两部分学生的注意并提高他们的学习效率：一部分是那些比较淘气、易于分心的学生，由于生物标本的吸引，他们逐渐产生一定的兴趣，并有了继续听下去的愿望，为听课创造了主观前提，使不随意注意转化为次级随意注意；另一部分是大多数一上课就有努力听课愿望的学生，他们已经有了随意注意，但由于讲课枯燥无味，时间一久便感到劳累而引起分心，这时教师利用生物标本就可以使随意注意转化为次级不随意注意，学生听课感到自然、轻松、愉快。

2. 提高教学质量

　　生物标本能加强基础生物学知识的传授，提高掌握知识的质量。活泼有趣的采集活动和鲜明生动的生物标本，为教师传授生物学基础知识和学生直接感知各种生命现象提供了良好的基础，对学生来说，这不仅有助于他们对生物学基础知识的掌握，而且能提高掌握这些知识的质量。

　　当学生通过感觉器官正确、全面、清晰地捕获各种生命现象的信息后，便能在大脑皮层中形成正确的印象、观念和概念。实践证明，教师在教学过程中以直观教具和语言的形式提供的输入资料，往往决定着学生头脑中形成的印象、观念和概念的巩固程度和记忆的牢固程度。因此，教师单从抽象的概念和定义出发进行单一的口授是不行的；使用生物标本，把学生带向大自然，正确地进行直观教学，为学生获取可靠、准确、鲜明的输入信息创造条件，才能增强学生的牢记水平，提高学生掌握知识的质量。

3. 促进思维能力发展

　　生物标本可以加快学生认知事物的速度，发展学生的思维能力。在教学过程中，如何加快学生的学习速度，使他们尽可能在短的时间里得到多的知识，这是对教师教学工作的重要要求之一。

　　通过亲自采集制作生物标本，可以加快学生学习生物学知识的速度。因为感觉和知觉的速度取决于学生获得感性认识的速度，而反映同一知识内容的不同直观手段或其组合，会在感知速度上有很大差别，如果采用的方法得当，学生能迅速地看清他们应当看清的一切，学习速度就会相应加快。例如，在学习蝗虫口器的知识时，让学生手中都有一份蝗虫口器的标本，随着教师的讲解，他们就会很快知道哪是上唇、下唇，哪是上颚、下颚及舌等等。与此同时，理解知识的速度也会加快。再如，在讲解裸子植物的特征时演示和观察裸子植物标本，可把抽象的概念具体化，使学生很快理解所学的知识。当然，理解也有更高级的形式，即把分次理解了的知识进行类比、分析与综合，得到新的理解，在这一点上，生物标本也起着加速的作用。例如，在动物学教学中，如果结合演示动物形态的标本、解剖标本，比较脊椎动物各纲的构造和功能，包括体表、脑、呼吸器官、循环系统、运动器官和生殖器官等，学生就会很快理解动物的进化是由水生到陆生、由简单到复杂、由低级到高级的这一结论。

此外，在巩固和再现知识，以及把知识应用于实际等方面，生物标本也都有着加速的作用。

获得感性认识只是教学过程的第一步，如果不善于启发学生积极思维，不能在此基础上把所获得的感性认识上升到理性认识，那么学生还是不可能学到真正的生物学知识，相反会把获得的这一点点感性认识很快忘掉。因为，感性认识虽然是具体的，但它是肤浅的、不全面的，而理性认识虽然是抽象的，但它是本质的、全面的。

在从感性认识上升到理性认识的过程中，生物标本等直观教具起着很大的作用。一方面，感性认识是在理性认识的参与下进行的，在感觉系统活动为主的过程中不能忽略语言、思维等系统活动的决定性作用；另一方面，理性认识又是在感性认识的支持下完成的，在语言、思维等系统活动为主的过程中也不能轻视作为感觉系统的传递物——生物标本的辅助作用。正是因为直观性原则不仅符合学生认知发展规律的要求，而且符合学生思维发展规律的要求，所以，生物标本的采集、观察与制作既能加快学生认知事物的速度，又能发展学生的思维能力。

教师在教学过程中仅仅简单地向学生提供生物标本这种直观手段是不够的，事实上，只有学生有了问题，想要看到、知道和弄明白，感知和观察才会卓有成效。简单地把一件标本拿给学生看，虽然也能在学生意识中构成形象，但这种形象是模糊的，不会引起浓厚的兴趣，因此也就不会产生很好的知觉。在自然条件下观察生物的生命活动和观察生物体是学生认识客观世界的出发点，一切真正知觉的产生都离不开积极思维，并以某种形式的认识和简单的计划为前提。为此，在直观教学中，只有把感知与抽象结合起来，才能使学生在勤思考、细观察的基础上，真正掌握知识，学到本领。

综上所述，学生特别是低年级学生的思维特点正处在由具体形象思维向抽象思维、逻辑思维不断发展的时期，在教学中充分使用生物标本和语言描绘，不仅可以让学生感到趣味盎然，加快学习速度，而且也有利于开发智力，开拓思路，发展学生的思维能力。

4. 培养观察能力和动手能力

采集和制作生物标本能培养学生的观察能力和动手能力，明确科学概念。

观察是知觉的特殊形式，它是有预定目的、有计划的、主动的知觉过程。观察比一般知觉有更深的理解性，思维在其中起着重要的作用。

一切科学上的新发现、新成果的取得，都是建立在周密、精确观察基础上的。巴甫洛夫一直把"观察、观察、再观察"作为座右铭，并告诫学生："不会观察，你就永远当不了科学家"。英国著名的细菌学者弗莱明也说过，"我的唯一功劳是没有忽视观察"。可见，观察是一切知识的门户，在人类认识和改造世界的各个领域中，它起着极其重要的作用。

观察力是智力结构中的一个组成部分，培养学生的观察力是教学过程的一项重要任务。当教师把学生带进大自然后，下一步就是要引导和训练学生对大自然及生物体进行观察，包括观察生态环境、生物的生活习性、生物体本身的形态结构以及每一种生物的生活史等，并在这个过程中提高学生的观察能力。标本采回来之后要制作标本，也需认真观察。例如，在制作鸟类剥制标本前，一项很重要的工作内容就是要仔细观察这只鸟的姿势和神态，包括它的眼睛、喙、后肢的颜色等，如果不能很好把握这只鸟的形态和神态，做出的标本就不像，脱离原动物体主要特征的标本不是一个合格的标本。

在一系列采集、制作标本的活动中，学生们亲自动手，这是锻炼他们观察能力和动手能力的极好机会。特别在采集和制作标本时，学生往往会遇到许多问题，带着这些问题去查找资料，阅读书籍、杂志、剪报等，将能进一步加深对生物科学概念的理解，并获得许多有关的自然科学知识。

五、生物标本在课外小组活动中的作用

在课外小组活动中，生物标本的采集与制作能活跃学生的思想，激起他们对大自然的热爱，培养学生学习生物学的兴趣。

通过采集标本，学生可以识别各种生物，了解它们的生活环境和生活状况，使课堂上学到的知识得以巩固和扩展。回到学校后，由学生制作出的标本被拿到课堂上去演示，能极大地吸引学生的注意力，调动学生学习的主动性和自觉性。

采集和制作标本不是机械地重复某一种动作，它要求采集制作者有敏锐的观察力、正确的方法、完整的思路和灵巧的动手能力。例如采集蛙卵标本时，不仅要知道在什么样的生态环境下能找到蛙卵，还要弄清蛙卵与蟾蜍卵的区别。又如在采集菜粉蝶标本时，如果不掌握采集要领，跟在菜粉蝶后面乱跑，急速翻网的方向又不对，那就很难采集到。

最后，在课外活动中采集与制作标本，不仅有利于当前的学习，而且也是为培养未来的生物学人才打下基础。

第二章
动植物标本采集

在生物学教学和科研过程中,在博物馆标本陈列室中,人们经常要用到生物标本。

使用标本可以观察到因受时间和空间的限制而看不到的动植物。动植物标本作为直观教具和实验时观察的材料,可以真实地反映动植物的形态和构造,使学生迅速地获得对生物个体的正确认知,从而提高教学质量。

采集和制作生物标本,既是生物科学及相关专业教学工作的需要,也是学术研究工作的需要,还可以作为中学生课外科技活动的内容之一。因此,掌握制作生物标本的技能,对生物教学和研究工作者来说,是很有必要的。

第一节 低等植物及菌类标本采集

制作动植物标本的目的是把生物体的整体或部分保存起来。无论是动物标本还是植物标本,都必须适时采集并及时处理。

一、藻类植物标本采集

(一)浮游藻类的采集

(1)直接取水样沉淀浓缩

在小型池塘、湖泊、河沟,可直接用桶或瓶子将含藻的水采集带回实验室,加入1.5%卢戈氏碘液,静置24h后,弃上清液,加福尔马林使浓度达3%保存即可。

(2)用浮游生物网采集

大型湖泊、水库、河流,可用浮游生物网采集。常用的浮游生物网呈圆锥形,口径20cm,长60cm(图2-1)。使用时,将吊绳系在长竹竿头,阀门关紧,手持竿尾,把网放入水中,网口与水面平齐或在水面下深约50cm处,作"∞"形循环拖动3~5min后提起,水从绢网四壁滤出后,开启阀门,将浓缩浮游生物标本放入容器内,加1.5%卢戈氏碘液或4%甲醛溶

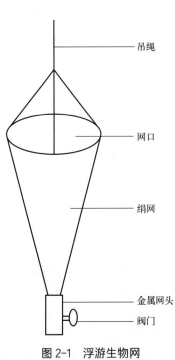

图2-1 浮游生物网

液固定保存。

（二）其他生境中的藻类的采集

水中、石块上、泥土中、树枝上、树叶上及自由生活水中的各常见种类，如水绵、双星藻、转板藻等，通常呈草绿色，常半沉于水中，生殖期为黄绿色并漂浮于水面。水绵采集，可到静水池塘边、小河沟、渠采集成堆漂浮着、像丝绵样的绿色植物，用手指摸一摸，有点儿滑腻，丝条较粗，挑起时一丝丝毫不紊乱。如需原色保存，将水绵等藻类先浸泡在下述溶液：2% 福尔马林 100mL、醋酸铜 0.5～1g，材料与溶液比为 1:5，经 3～4 周后，移入 4% 福尔马林保存。四胞藻类常为黏质囊状，浮于水面或附着于水中草秆、枝条上。水网藻呈草绿色或黄绿色，浮于水中。以上藻类多于早春出现，可用粗纱布网捞取。丝藻、刚毛藻、基枝藻、鞘藻常附着于水中石块、木桩、木船底及龟背上，呈草绿色、绒毛状或分支丝状。硅藻常附着于水中石块或潮湿土面上，呈棕色黏滑的皮膜状。采集时可连同附着物同采集或用小刀从基物上刮取。轮藻以基部固着在向阳水塘的底泥沙中，用耙挖取。大型藻类可制腊叶标本保存。

树干、竹篱上呈草绿色的原球藻、绿球藻，可将树枝、竹片取下，风干收藏。湿土表面及墙脚处紫红色的紫球藻，岩洞、古庙墙壁上棕色、绿色、黄色的色球藻，岩石表面黑色茸毛状的双歧藻，可用小刀刮下或连同石块敲下，晾干、收藏或置 4% 福尔马林中保存。湿草地上蓝绿色不规则团块状的地皮菜，采集后风干收藏，观察时用水浸泡。

（三）藻类标本采集记录

记录的内容应包括标本编号、采集日期、地点、生态条件、生长情况、外形色泽、采集人姓名等。

二、菌类标本采集

1. 黏菌

黏菌是介于动物和植物之间的生物。其生活史分：①营养时期，营养体为一团裸露的原生质团，能变形，并吞食细菌、原生动物等固体物质。它们爬行于烂草、树皮缝隙等阴湿处。②生殖时期，迁移至光亮、干燥的基物表面，并形成各种形态、色泽的孢子囊。采集时以采集成熟的孢子囊为主，宜将其与基物一起采下，风干后置盒内保存，盒底部放一软木或泡沫塑料，用大头针将标本固定其上。

2. 真菌

真菌种类繁多，按不同生长环境和发育规律采集。如小麦白粉病菌 4 月、5 月间于湿度大、种植密的麦田采集；小麦黑穗病菌在麦类抽穗期采集；小麦秆锈病冬孢子堆（黑色）在麦子快收割时容易采集得到，橙色的夏孢子堆可早些时间采集；玉米黑粉病菌于开花结实后最易采到。以上均可把植株发病部位一起采回。5 月、6 月温暖潮湿季节，在土壤表面或腐木上常可采到各种类型的真菌子实体。木质或革质的子实体，如灵芝等常年可采。采集时要作好记录。采回的标本可干制法（风干或 30～40℃烘干）、压制法（同腊叶标本）及浸制法（4%～5% 福尔马林）保存。

3. 地衣

地衣是藻类和真菌共生的复合有机体,适应能力强,分布广泛,一般生于高山森林空气清新处,大城市中仅生长蜈蚣衣、黄烛衣、茶渍衣等耐污染种类。地衣的色泽有灰白色、黄色、蓝绿色、黑色、橙色等。

（1）壳状地衣

壳状地衣的原植体,以髓层菌丝牢固紧贴基物,难以采下,如文字衣、茶渍衣、鸡皮衣等,可借助小刀和锤子把树皮、岩石一起采回。粗糙树皮不易取得完整标本,可分块取下,将碎块拼合保存。

（2）叶状地衣

叶状地衣常以假根或脐固着在基物上,结合不紧密,较易采下,如梅衣、肺衣、蜈蚣衣等。干燥的叶状地衣易破碎,剥取时宜先喷水或用湿手帕覆盖片刻,使其湿润软化后剥取。

（3）枝状地衣

如长在树干、枝上的松萝、树花。与基质结合不紧密,易从树上剥下,亦可同树枝一起采下。土壤上生长的石蕊更易采集。

采集时要注意作好记录,与标本一起放入纸包带回,置干燥通风处晾干,清理存放。①纸盒盛放法:过厚的石块标本,用纸盒盛放。②牛皮纸包装法:将干燥的地衣标本放在贴有标签的牛皮纸包中。纸包大小视标本而定,通常为14cm×10cm,其折叠方法如图2-2所示。贴上标签,装入标本保存。③上台纸法:参照腊叶植物标本制作。

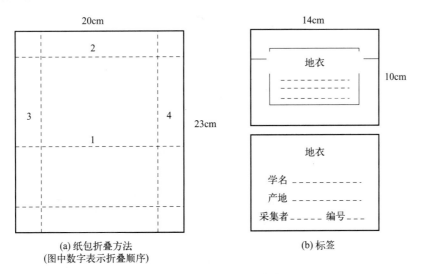

(a) 纸包折叠方法
(图中数字表示折叠顺序)

(b) 标签

图 2-2　纸包折叠方法及标签

三、苔藓植物标本采集

苔藓植物是由水生生活过渡到陆生生活的中间类型。种类多样,生态习性各异。土生种类如苔类的地钱、石地钱、紫背苔、裂萼苔,藓类中的葫芦藓、立碗藓、青藓、小金发藓等,常生长在人们居所的周围;角苔、泽藓往往分布在水沟边的湿润泥土上;泥炭藓、湿原藓为沼泽中的主要藓类；白发藓、鞭苔长于酸性土壤上；青藓、绢藓、羽藓、提灯藓长在中性土壤上；墙藓、净口藓、小石藓、扭口藓常分布在含钙质较多的墙脚、砖缝或阴湿墙壁上；葫芦藓、银叶真藓常见于含氮丰富的土壤上；钟帽藓、碎米藓、附干藓紧贴树干，为行道树干上常见的树生藓类；悬藓、蔓藓、垂藓常悬附于山林树干、枝上。采集苔藓植物标本时要掌握合适的时期，尽量选择纯一的标本装入同一纸包，有孢子体的需把配子体和孢子体同时采下，雌雄异株的应采两种性别的植株。采集时要作好记录，标本采回晾干。含水较多的用草纸吸干。保存方法：①牛皮纸包装法，同地衣；②上台纸法，同腊叶标本；③浸制法，先用饱和硫酸铜水溶液浸24h，水洗，移入5%乙醛溶液保存。

1. 葫芦藓

生长于潮湿、背阴路旁、宅旁、林边泥土上，其配子体矮小，高1～2cm，茎直立，叶为单层细胞，极薄，植物体易得水和失水，不易腐烂。采集时用小刀或小铲成片地连生长基质一同采起，轻轻剔除多余的基质（泥土、草屑等），尽量不损坏植株，作好记录，晾干，装入纸袋保存。实验前清水浸泡。春季采集的标本，可观察配子体假根、茎、叶及雌雄同株异枝。夏、秋季能采集到有颈卵器、精子器及孢蒴的标本。

2. 地钱

生长环境同葫芦藓，为雌雄异株，其配子体是扁平叶状体。叶状体腹面有假根和鳞片等构造，春、夏、秋季都可采到。采集时连基质一并采起，小心剔除多余的基质，保持植株完整。6～7月常可采到长有雌托或雄托的植株。作好记录，标本放入纸包带回，立即晒干或置烘箱（45℃、45min）烘干，也可用5%福尔马林固定保存。干制的，观察前用清水浸泡片刻，即可复挺如初。

四、蕨类植物标本采集

蕨类好温喜湿，大都生长在林下、草丛、溪谷、沼泽、房屋前后或阴湿的墙上，也有少数生活在水里，还有少数生长在阳坡、田埂、河堤或渠道边。

1. 蕨类孢子体

采集时带上采集箱或大塑料袋及铲、剪等工具。实践中通常见到的蕨类植物是它的孢子体，采集时要注意保持植株完整，要有地下茎、不定根、叶、幼叶和孢子囊群，茎上如有鳞片、毛或其他附属物，应保持完好无损。有的具营养叶和孢子叶，需采两种叶齐全的标本，如凤尾蕨、紫萁等。植株高度不足30cm的要挖取全株；植株超过30cm的可分三段采集。第一段是地下部分连同近地表叶的一部分，第二段剪取地上叶中段，第三段是叶的最上部分，拼成完整植株。植株细长的也可挖取全株，折成N形压制标本。夏季中午气温高，蒸腾强，枝叶易枯萎；雨天过湿，植株含水量高，采回易发霉，这两个时间段不宜采集。若采集时正值植株营养期，应在夏末秋初补充采集具孢子囊群的叶片，纳入原营养体标本中。同一标本采2～3份，并作好采集记录。

2. 蕨类配子体

石松、松叶蕨、瓶尔小草等配子体，常埋于土中，难以发现。在其生长处找到幼小孢子体后，用铲子向下挖取，可把连在孢子体基部的块状配子体挖出。真蕨类多数具绿色心脏形配子体，如采集凤尾蕨、贯众等的配子体时，翻看孢子体基部或附近石块、砖缝、石隙，常能找到细小的片状配子体。在花房堆放盆栽蕨类的墙角、地上、花盆外，都可能找到其配子体。采集后将其放在湿纱布中，外套塑料袋带回。

3. 保存

① 制成腊叶标本保存；② 浸制保存法，小型蕨类，如满江红、槐叶萍置 5%～10% 福尔马林中；③ 烘烤保存法，如槐叶萍等亦可平铺盘内置烘烤箱 45℃ 3h，使其干而不脆，保持绿色，用不透水的纸包装后存放，实验前用清水浸泡片刻即可。

第二节　动物标本采集

一、无脊椎动物标本采集

（一）原生动物标本采集

眼虫、变形虫、草履虫常作为该类动物的代表，在河沟、池塘中可采集到。

1. 眼虫

采集：春、夏及初秋时节，在不流动的、腐殖质较多的小河沟、池塘或农村猪圈、马厩边水坑，尤其是带有臭味的、发绿的水中都可采到眼虫。用器皿或粗吸管采集，带回实验室镜检。如果需要繁殖扩大，可将富含腐殖质的干细土 20g 置于 200mL 锥形瓶中，加水 150mL，煮沸 15min，加棉塞经 24h 后，将采得的眼虫接入，置于向阳处培养。注意不要使阳光直晒，温度控制在 15～20℃，一周后瓶里的水呈深绿色，即可得到大量眼虫。

固定：用吸管把培养好的眼虫吸入培养皿中（尽量少吸培养液），然后置阳光处直晒数分钟，使其恢复正常状态，迅速注入 Bouin 氏固定剂，固定 5～30min，用 70% 乙醇洗涤后，保存于该液中。

附　Bouin 氏固定剂由苦味酸水饱和液 75 份，40% 福尔马林 25 份，冰醋酸 5 份组成。约 1g 苦味酸可饱和溶于 75mL 水中。固定时间为 1～24h。如果标本留在此液中稍久，亦无损害。

2. 草履虫

见第十二章第三节内容。

3. 变形虫

变形虫常生活在较为洁净、缓流的小河沟、池塘底泥渣、烂叶组成的物质中及烂荷叶、浮萍的背面。夏秋季节用粗吸管吸取水底泥沙表面的黄褐色碎屑或烂荷叶、浮萍下面的黏稠物，即可得到。培养时，在培养皿中加 20mL 冷开水，放 4～5 粒麦粒或大米。取含变形虫的水少许于双筒解剖镜或显微镜下，用微吸管尽量将其他动物除去，将此液倾入培养皿内，加盖置于 15～20℃ 阴凉处，2 周后可得大量变形虫。固定与保存参照眼虫。

（二）腔肠动物标本采集

腔肠动物绝大多数生活在海水中，如海葵、珊瑚；少数生活在淡水中，以水螅为常见。

1. 水螅
见第十二章第三节内容。

2. 海葵
海葵类全部生活在海水中，我国沿海均有。海葵一般附着在海滨岩石或生长在沙砾地带。可于朔、望日低潮时采集。海葵基部附着力极强，需用尖头凿刀小心地从附着物上分离。采集海葵标本时宁可带少量沙石，以免基部受损。采回后，放入洁净的海水中，待它触手伸展。若用流动海水，其触手伸展快。麻醉时，取1小块薄荷晶放于水面，用玻璃盖严皿口，1～2h后，随着薄荷晶逐渐溶解，海葵呈半麻醉状态。再以硫酸镁饱和液缓缓注入容器中，尽量不使水产生波动，以免触手收缩。再过1～2h（随时做试探性试验），最后用吸管吸取硫酸镁饱和液，自海葵口腔徐徐注入体内，使其完全麻醉，移入5%福尔马林中保存。

3. 红珊瑚
红珊瑚生活在温暖的海洋里，固着在岩石上，我国南海有产。标本采回后放入预先准备的流动海水，使它芽体伸展。然后停止水流，倒入1/2海水量的沸砷汞水饱和液固定，移入70%乙醇保存，其色不褪。如要获得珊瑚虫群体骨骼，将采回的珊瑚放入淡水中让其自行腐烂，用毛刷将其洗刷干净，然后在阳光下曝晒，直至纹缝处完全干燥，置于玻璃标本盒内保存，无虫蛀之虑。

（三）扁形动物标本采集

扁形动物多数营寄生生活，如绦虫、血吸虫等，也有营自由生活的，如涡虫。

1. 涡虫
见第十二章第三节内容。

2. 羊肝蛭
羊肝蛭又名肝片吸虫，寄生于牛、羊肝脏血管中。取新鲜牛、羊肝剪成较厚的块状，用手指压挤血管，挤出虫体，在生理盐水中洗净。固定时，先置清水中让其伸展，然后夹在两载玻片间，用线将玻片两头缚紧，注意不能把虫体压破，移入5%福尔马林中固定，固定液更换1～2次后，保存于原液或70%乙醇中。

3. 华支睾吸虫
华支睾吸虫又名华肝蛭，寄生于猫、狗肝脏血管中，采集方法同羊肝蛭。固定时，虫体在生理盐水中洗净，放入有清水的瓶中轻摇，数分钟后蛭体伸展，其余步骤同羊肝蛭。

4. 日本血吸虫
日本血吸虫也叫日本裂体吸虫，成虫寄生于人或狗肠系膜静脉中。剖开狗腹部，展开肠系膜，用手指垫在肠上的小静脉管下面，须把血液压净才能找到，在虫体附近用剪刀把血管壁剪一小孔，将虫体缓缓挤出，置生理盐水中。固定、保存同羊肝蛭。

5. 猫绦虫
绦虫的种类很多，寄生于人或各种脊椎动物体内。猫绦虫大多寄生于猫小肠内，在狗肠中亦有。取猫小肠置解剖盘中，剖开后用镊子轻轻不断夹压绦虫头部附近的肠壁，使其自行与肠壁脱离，以免虫体头部受损。将虫体放入生理盐水中洗净，移入清水中摇动，换几次清水后，静置数小时，让虫体充分伸展，然后固定及保存于5%福尔马林中。

（四）线形动物标本采集

线形动物门中很多寄生在人和家畜体内，也有营自由生活的。

1. 猪蛔虫

猪蛔虫与人蛔虫的外形及内部结构相似，与屠宰场联系，可取得实验材料。固定时，先将水煮至接近沸点，取蛔虫若干条，放入细纱布兜里，然后把布兜浸入热水中，蛔虫即被杀死。把死虫倒进盘中稍凉，移入解剖盘中，逐条注入5%福尔马林并保存于此液中。

2. 醋线虫

醋线虫生长在食用醋中，取250g醋装入500mL广口瓶，不加盖置于室内角落，多日后就会有醋线虫。固定时，把生有醋线虫的醋加热至虫死亡，用细纱布把虫体滤出，保存于5%福尔马林或70%乙醇中。

（五）环节动物标本采集

环节动物多数生活在海水、淡水和土壤中，少数营寄生生活。

1. 沙蚕

沙蚕穴居在海滨泥土或沙中，于退潮时掘取。掘出后须放入有泥沙的采集箱中，以免相互摩擦损伤。在沙蚕生殖期群聚时，可用水网捞获带回，用水洗去黏附的泥沙，以淡、海水各半加硫酸镁麻醉至半醉，加少许重铬酸钾晶体，使其头部伸出。固定及保存于5%～10%福尔马林中。

2. 环毛蚓

见第十二章第三节内容。

3. 水蛭

水蛭类大多在淡水中自由生活，生长于池、沼、河、湖中植物繁茂的地方，或稻田及水中大石缝里，可用煮熟的鸡蛋白、小块牛、羊肉、肝等诱捕。还有一部分营寄生生活，它们以鱼、蛙、鳖、螺等为寄主，采集时需先寻找寄主，才能采到。大型水蛭可叮在家畜体上吸血。春、夏、秋三季均能采集到，夏季最多。固定、保存时，将其放入灌满水的玻璃器中，用厚玻璃盖严皿口，容器内无空气存留，可窒毙水蛭，以10%福尔马林或柯氏固定液注入体内，保存于5%福尔马林溶液中。

（六）软体动物标本采集

软体动物是动物界第二大门类，种类多、分布广，大多营自由生活，少数营寄生生活。

1. 石鳖

石鳖多附着于海滨岩石上，于退潮时从岩石上仔细铲下虫体或用手指抓住石鳖迅速沿岩石移动，使其足离开岩石，将它取下。固定时，用硫酸镁饱和液徐徐注入海水中进行麻醉，体内再注射少许柯氏固定液，保存于70%乙醇中。

2. 蜗牛

蜗牛生活在陆上阴暗潮湿处，堆积日久的木材下，潮湿林地败叶下，石堆、砖堆下，都可采到。固定时，将容器内的水煮沸，排净空气，待水凉后，放入蜗牛，加盖密封经12～24h，蜗牛窒息伸展而死。体内再注射少许柯氏固定液（95%乙醇30mL，福尔马林

12mL，冰醋酸 2mL，蒸馏水 60mL），70% 乙醇保存。

3. 蛞蝓

蛞蝓生活在陆地，具有白日隐藏、夜晚出游的习性，可于晚上用电筒、油灯、蜡烛光诱捕。白天常躲在潮湿的地方，如砖、石、树叶下，若遇阴雨天气，白天也会出来活动。可把蛞蝓放在煮沸后冷却的水中，使其经密封窒死，固定并保存于 70% 乙醇或 5% 福尔马林中。

4. 椎实螺、田螺

可到河、湖、池、沼近岸边处，或稻田浅水中去采集。椎实螺多附着在岸边植物或砖石上，田螺常在浅池底泥处活动。固定保存可参照蜗牛。

5. 河蚌

河蚌生长在河、湖、塘、潭等底泥中，可用拖网耙取。固定时，将河蚌平放在 50～60℃ 水中，待斧足伸出后，迅速取出掰开蚌壳，内脏团里注射 10% 福尔马林，用手合拢蚌壳，保存于该液中。

6. 贻贝、扇贝

贻贝、扇贝为海产。贻贝可在海滨岩石上找到，用铲子细心将其铲下；扇贝可在海滨用耙网等挖掘而采得。用酒精注入海水中麻醉，固定、保存于 70% 乙醇溶液中。

（七）节肢动物标本采集

节肢动物分布在水、陆、空中，种类繁多，是动物界最大的门。

1. 水蚤

水蚤生活在肥沃的积水池中，除连日阴雨或干旱外，平时易大量采集。以春、夏季为多，浮游于水面，水蚤群聚的水面常呈红色，用细纱布做网，系在长木柄或竹竿上捞取。秋冬可到夏季生长水蚤的池塘中，取带有马鞍状卵袋的泥土，置水中孵化得到。用 70% 乙醇直接固定、保存。

2. 寄居蟹

可在海滨浅水沙滩上采集、带回，置淡水中致死，移入 70% 乙醇中保存，这样它的附肢不易脱落。如需让它与贝壳脱离，可将其放入 30～40℃ 温水或缺氧水中，能使内居的蟹自己出壳，亦可破碎贝壳取出。

3. 多足纲

多足纲动物大多隐居在陆地阴湿处，如砖、石、草堆、林木堆下，常见有马陆、蜈蚣等。小形多足虫可在大树根附近泥土中掘出，柳树根部较多见。用镊子夹取，置于柯氏固定液中固定，移入 70% 乙醇中保存。

4. 蛛形纲

蜘蛛类可于花木、草丛、砖石下、水面上、树林里捕捉。由于种类不同，隐匿地点各有所异。蝎类多生长在户外石下，古庙殿堂阶石下及房屋周围可见。盲蛛聚居于阴湿处，树林或岩石下。园蛛常在屋檐、墙角、树丛间结网。蜱类寄生于猫、狗等动物体上，可于寄主皮毛间搜寻捕获。海生类可在沙滩上或海水中用网捕捞。蜘蛛身体脆弱，采集时需小心。可将蜘蛛置于 5% 乙醇中麻醉，移入 70% 乙醇杀死并保存，可防止其肢体脆化折断。

5. 昆虫纲

见第三章第三节相关内容。

二、脊椎动物标本采集

(一) 鱼类动物标本采集

采集鱼类标本,可向当地专业捕鱼队收集,或用小型拉网、撒网捕捞及到市场购买。在采集的鱼尾鳍或胸鳍处系上标签,洗净、整形,置于10%福尔马林中固定,大型鱼类腹腔内需注射适量固定液。待鱼体定型变硬后,移入5%福尔马林保存。

(二) 两栖类动物标本采集

两栖类营水陆两栖生活,生态类型多样。黑斑蛙、金线蛙、泽蛙等,常栖息于河流、湖沼、水稻田,活动于近水处;大蟾蜍、花背蟾蜍平时营陆地生活,离水较远;小鲵、蝾螈等栖息水中的时间较多。捕捉蛙类最适宜的时间是在晚间,特别是下过雨的夜晚。不同种类个体的采集时间、方法各异。黑斑蛙、金线蛙、蝾螈等在水中活动和跳跃能力较强,可用网捕捉;黑斑蛙白天反应灵活,夜间爬上田埂、河岸,用手电照射易获取;大蟾蜍、花背蟾蜍、林蛙等可用手捕捉;山涧溪流中的棘胸蛙,白天躲在石缝中,夜间才能捉到;山溪鲵类等常在山溪乱石块下隐匿,搬开碎石可发现;虎纹蛙等栖于洞穴、水边或稻田草丛中,用线系一串蚱蜢作诱饵,不时抖动垂饵诱钓捕捉。采集后用乙醚麻醉杀死,洗净,腹腔内注射适量5%~10%福尔马林,系上标签,置于10%福尔马林中固定数小时,移入5%福尔马林或70%乙醇保存。

1. 蟾蜍捕捉

蟾蜍(癞蛤蟆)系野生资源,全国各地均有,人工捕捉时应选择个头大、身体健康的成年蟾蜍,以雌蟾蜍为主,占比例80%~90%,因为雌蟾蜍药理疗效佳,雄蟾蜍药用效果差,其皮中含药素量少。目前取皮以雌蟾蜍为最佳,人工捕捉应选择在每年的5月初期至10月中期进行,10月份以后至次年4月份为休眠期。捕捉的蟾蜍可用水塘自然放养,也可用水缸、水池、水沟进行放养。人工放养面积可大可小,一般20m^{2}的空间可放养1000多只。蟾蜍人工养殖池一般用砖、石材料建造,大小为长度8~10m,宽度3~4m,高度0.6~0.8m,池里边放上沙子、泥土,用水灌湿,以利于蟾蜍的栖息、活动,沙和泥土的比例为1:1,厚度以10~15cm为宜。池内应保持地面湿度,每天早晚喷2次水。在饲养缸、池、沟上,晚上点灯诱捕害虫让其饱食,白天喂食蚯蚓、土元、蝇、蛆等。蟾蜍脱去皮后,也可放回大自然,以后随时捕捉,随时放生,随时脱皮,这样既不用喂养、建池,又不破坏生态环境。

2. 黑斑蛙捕捉

黑斑蛙体长70~80mm,雄性略小,头长略大于头宽。吻钝圆而略尖,吻棱不显。眼间距很窄。前肢短,指端钝尖,后肢较短而肥硕,胫关节前达眼部,趾间几乎为全蹼。皮肤光滑,背面有1对背侧褶,两背侧褶间有4~6行不规则的短肤褶。背面为黄绿或深绿或带灰棕色,上面有不规则的、数量不等的黑斑,四肢背面有黑色横斑,腹面皮肤光滑,呈鱼白色。雄性有1对颈侧外声囊,第一指基部粗肥,上有细小的白疣,有雄性腺。

黑斑蛙成蛙常栖息于稻田、池塘、沼泽、河滨、水沟内或水域附近的草丛中。一般11月钻入向阳的坡地或离水域不远的水边或泥土中,深10~17cm,开始冬眠。次年3月中旬出蛰，4～7月为生殖季节，产卵的高潮在4月间。雄蛙一般在降雨前后和黄昏时开始鸣叫，引雌蛙抱对产卵。卵多产于秧田、早稻田或其他静水水域中，偶尔也在缓流水中产卵。每1卵块有卵2000～3500粒，多浮于水面，卵径1.7～2.0mm。蝌蚪体笨拙，尾肌弱，尾鳍发达，尾末端尖圆，经2个多月完成变态。黑斑蛙吞食大量昆虫，1昼夜捕虫可达70余只，是消灭田间害虫的有益动物。成体和卵多被用作教学和实验材料。据《本草纲目》记载，黑斑蛙亦可作药用。

（三）爬行动物标本采集

除龟鳖等营水陆两栖外，蛇、蜥蜴等多数营陆地生活。

1. 蛇类捕捉

捕捉蛇类应对蛇的生活习性、捕蛇的环境和蛇的活动规律有所了解，只有这样才能掌握捕蛇的时机，如在蛇蜕皮时寻找蛇类比较容易。初春、晚秋蛇蜕皮比较集中的季节捕蛇较方便。夏秋两季，蛇活动性很大，分散开了比较难抓。在长江中下游，春分、清明、谷雨节气时蛇刚刚出洞，选择有太阳、没有风的时段，在向阳、有水的地方，常能见到出洞晒太阳的蛇，它们的动作比较缓慢，容易抓捕。下半年，立冬前后，蛇将入洞冬眠。但在天气暖和、风小的晴天，它们入洞后又常出来晒太阳、蜕皮或捕食，这也是捕蛇的好时机。蛇怕风，在风速5级以上，很少见到蛇外出觅食。南方的蛇多在傍晚或黄昏时活动，特别在闷热的低气压天气中更为活跃，也易发现和捕捉。捕蛇的方法很多，要选择最佳的捕蛇方法捕蛇，捕蛇时要适时选用捕蛇工具，小心捕获，防止蛇伤发生。

（1）寻找蛇窝

捕蛇者应了解蛇的栖息环境，借助蛇粪和蛇蜕引路，找到蛇窝，即在蛇粪或蛇蜕的4～5m处可找到栖息地。每年晚秋以后，各种蛇的活动逐渐减少。冬初天气寒冷，蛇类进入一定的洞穴居处盘伏进行冬眠，这是捕蛇的好时机。蛇洞一般在田基、塘边或土堆的洞穴内或树根旁的裂隙处等地。多见蛇在斜坡水边的旧鼠洞里冬眠。蛇洞也有利用鼠洞的，但鼠洞口粗糙，且见爪痕和鼠毛等。蛇洞的洞口由于蛇体的摩擦而较光滑，并能找到一些脱落的鳞片。当蛇吃了鼠和鸟后，由于鼠毛、鸟羽无法消化掉，故可从其粪便中检查到。根据蛇粪的数量、颜色和形状，可以确定洞内蛇类的数量和种类。如眼镜蛇粪呈黄绿色，为条状或节状；金环蛇粪呈灰泥色，有鳞片，为烂堆状；银环蛇粪黑色较稀散，有时发现有鳞片；灰鼠蛇粪呈绿白色，稀烂呈条状，似鼠粪；三索锦蛇粪呈条状"之"字形等。此外，在洞口附近还可找到蛇蜕出的皮，而且蛇蜕的尾端向着洞口，刚蜕出的皮完整而柔软，并可从蛇蜕的皮看出蛇种和怀孕的母蛇。例如金环蛇或银环蛇的蛇蜕背中央有一行扩大成六角形鳞片，金环蛇蜕末端钝圆，而银环蛇蜕末端较尖细；眼镜蛇蜕比银环蛇厚，背中央没有一行扩大的六角形鳞片，黑色的斑纹尚隐约可辨。怀孕母蛇蜕出的蛇蜕缩成一团，这是由于怀孕母蛇体躯增粗较难蜕皮之故。捕蛇者还可以根据蛇蜕的情况、雌蛇和雄蛇尾部长短和大小的不同来辨别是雄蛇还是雌蛇，也可初步断定洞穴内藏身的蛇种。假如蛇洞的洞口有蜘蛛网之类，此洞内一般不会有蛇。

（2）引蛇出洞

捕捉穴内的蛇一般采取挖穴捕蛇的方法，但劳动强度大，花费时间多，而且容易破坏农田等基本设施。确定蛇洞内有蛇以后，可采取引蛇出洞捕捉的方法。通常采取以下方法引蛇出洞。

① 诱蛇出洞　根据蛇的食性将 500g 青蛙捣成蛙泥，晚上将蛙泥放进洞内，然后用一根空的竹筒向洞内吹入气体，当蛇闻到蛙肉的腥气后，即可出洞。也可用诱蛇剂 20g 拌入 150g 畜禽肉或动物内脏下脚料中和成肉泥，加入生鸡蛋 150g、黄豆粉 150g、复合维生素 3 片、凉开水 50mL 磨成糊状，多做几个食团。选放在山地、树林或田野蛇经常活动的场所，挖一个 0.5m 深、1m 宽的坑，坑里四周铺好光滑的塑料布。将做好的食团套在 1m 长的木棍上，再将木棍的另一头插在坑中央。方圆 30m 的蛇闻味即来取食，掉到坑里出不来时，用捕蛇工具如用网兜、蛇钳，或用醉蛇药喷蛇身捕蛇。根据捕蛇者的经验，诱不同的蛇出洞应用不同的诱饵，如诱银环蛇出洞时，可将几条黄鳝放在无水的面盆内，摆在有蛇的洞口；诱金环蛇出洞时，可将蛇笼内放几条吃青蛙的无毒蛇，放在有蛇的洞口；诱眼镜蛇出洞时，可将老鼠、麻雀放在蛇的洞口。待蛇出洞后即可用网兜、蛇钳等捕蛇工具捕蛇。

② 逼蛇出洞　向蛇洞穴内喷入刺激性的药液，如用 90% 乙醇 500mL，雄黄 50g 和臭椿象（俗称放屁虫）20 只，浸泡 20d 后，每桶加水 100mL 药液拌匀灌入蛇洞内。或用云香精半瓶、雄黄 50g、加水 1 桶或灌水逼蛇出洞，灌水前先向洞内喷烧柴草烟，再用扇子把浓烟扇进洞中，后灌水捕蛇或直接向蛇洞内熏烟，蛇在浓烟的刺激下拼命逃出洞外时，可用蛇钳或网兜等捕蛇工具捕蛇。

(3) 常用的捕蛇工具

使用捕蛇工具捕蛇安全而快速。捕蛇工具很多，主要有蛇钩、蛇叉、蛇钳（图 2-3）、蛇夹、套索、棍子和网兜等。使用捕蛇工具捕蛇的方法有以下几种。

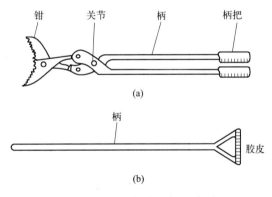

图 2-3　蛇钳 (a) 和蛇叉 (b)

① 钩蛇法　此法适用于捕捉爬行比较缓慢、爱蜷曲成团的毒蛇，如蝰蛇科的尖吻蝮、蝰蛇等。当发现它们在草丛中、乱石上、洞口外时，或在蛇笼中取蛇时，捕蛇者手持的蛇钩准确稳快地把蛇钩到平坦地面上，速用钩背或把柄压住蛇的头颈部，再把蛇的颈部捉住或用蛇钳夹蛇法捕捉入蛇笼；也可将蛇挑入钩中迅速将蛇放进蛇笼内。由于用蛇钩捕蛇的时间短，蛇还没来得及发怒咬人就被钩住送进蛇笼中，所以对蛇没有刺激。如钩蛇时蛇滑掉到地上，可顺势再用蛇钩压住蛇头，然后改用棍压法或蛇钳捕捉法捕捉。

② 压颈法　此法是常用的捕蛇方法。当蛇在地上爬行或伏盘时，迅速用一种木杈、细竹或木棍，趁其不注意，悄悄地从蛇舌面压向蛇的颈部，若未压准颈部，可先压住蛇的

任何部位，使其无法逃脱，再用一只脚帮助压住蛇体的后部，然后再把捕蛇工具移位到头颈部，压准颈部后捕捉。用左手按柄，右手的拇指和食指捉住蛇的头颈部两侧，由于某些较大的毒蛇如眼镜蛇、尖吻蝮等的挣扎力较大，为了安全，捕捉时应有两人协同捕捉，一人用棍压住毒蛇头颈，另一人压住蛇的躯体，然后再捉住毒蛇头颈部。掐时不要太紧，以不使其松动而又无法移动位置为宜。若抓蛇过紧，往往会引起蛇的拼命反抗而难以对付，最后抽出按柄的手提住蛇的后半身，放入捕蛇器具内如竹笼或布袋内。

③ 叉蛇法　用一条长 1～2m，一端分叉的木棍，叉口大约为 60°角，前端钉有坚固而具弹性的胶皮［图 2-3（b）］，以便卡住而又不损伤蛇体。当发现蛇时，捕蛇者悄悄接近蛇，用木杈叉住蛇颈后再用右手捉住蛇头后颈部，然后用左手捉住蛇的后半身，放入捕蛇器具内。盖紧盖或扎紧口。

④ 夹蛇法　用一特制的蛇钳［图 2-3（a）］或蛇夹，要求蛇钳或蛇夹的柄较长，钳或夹口向内略呈弧形，蛇夹的大小要与蛇体的大小相当。如蛇夹口过大或过小都难以夹住。捕蛇的人从蛇的后面向颈部钳住或夹起蛇，放入容器内后随即松开蛇夹并抽出，盖紧盖或扎紧口。

⑤ 索套法　捕捉乱石堆或草丛中盘踞或昂起头颈的蛇，可采用套索法捕捉。即用一根中间打通的竹竿，穿入尼龙绳或细铁丝，头上系个活结，捕蛇时捕蛇者手持竹竿和绳索一端，从蛇身后将绳套对准蛇的头部，迅速用活结套住蛇颈并抽动拉紧手中的绳子，蛇头难以活动，然后捕捉蛇放入捕蛇器具内，但不能将活套绳索拉得过紧，防止勒伤蛇颈或引起窒息死亡。

⑥ 缸捕法　将缸埋入毒蛇经常活动出入的地下，缸口与地面相平，内放青蛙之类，蛇入其中就难以蹿出，即可擒蛇至捕蛇器具内。

⑦ 网兜法　此法常用于捕捉爬行很快或在水中游动的毒蛇或海蛇。在一根 2m 长的竹竿前端上安装一个直径 25cm 的铁丝圈，缝上一只尖底的长筒形网袋，捕蛇时用网袋猛然向蛇头迅速一兜，使蛇进入网袋内，可以用网袋兜住毒蛇，再抖动网柄，使网袋缠在铁丝圈上，毒蛇就无法逃出网袋。

⑧ 蒙罩法　此法主要用于捕捉眼镜蛇、眼镜王蛇等毒性强、性情凶猛、活动性强的毒蛇。捕蛇时，捕蛇者接近蛇后，用麻袋、草帽或衣服等蒙住蛇头，顺势将手或脚踩住蛇身，然后抓住蛇的头颈部并迅速将其捕捉至捕蛇器具或袋中。

⑨ 光照法　蛇大多畏光，夜间捕捉金环蛇或银环蛇等毒蛇时，用聚光灯或强光手电筒的光线照射蛇眼，当毒蛇受到强光照射后常蜷缩成一团，待将蛇的两眼照得昏花时，再捕蛇至捕蛇器具或袋中。

⑩ 徒手捕蛇法　徒手捕蛇很容易发生蛇伤。此法捕蛇只适用于熟悉各种蛇的特性，又要有一定的捕蛇经验，捕捉小蛇或行动较缓慢的蛇。捕蛇时将蛇的注意力引向逃跑方向，随后快速抓住蛇的头后部或从后面用手抓住蛇的尾部，动作要敏捷。江西山区的群众总结的捕蛇经验口诀是："一顿二叉三踏尾，扬手七寸（蛇心脏所在部位）莫迟疑，顺手松动脊椎骨，捆成揽把挑着回"。意思是当发现毒蛇时，先悄悄地接近它，然后脚一顿造成振动，使蛇突然受惊游动，然后趁机下蹲，迅速抓住蛇颈，立即踏住蛇尾，用力拉直蛇体，松动脊椎骨，使它暂时失去缠绕能力而处于瘫痪状态，然后将蛇体卷好，用绳扎牢，将蛇体放入盛蛇的器具中，用棍棒挑着回去。但采用此法动作要敏捷。要看准蛇头的位置后才

能下手，压住蛇头位置应注意要使蛇不能反身咬人才行。这种徒手抓蛇的方法容易发生蛇伤，最好用大块黏泥用力向蛇摔去，把它压黏住，使它一时不能逃逸后立即用手捕捉。初学捕捉蛇时不宜用此种捕蛇方法。使用这种捕蛇方法，必须掌握捕蛇要领，扫除恐惧蛇的心理障碍，做到胆大、谨慎、细心、眼尖、脚轻、手快。同时，必须掌握捕蛇的有关知识和捕蛇的操作要领。初学者可先采用捕蛇工具捕捉无毒蛇，如赤链蛇、乌梢蛇、翠青蛇、滑鼠蛇等，待有捕蛇经验后再训练徒手捕捉操作。因为抓无毒蛇作训练与抓毒蛇的技术要领完全相同，且无毒蛇的动作比毒蛇敏捷，初学者用练习无毒蛇的捕捉方法捕捉毒蛇行之有效。关键在于训练捕蛇者的眼睛和手脚的紧密配合，动作要稳、准、狠。当蛇向前快速爬行时，训练者只要突然举足在地上猛蹬，蛇就会因受惊而减慢爬行速度，甚至伏地不动，这时应趁机捕捉。抓蛇训练要先抓无毒蛇的头部，抓头部时可以掐其近枕部的颈，用拇指和食指将其掐住。俗话说"鳝紧蛇松"，掐蛇的宽松程度以蛇无法移动位置为宜。

（4）适时捕蛇

为了抓住捕蛇时机适时捕蛇和防止蛇伤，捕蛇必须掌握以下方法。

① 根据蛇的活动特性进行捕捉　蛇的活动随蛇的种类不同而异。蛇大都以白天活动为主；但银环蛇大都是夜间活动，白天一般不出洞。同时，蛇的活动也因季节和时间不同而异。蛇大都早晚出洞，四处捕食，活动频繁，反应快，行动迅速，白天难以捕捉；但晚上用灯光照射，则易捕捉。秋季（9～10月）气温下降，为准备冬眠阶段，蛇的反应、行动渐变迟钝，上午10时至下午4时之间出洞在洞穴附近活动，晚上在洞穴内栖息，容易捕捉。

② 根据蛇的栖息特性进行捕捉　蛇钻洞栖息，但自己不会打洞，常抢占老鼠或其他野生动物的洞穴，或借助天然的石穴、石缝为栖息地。蛇洞同田鼠洞、山鼠洞相类似，一般选择离山垄田边较近，有草木但不茂密的山腰、高坡、坟墓的向阳处，可根据这一特性去捕捉。

③ 根据蛇的捕食特性进行捕捉　大多蛇是肉食性动物，主要以捕捉蛙类、鼠类和昆虫为食。可根据这一特性到这些动物爱活动的地方选择蛇类出洞捕食的时间去捕捉。但也有的蛇如银环蛇就是以黄鳝、泥鳅为主食的。因此，捕捉银环蛇应选择它出洞捕食的晚上8～9时，到田边、沟边去寻捕。

④ 根据蛇的繁殖特性进行捕捉　蛇是有性繁殖动物，卵生或卵胎生动物，但卵生蛇自己不孵化，是靠自然气温孵化的。每年9～10月交配，第2年小暑前产卵。卵产在洞内。产卵前和产卵期间，母蛇有护卵习性，喜欢在离洞不远的地方活动，行动迟缓，容易捕捉。蛇一般是单户独居的，产卵也是1蛇1窝。少数蛇类如银环蛇等则是群居的，少则3～4条，多则几十条，卵也是产在一起的。虽然和其他蛇类一样不孵化，但它有一个特性，即产卵后怕老鼠吃卵，不离洞穴，即使晚上出去捕食也是轮流守洞，一直到小蛇出壳为止。因此，找到银环蛇栖居的洞穴，往往可捕捉到多条活蛇和蛇蛋。

⑤ 根据蛇爬行的特性进行捕捉　凡是有蛇栖息的洞穴，由于蛇爬进爬出，使其洞口变得光滑，这类洞内必有蛇在。不同的蛇，洞口的光滑迹象不同。一般洞口底面光滑，但唯有银环蛇贴壁爬进爬出，使洞口侧壁变光滑，人难以发现。

⑥ 根据蛇的粪便特性进行捕捉　蛇习惯将其粪撒在离洞口不远的地方。可根据粪便的新鲜程度、颜色和气味来判定蛇的品种、活动距离和躲藏的地方。蛇的粪便呈糨糊那样

浓的粉末状，但颜色因蛇而异。一般蛇的粪便呈白色中有点微黄；银环蛇的粪便则呈淡黄色，粪便有一种特别的怪腥味。

（5）捕蛇需防范被毒蛇咬伤

捕捉毒蛇时为了防止被毒蛇咬伤，要做好捕蛇的防护准备，尤其是初学捕蛇者没有经验，野外捕蛇时要穿上防护衣、裤，穿高帮皮靴或厚布鞋袜，带上捕蛇工具，必要时戴上手套。到树林中去捕蛇还应戴上草帽，夜间捕蛇还要用手电筒照明。捕蛇前先用云香精、雄黄混合加水，每桶水加云香精半瓶，雄黄50g，喷洒蛇身，待蛇浑身发软乏力、行动缓慢时用捕蛇工具捕捉蛇。

（6）捕蛇时遇到意外情况时的处理

有的毒蛇如眼镜蛇、眼镜王蛇在被激怒时，会竖起前半身，"呼呼"地向外喷射毒液，此时应防止毒液喷进眼内。晚上捕蛇用明火照蛇能引蛇出洞，但尖吻蝮和蝮蛇有扑火的习性。如果遇到毒蛇扑火时，要立即将火把扔到平滑的路面上，当毒蛇被引到平滑路面上扑火时，可用捕蛇工具捕捉或将火把扔到水中浸灭，毒蛇会悄悄爬走不会再来袭击人。若捕蛇时有毒蛇追袭，不要沿直线逃跑，可采取左右跑成"之"字形的方法避开追击，或跑到光滑的地方。也可以沉着应战，站立原地不动，面对毒蛇，注视它的来势，向旁闪开，寻机用蒙罩法或棍压法捕捉。由于毒蛇咬人是它的自卫本能，当触及它、捕捉它时，稍有不慎就会被毒蛇咬伤。另外，捕蛇时不能1人单独行动，必须有2~3人互相配合，如在捕蛇时被蛇缠住了手脚，不要惊慌，要坚持握紧蛇颈不放，不得已时可由别人帮助解脱。如万一被毒蛇咬伤，应按毒蛇识别与急救方法及时处理后，迅速到附近医院治疗。毒蛇和无毒蛇在形态上的区别见表2-1。

表2-1　毒蛇和无毒蛇在形态上的区别

特征	毒蛇	无毒蛇
毒牙	有	无
色彩斑纹	大都鲜明	大都不鲜明
头形	较大，多呈三角形	较小，多呈椭圆形
尾部	较短，自泄殖孔后骤然变细	较长，自泄殖孔后逐渐变细
瞳孔	大多呈披裂形	大多圆形
生殖	大多卵胎生	大多卵生
动态	栖息时经常盘曲，爬行时较大意，一般较凶猛	栖息时不盘曲，爬行时较敏捷，多数不凶猛

2. 蜥蜴捕捉

蜥蜴，属爬行纲有鳞目、蜥蜴科。通称蜥蜴的种类较多。我国华中地区常见的是草蜥，华北常见的是麻蜥，亦称麻蛇子。在教学中蜥蜴常作为爬行纲的实验代表动物。

（1）采集

寻找蜥蜴可到光秃、朝南的山坡中的草丛、茶树或路旁的石堆缝中。4~11月份为它的活动期，上午10时以后下午4时以前是它的活动高峰，很容易找到它。炎热夏季的中午12时到下午2时常潜伏于洞内避暑，它们在夏季出来活动时，行动比较迅速，不易捕捉。5月天气凉时极易捕捉。我国产的蜥蜴均无毒，故一般可用一些简易的工具捕捉。切勿捉住尾部，以免尾部脱落下来，而使蜥蜴躯体逃脱。捕捉蜥蜴通常可采用以下几种方法。

① 软树条或细竹梢扑打　在蜥蜴活动区域，待看准蜥蜴后，采用柔软树枝迅速扑打蜥蜴头部或体躯背部，就能把它击晕，使其暂时受击不能活动，随即可用手捕捉，放入容器内。在沙地或平地上，可用带叶枝条扑打，因其枝叶表面积大，易于打中，却又不易损坏鳞片或体躯，切勿打在尾部，以免使尾部损伤或受击而断掉。

② 活套法　用一根长约 2m 的竹竿（或两根竹竿连接起来），其末端以尼龙丝结一活套。当在树上活动的蜥蜴抬头时，趁机将竹竿伸出去，套住它的颈部，立刻拉回，或摆动尼龙丝套，挑逗蜥蜴，待其仰头时，迅速将活套对准蜥蜴头部扣下，然后提起拉回。

③ 用蝇拍追捕或用小网扣捕　此法主要适于捕捉小型蜥蜴种类。捕到的蜥蜴可装入铁丝编织的有细网孔的网箱中喂养。

(2) 饲养管理

蜥蜴可用较大的玻璃水族箱或大木箱饲养。箱底铺放 10cm 左右的松土，一侧栽植杂草。其内放置供饮用的器皿，箱盖以铁纱网或尼龙纱网罩，以防蜥蜴外逃。根据蜥蜴的生活习性来保持箱内适当的温度和湿度，并给光照和昆虫等饲料饲养。

3. 龟鳖类捕捉

乌龟 11 月（10℃以下）冬眠，翌年 4 月出蛰（15℃以上）开始活动。乌龟除以水中小动物为食外，也常到陆地上觅食。5～8 月于黄昏或黎明时段爬到沙滩或泥滩上产卵。利用上述习性，晚上将捣碎的菜籽饼撒在其出入的田埂或池塘边引诱摄食，在手电光下用手捕捉。

捉鳖以夏季、秋季为宜，寻找水中有无鳖进食剩下的碎螺壳和像鼠粪样的鳖粪，也可根据溪流岸边或长满青苔的岩石上有无留下鳖爬行的足迹，辨别其活动方向。若在平展的泥沙上，有隆起的松散新泥沙，呈弯月状或八字形时，用钝头铁叉或棍棒试探戳敲，如触到鳖甲，有滑溜溜的感觉，并可听到一种"卜卜"的响声，迅速用脚踏住，用手摸到鳖后脚胯下两个凹进部位，即可捉住。钻入洞中的鳖总是头朝里，尾向外，伸手抓住后腿，可从洞中拖出。采回后，从泄殖腔注入乙醚或氯仿麻醉后，将头和四肢拉出，向体腔内注射福尔马林溶液杀死，固定并保存于福尔马林中。

（四）鸟类动物标本采集

采集鸟类标本要先熟悉当地的自然环境，了解各生境中有哪些鸟类以及该区鸟类的数量、生活习性和活动规律，然后进行有目的、有准备的采集活动才能收到较好的效果。

1. 采集工具及时间

采集鸟类常用长方形的鸟网，在林缘或林间空地，将网两端系在树上或以长度适中的竹竿垂直插入地面，将网固定在竹竿上，背后有灌木或小乔木掩护，从远处将鸟群向布网处哄赶，捕捉活鸟。窒息处死后制成剥制标本保存。

此外还可用猎枪采鸟，最适宜的出猎时间是上午 5～10 时和下午 3～6 时，森林鸟类常在此段时间内外出觅食，活动频繁。夜间可用矿灯照射寻觅，一旦发现采集目标，立即进行射击。

沼泽地带的鸟类天性灵敏，不易接近，可用网捕或猎射。

2. 采集方法

(1) 网捕法

张网与地面约 1m（图 2-4）。张网不要太紧，前后有树木或灌木丛利于隐蔽，张网大都在冬季进行，宜捕捉一些小型鸟类，因为冬季有些小鸟会在觅食场所成群乱飞。挂网是把网具挂在树上捕捉黄鹂、画眉、相思鸟等小型鸟类。还有一种围网，是用一根小竹竿将网口撑成圆弧形开口，一人潜伏于远处拉绳，其他采集者向网口方向哄赶使鸟入网（图 2-4）。采集标本一般不用此法，因为用此法捕捉的鸟类数量较多，破坏了鸟的资源，同时，捕捉的鸟的种类也有局限性。

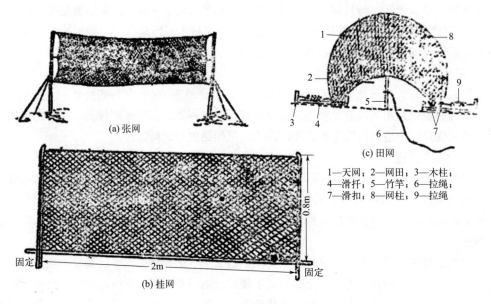

1—天网；2—网田；3—木柱；
4—滑抃；5—竹竿；6—拉绳；
7—滑扣；8—网柱；9—拉绳

图 2-4 捕鸟网具

(2) 猎枪射击法

猎枪是采集鸟类和兽类标本经常使用的工具之一（图 2-5），其型号可以分为：单管猎枪、双管猎枪、三管猎枪和四管猎枪，若按口径的粗细又可分为 10 号（枪管口径为 19.00～19.70mm）、12 号（18.20～18.60mm）、16 号（16.80～17.20mm）、20 号（15.70～16.10mm），号码越小，口径越大。国产猎枪多为 12 号和 16 号。

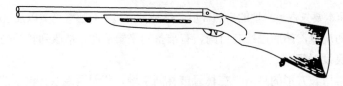

图 2-5 双筒猎枪

射猎森林鸟类时，采集者需要利用有利地形和地物进行隐蔽，不要让鸟发现。射猎距离宜在 20m 以外，以免捕获的标本损伤太大。对一些具有保护色不易发现的鸟类，如大沙锥等，待它一起飞立即射击；猎捕雀形目的鸟类应采取拦截鸟群去路，迎面射击；猎捕大型鸟类，由于飞得快，采集者也难以接近，可以用小口径步枪远距离射猎，效果好。

此外，捕捉一些小型鸟类还可用胶粘法，用松香和桐油或用苏籽油熬成黏胶，涂在小鸟经常栖息的树枝上，使翠鸟等小鸟一停在那里就被粘住；小型洞穴鸟类，根据白天查明的情况，晚间有的放矢地用电筒照明捕捉；鹰类猛禽嗜食肉食，可用诱夹法捕获。

（五）哺乳类动物标本采集

1. 采集的环境与采集时间

我国现有哺乳类动物418种，生活在各种不同的自然环境中，营树栖、地栖、水中和飞行生活。因此，它们在身体形态和构造上有很大的差异，其生活习性也迥然不同。例如有不少食肉兽栖居在茂密的林区灌木丛中或树上，除犬科动物以外，它们大都善于攀缘、爬树，像云豹、豹猫、紫貂、青鼬、果子狸等，多栖居和长时间活动在树上；啮齿目的松鼠类、鼯鼠类和灵长目的猕猴等兽营树上生活，只是偶尔下到地面活动。在森林兽类中，灵猫科的多数种类，当秋季果实成熟时上树吃果实。在食肉目的兽类中，有不少种类在不同程度上营地上生活，如栖息于森林草丛洞穴中的食肉目和兔形目的动物等。翼手目的蝙蝠白天常栖息于古屋檐下的缝隙或山岩洞穴中，冬季有集群冬眠的习性。此外，食肉目动物中的半水栖种类，常栖息于江湖水边的树根下；鲸目和鳍脚目均在水中生活，为水栖哺乳类动物。但是有的兽类动物随季节变迁生活场所，例如野兔干旱时去湿地，多雨时找沙地，夏季去高地阴凉处，冬季找低洼向阳处生活。采集时还应根据动物的生活规律行猎。例如松鼠和鹿类经常清晨或傍晚活动和觅食；鬣羚晨昏时段从山林中下来觅食。有些种类如紫貂、獾、啮齿目和翼手目为夜行动物；大灵猫活动时常避开明亮月光照射的地段，每逢月光暗时则活动时间延长，范围也扩大。

兽类标本主要是用于剥制和骨骼制作，由于兽类经常在春秋季脱换被毛，夏毛短，冬毛厚而有光泽，所以采集毛皮兽制作剥制标本应选在冬季猎捕为宜（长江中下游一般在"小雪"到"冬至"之间）。采集水獭和兽类骨骼标本，一年四季均可猎取。

2. 采集方法

行猎哺乳类动物时先要熟悉当地的自然环境，注意观察发现其粪便、足印等痕迹或根据洞穴外新推出的泥土，断定动物种类及其活动栖息场所，然后采取相应的猎捕措施，例如大雪覆盖的原野能发现野兔挖出的"呼吸洞口"。采集鼠类等小型兽类可以采用挖洞捕捉法，或放置笼具夹具和踩夹（图2-6～图2-8）；大型森林动物，如野猪等宜采用围攻射击法，射击时必须击中头胸部位才能击毙；猎捕夜行兽类，采集者要根据白天侦察的目标，待晚间有动静时，用电筒照明伺机射击；捕捉蝙蝠可在白天去山洞中网捕，近冬眠时还可用手捕捉；猎捕洞穴栖息的兽类，除在它出洞活动时枪击外，还可采用烟熏洞，网或袋套在洞口的捕捉法，小型的鼠类栖息的洞穴如竹鼠等，还可采用灌水入洞，在洞外用网或袋捕套的方法。捕捉鼬、貂、兔、猴等小型动物可用网捕，用网将洞口围住，向洞内熏烟，动物窜出误入网兜被捕，或用大网一端置于地上，另一端用活动竿撑起，哄赶动物，迫其朝置网处逃窜，投网竿倒就擒。野外发现鼠洞，置网于洞外，其余洞口堵塞，迅速灌水捕捉。还可用套子、鼠笼等捕获。此类动物常制成剥制标本保存。对有些喜光哺乳类，可采用光照引诱法捕获，如黄牛可以在夜间用灯光招引射击猎捕；猎捕草食性动物中的大体形兽如鹿类可以采用吊弓法或网捕法，小体形兽类如野兔还可以驯养猎犬和猎鹰捕捉；对一些食肉性猛兽一般采用射击的方法猎捕，用陷阱、地弓、毒饵等猎捕法也都能收效显著。用埋设炸弹的方法猎捕对兽体有很大的损伤，所以，采集标本时不宜采用此法猎捕。

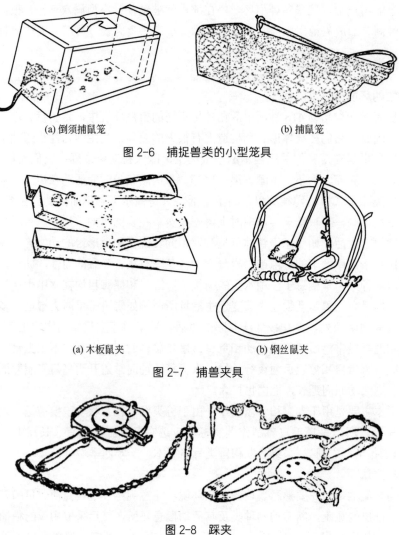

(a) 倒须捕鼠笼　　　　　　　　(b) 捕鼠笼

图 2-6　捕捉兽类的小型笼具

(a) 木板鼠夹　　　　　　　　(b) 钢丝鼠夹

图 2-7　捕兽夹具

图 2-8　踩夹

三、采集标本时的注意事项

① 采集生物标本应注意保护生物资源。国家法定保护的动物，未经管理部门（林业管理部门和工商管理部门）批准、持有合法手续，不得任意捕捉，一般动物也不能大量猎捕。

② 进入采集场所应对周围的生态环境作一观察了解，熟悉当地自然环境，掌握被采集动物的生活规律，有的放矢地猎捕所需的动物。

③ 注意警惕毒蛇、猛兽等动物，要采取防护措施防止咬伤，必须使用狩猎工具以确保人身安全。

④ 采集时，采集者必须掌握动物的生活习性、活动规律和咬人的特点，要注意隐蔽和防护，捕捉时，动作要轻快。

⑤ 野外采集的标本，必须及时进行防腐处理才能长期保存，否则标本容易腐败，会缩短其标本的保存期。

第三章
干制标本制作

干制标本是用干燥的方法制成的标本，优点是制作简便，不要任何容器和溶液。缺点是容易收缩变形，而且难以保持标本的原色，易虫蛀、霉变。

第一节　腊叶植物标本采集与制作

一、标本的采集

（一）注意事项

1. 目的明确

采集植物标本首先要明确目的。是为了了解某地植物的分布状况，还是为了结合教学内容，让学生识别植物的形态特征，或是有针对性地采集植物制作成标本，为以后的教学提供直观的实物。只有目的清楚，采集时才能多快好省地进行。

2. 采集时间

夏季晴天的中午和中午前后，植物的蒸腾作用非常旺盛，采回的植物的枝、叶、花等会很快地枯萎，所以这时候不宜采集标本。雨天或者天气过于潮湿的时候，采来的植物标本含水分较多，不易干燥，也不宜采集。

3. 采集地点

采集以前必须先作一次现场观察，定出采集路线，避免走回头路，以便取得事半功倍的效果。

（二）设备用具

采集箱、标本夹、小铲、小刀、枝剪、纸、标签、线、放大镜、铅笔、记录本等。

（三）采集方法

① 采集标本时，应选择开花的植物，最好连果实一起采集。草本的或矮小的植物必须用小铲连根掘起，抖落根上的土粒，得到完整的植株。切勿用手去拔，以免把根拔断。如果是较大的植物，可以将整枝折断后带回，然后再进行进一步的修整。对于高大的植物，要采集最能代表该植物特征的部分。例如，可剪下带有叶和花的枝条，如带有果实的

那就更好，或者是采集植物的茎、叶和地下部分（地下茎和根）。

② 采集时应选择最典型的植株（如发育中等的植株）。不宜采集过于瘦弱或有病虫害的植株做标本。对于特别幼嫩的植物也不适宜做标本。

③ 浮游植物因为组织特别纤弱，从水中取出时常粘在一起，不容易展开或压平。采集时必须在水里把植物摊平在纸上，然后把纸连同植物一起从水里慢慢地取出，放到标本夹内的纸上，细心整理，展平。此外，要注意不能用油质的纸来夹制水生植物，因为油质的纸不易吸其水分。

④ 将采集到的每一植物都编上号码，并且把植物的号码、产地（如草地或森林等）、地形特点和位置（如阳坡或阴坡等）、分布情况（如密集成片或疏稀散生等）、土壤性质、采集日期和时间以及采集人的姓名等均需要记在记录本上，与此同时，把写上号码的标签系在相应的标本上，与标本一起放进标本夹内。注意不应该在一份纸内夹很多的标本，否则容易弄乱或折断。另外，对于上述记载采集的项目并非可有可无，特别是在大量采集时尤为必要，因为没有记载的标本往往也就失去了它的应有价值。

⑤ 采集植物标本时，对于同样的植物至少要采集 3 株，这样便于鉴定植物的种类和在制作标本的过程中，如果有损坏时可作为备用。

二、标本的制作

1. 设备用具

旧报纸或草纸、刷子或纱布、吸水纸或棉絮、标本夹或两块比台纸大一些的木板、玻璃纸条或缝衣针和线、台纸、标签、胶水、刀片、剪刀、毛笔、玻璃纸等。

2. 制作材料

采集来的具有代表性的植物。

3. 制作方法

① 从采集来的同一植物中，选择各个器官最完备的作为标本。用刷子或纱布擦掉标本上的污物，使其具有一定的清洁度。

② 将整理好的标本夹在干燥的旧报纸或草纸中，用标本夹夹起来，或者放在两块木板中间，上面用重物（如砖头、石头或书等）给予均力压紧。标本夹多用光滑木条或铁丝制成，大小一般长 80cm、宽 40cm，上下两面、中间夹上吸水的草纸，每面左右可使两根木条伸出 5～10cm，以便用绳子把标本夹牢结起来，如图 3-1 所示。

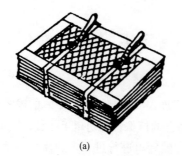
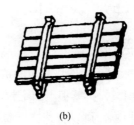

(a)   (b)

图 3-1　两种标本夹

③ 在压紧的过程中，应该先特别注意一下标本是否平展，它的叶和花的位置是否呈自然状态，是否有重叠现象，要避免相互遮盖。

④ 如果有的标本过长、过大或枝叶过密，应该对此标本作适当的修整或给予弯折成形。有些植物的叶片背腹面具有明显的区别和特征，为此可以把一部分叶片翻过来。对于具有硬刺的植物标本，要先压平，然后再放到标本夹内。

⑤ 标本被压在草纸之间后，放在通风、具有阳光的地方进行曝晒，使标本尽快干燥。在此期间要勤换纸、勤翻动，防止标本发霉。否则标本就不容易干燥，而且会卷曲、变黑，失去原有的本色。

⑥ 用干纸替换湿纸时，要注意矫正植物的姿态，也可以把植物夹在吸水纸里，用熨斗熨平。如果所做的标本含有花的部分，必须在此部位放吸水纸或棉絮。至于茎、枝叶肥厚的植物，其含水量较多，一时又不容易干燥，可先放在开水里再压平，便可缩短压制的时间。

⑦ 植物压干以后，从标本夹内取出，须经砷汞消毒再干燥，然后用线或玻璃纸条选择几个点固定在台纸上。对于较小的植物或枝叶柔软的标本，可以用毛笔蘸些胶水均匀地涂在标本的一面，使其粘在台纸上，放置 12h 左右，待它阴干后再用纸条把胶水没有粘牢的部分在台纸上固定好。

⑧ 植物部分标本的制作：植物花的部分，可把花的各部分拆开，然后夹在吸水纸里，让它依次排成一行，也可以像花图式一样，排成圆圈，压制成形后与同株植物一起贴在台纸上。果实、块茎、块根的构造可以用切片的方法。比如选择两个类似的果实、块茎或块根，一个作横切面，一个作纵切面。将切片物放在已涂过胶水并干燥的纸上，让它们分泌出汁液后粘在纸上，然后夹在干燥的报纸里压起来，待切片物干燥后去掉周围的纸，并与同株的植物贴在台纸上。用不同发育阶段中的花蕾和果实的切片与整株植物一起贴在台纸上，制作成标本，以表示花和果实的发育阶段。

⑨ 如果选用针叶树的枝条做标本，最好先把它浸泡在开水里，或者放在稀薄的胶水中蘸一下，然后压平，便可方便制作。

⑩ 腊叶标本制作完毕后，要在台纸的右下角贴上植物标本签（表 3-1），注明编号、科名、种名、学名、俗名（土名）、产地、产时和采集者的姓名等。

表 3-1 植物标本签

采集号	登记号
科名	种名
学名	俗名
产地	产时
采集者	鉴定者
采集日期	

第二节　立体标本和叶脉标本制作

一、立体标本制作

立体标本是一种既使标本脱水便于保存，又保持它新鲜时候立体状态的标本。它可供陈列展览和直观教学用。制作方法有两种。

1. 硅胶埋藏法

（1）制作过程

事先要准备好干燥箱、真空抽气机、真空干燥器和硅胶等。把干燥箱定温在 41～42℃备用。取真空干燥器，在它的底部铺上 3cm 厚的硅胶（硅胶事先要粉碎成小米粒大小）。再把选择好的新鲜植物标本立在真空干燥器里，把事先准备好的硅胶慢慢倒入，边倒边用镊子整理植物，尽量保持原形。等到硅胶把整个植物标本全部埋藏起来以后，在真空干燥器边缘涂上凡士林，盖好盖子。

再把这个真空干燥器放入事先定好温度的干燥箱里，通过干燥箱的上口，为真空干燥器接上抽气机的橡皮管，进行抽气。大约 3h 以后，把真空干燥器的门关上，停止抽气。干燥箱继续保持恒温 4～5h，然后切断电源，在箱内温度下降到室温的时候，取出真空干燥器。

把真空干燥器的阀门打开，让空气进去，然后取下盖子，擦净凡士林，慢慢地把标本倒出来。由于标本在恒温和真空条件下迅速失水干燥，所以基本保持了生活时候的颜色。为了使标本鲜艳生动。可以用喷雾器喷洒 5% 的石蜡甘油溶液。

（2）标本保存

把制好的标本放入体积相当的标本瓶里保存，为了避免标本吸湿，瓶里应该放入硅胶，并且密封瓶口。

2. 细沙埋藏法

取细而匀的河沙，用水洗净并且烤干。制作的时候，先把新鲜标本放在一个体积适合的容器里，按硅胶埋藏法的方法，把沙小心地填满标本周围。填好以后，放在阳光下或者火炉旁，大而多汁的标本一般需要 7～8d，小标本 1～2d 就可以干燥。干燥以后的标本，必须小心取出，防止叶、花脱落，还要用毛笔刷掉粘在标本上的细沙，最后也可以喷洒石蜡甘油溶液。这样干制的植物标本，虽然色泽会有所变化，但是方法简单，容易制作，成本低廉。

二、叶脉标本制作

叶脉标本扁平美观，既可以用来观察各种叶脉的形态，又可以作为书签。它的制作方法有两种。

1. 煮制法

煮制法多用叶肉比较厚的叶片。采集叶脉粗壮、坚韧而致密的树叶如桂花叶、桑叶几片备用。用一只烧杯，盛清水 200mL，向水中放入碳酸钠 5g、氢氧化钠 7g，并移至火焰上加热。等杯里的水沸腾的时候，把树叶放入杯内，煮沸大约 10min。边煮边用镊子轻轻摇动树叶，使树叶均匀受到药剂的腐蚀。煮完把树叶夹出，放入盛有清水的玻璃缸里，用软牙刷刷去叶片的柔软部分，露出叶脉，然后用漂白液（用 8g 漂白粉溶在 40mL 水里，再用 6g 碳酸钾溶在 30mL 沸水里，把这两种液体混合摇匀，晾凉加入 100mL 水，过滤以后就成漂白液）漂白。漂白以后的叶脉可以根据需要，染成各种颜色。

2. 水浸法

水浸法多用于叶肉比较薄的叶片。采集叶脉粗壮、坚韧而致密的树叶，浸在玻璃缸内的水里，放在温暖处（使水里的细菌繁殖）。利用水里的细菌把叶片的柔软部分逐渐分解腐烂掉。当浸液发生臭味时要换水。经过一段时间（夏天 7d 左右），当叶片的柔软部分完全腐烂以后，可以用软牙刷在水里把柔软部分刷去，使叶脉完全露出。就可以进行漂白和染色，制成叶脉标本。

第三节　动物干制标本制作

一、海绵动物标本制作

海绵动物标本制作方法比较简便。先把动物用乙醇或福尔马林杀死（乙醇浓度 50%、福尔马林浓度 2% 为宜），洗净，再浸入 75% 乙醇或 4% 福尔马林中固定 1d 后取出，放在阴凉、通风处晾干即可。

二、软体动物介壳标本制作

软体动物介壳标本指软体动物的螺壳和贝壳制成的标本，具体制作过程如下。

① 用热水杀死动物，除净贝壳内的软组织。

② 将贝壳冲洗干净，用刷子刷除花纹（或螺纹）中的污垢。必要时可用 3% 双氧水漂白，1～3h 后，取出冲净药液，而后晾干备用。

③ 双壳贝类应在贝壳洗净后，趁壳未干时用线将双壳闭拢缠紧，待阴干后把线拆除，此时双壳已固定合拢。

④ 把已处理好的标本摆放在有玻璃盖的木板盆中，盆的四壁和底部可衬以塑贴纸或其他衬料。摆放位置应以匀称、美观为原则，以使成品符合科学性、实用性和美观性。例如可以根据分类要求，也可以根据大小、花纹图案、特殊要求摆放。位置确定后，用乳胶逐个粘贴于衬料上。

⑤ 在每种标本旁的适当位置贴上标签，写上该种动物的分类和种名及有关采集项目。

注意：腹足纲前鳃亚纲类动物的厣是分类学中鉴别种类的依据之一，所以在制作这类动物的介壳标本时，必须用棉花、软布等填充物将空壳填满，然后把厣贴在壳口处，借此把厣和贝壳同时保存起来。

三、节肢动物标本制作

节肢动物具有较坚韧的外骨骼,绝大多数种类都可制成干制标本,且可长期保持它的色彩和形状。但这类动物种类繁多,形态和习性各异,且许多种类有变态习性,因此,干制方法也有多种,现分别介绍如下。

1. 成体干制法

这类动物的形体一般较大,外骨骼内的肌肉较多。应先将外骨骼内的肌肉去除后,再干燥拼装。现以中华绒螯蟹为例,介绍制作过程。

整个过程可分为肢解剔肉、清洁防腐、通风干燥、粘接拼装四个步骤。

第一步,先用开水将蟹处死。把五对胸肢小心地扳下,将每一只胸肢沿节处折断(折时宜小心,尽量勿使外骨骼破损)。从断口处用小勺或狭竹片细心地将肉剔出、剔净。然后用流水将每一节冲洗干净,冲洗时应注意把螯肢上的绒毛洗净理顺。接着,把蟹体的腹面朝上,扳开腹脐,先清除贴在脐上的肠内容物。再用探针在脐内的每一胸节处钻一小洞。从洞中逐次挖、剔出蟹肉,也务须剔净,也用流水冲洗干净。再把蟹体翻转、头胸甲朝上,小心地从头胸甲的后部往前连同口器扳开(注意不能扳脱离),清除里面的脑、胃、鳃、脂肪等软组织,再用流水冲洗干净。至此,头胸甲内、胸节内和胸足内的软组织已全部剔除并清洗干净。注意操作时,五对胸肢拆开时就应始终按原生长顺序放置,并做好记号,防止以后拼装时互相弄错。

第二步,把头胸部和拆开的五对胸肢的各节顺次浸入 0.5% ~ 1% 福尔马林中,8h 后取出,进行防腐处理。注意药液浓度宜低不宜高、时间宜短不宜长。以防止头胸部、腹部的连接韧带被固定,带来操作上的不便。防止在头胸甲或其他空腔内产生气泡,致使防腐不彻底。如发现气泡去除不易时,可用注射器伸入气泡内将泡内空气抽掉。

第三步,把经过防腐处理的蟹体和肢体依次取出,顺次摆放在阴凉通风的地方,任其自然干燥,或放在烘箱中烘干。

第四步,首先用乳胶将已干透的各节肢体按从远端到近端的顺序拼装粘接。但暂不与头胸部粘接。粘时要注意原来折断的折痕应吻合,以防粘错。其次将蟹体腹面向上。使蟹脐完全盖住原来剔肉时钻的小洞口,用乳胶把蟹脐粘在蟹体上。再翻转过来,吻合头胸甲和蟹体,在合拢处涂上乳胶黏合。再用细线把整个蟹体扎紧,放置一夜,使乳胶干透。

待五对胸肢和蟹体分别干透后,再用乳胶按自然形态顺次把螯肢和四对步足按原生长位置粘到头胸部上,至胶水干透后,方可取下。最后,把制好的中华绒螯蟹标本固定在标本盒内的适当位置,贴上标签即成。

2. 幼虫干制法(环节动物亦可用此法)

幼虫体壁的硬化程度不如成虫,因此不能像成虫那样干制,一般采用"吹胀烘干法"制作,具体方法如下。

(1)取皮

将躯体完整的活幼虫放在玻璃上或解剖盘中。腹面向上,头部朝向操作者,尾部向后展直。用一圆玻璃棒(或圆木棍)从头胸连接处向尾部轻轻滚压,使虫体内含物由肛门逐渐排出。逐次用力,滚压数次,直到虫体的内容物全部压出,只剩下一个空虫皮壳为止。注意操作时要轻、慢。不能急于求成,否则,用力不当可致胀破尾部、损坏标本。滚压时还要注意不要压坏虫体表皮或体表的刺、毛等附属物。

(2) 充气

用 5mL 医用注射器（带针尖），拉空针管。将针头插入肛门但不宜过深。然后用一细线将肛门与尾部插针处扎紧，余线剪断。

(3) 烘干

将已插入针头的虫体连同注射器一起，移到烘干器上加温、吹胀（见图 3-2）。烘干器实际上是一个放在酒精架上的煤油灯罩。把扎在注射器上的虫体轻轻送进灯罩，即可点灯加热。一面加热干燥，一面徐徐推动活塞注入空气。这时要注意边注气边看虫体伸胀情况，并反复转动虫体，使其烘匀。待恢复自然虫态时即停止注气。虫体烘干后，立即移出灯罩。在尾部结扎细线处滴一滴清水，用小镊子把扎线退下。然后用一粗细适当的高粱秆或牙签等，从肛门插入虫体。插入的深度以能支撑虫体为度，然后在秆的外端插上昆虫针，再用三级板固定虫位，插上标签即可。

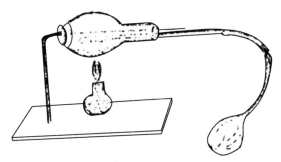

图 3-2　烘干器

3. 蛹的干制

蛹的体壁虽较硬，但体内容物含水量较大，必须去除。所以用剪刀把蛹体一侧剪开，取出内容物。用吸水纸或脱脂棉把蛹体内的液汁吸干、擦拭干净以后，塞进大小与蛹体相似的棉球，再用乳胶把两部分粘好，待干透后，插上昆虫针，贴上标签就完成了。

四、棘皮动物标本制作

海星、海胆等棘皮动物的干制标本，制作过程也较简单。先用淡水洗去动物体表的盐分。然后，适当调整成自然、美观的体态，放在阳光下直晒。使水分迅速蒸发，以防止腐烂。在晾晒过程中，应经常查看，及时纠正偶发意外，例如海胆的棘极易被碰掉，可以及时用乳胶重新粘上等。此外，也可把动物体放在烘箱或阴凉、通风处阴干。待干透后，把标本小心地移入标本盒，贴上标签即可。

五、昆虫标本制作

昆虫标本按制作技术分为昆虫干制标本和昆虫浸制标本，对形体微小的昆虫浸制标本，常制作成装片，以便于用显微镜或放大镜进行观察，按昆虫生活史分为成虫标本、卵标本、幼虫标本和蛹标本。若把同种昆虫的上述标本集盒装在一起，就称为昆虫生活史标本。

（一）昆虫干制标本的制作

1. 设备器材

（1）昆虫针

插刺固定昆虫的细长不锈钢针，一般有七种型号，由粗到细为 5、4、3、2、1、0、00 各号，用以插固大小不同的昆虫。

（2）三级台

又叫刺虫台，用木块制成，也可用硬质泡沫塑料代替。三级台各级分别厚 8mm、16mm、24mm，每级中央有一小孔（图 3-3）。

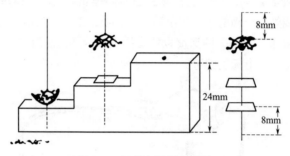

图 3-3 三级台及其使用法

（3）膜翅板

用于蝶、蛾、蜻蜓等翅常展开的昆虫固定翅用。常用 2 块较软的木板制成，长约 30cm，两边木条宽约 10cm，略向内倾斜，其中 1 条可活动，以便调节板间宽度（图 3-4）。

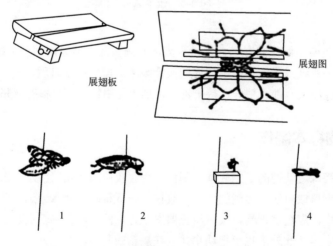

图 3-4 展翅板、展翅图和四种不同针插方法
1,2—普通针插法；3—重插法；4—点胶法

（4）软虫器

对于干燥或半干燥的虫体，展翅前必须软化，否则在干燥状态下展翅或整姿，必然一触即坏，前功尽弃，无法利用。可用玻璃干燥器作为软虫器。在软化器底垫上 6cm 厚的细沙，沙中浸入 2% 的来苏尔（即煤酚皂溶液）或石炭酸（苯酚）。然后将放有材料的铁纱网搁在干燥器隔板上，盖上盖，用凡士林密闭，置于温暖处 5d 左右，干虫即被软化。

(5) 烘干装置

用于干制法保存的幼虫,须进行烘干处理。一般由酒精灯、煤油灯罩、打气球、玻璃导管组成。

(6) 昆虫盒

分为三种类型。

① 分类标本盒　盛装同目或同种的多种昆虫用。上盖为玻璃,盒底铺有软木层。

② 生活史标本盒　上盖为玻璃,内盛棉花。

③ 植物害虫标本盒　与生活史标本盒一般相同。但昆虫和被害植物放在一起。

2. 制作过程

昆虫采集回来以后,要及时制作成标本,以免时间久了,虫体过于干燥,制作时容易损伤触角和足等突出部分。如果过于干燥,就需要软化之后再制作。

① 不需要展翅的昆虫,放置在三级台上,选用粗细适宜的昆虫针垂直插入虫体内,再把针倒转过来,插到三级台的第一级的小孔中,并使虫背紧贴台面,其上部留针长度应为8mm(见图3-3)。针插位置因种类而定,半翅目针插中胸小盾片中央,鞘翅目针插右翅鞘基部,鳞翅目和膜翅目针插中胸中央,直翅目针插前胸背板右面,其余昆虫一般针插中胸和后胸。

② 需要展翅的昆虫,先要展翅后再针插。把昆虫放在展翅板上,虫身放在沟槽中,虫翅平展于斜板上,使左右四翅对称,用纸条压住翅基部,纸条用针插固。当虫体插固后,将其整理为自然状态。待虫体放置干燥后,移入标本盒。注意操作时应防止鳞翅目昆虫鳞粉的脱落(图3-4)。

③ 身体微小的昆虫,不宜用昆虫针插入虫体。须将昆虫用胶水粘在稍厚的等腰三角纸的尖端,再用昆虫针插入三角纸底部中央,最后按昆虫插法上三级台。

④ 昆虫上昆虫针后,用镊子小心地进行整理,使它的身体,特别是足、翅和触角的姿势合乎自然状态。其后把标签也插入。

(二) 昆虫浸制标本的制作

昆虫的卵、幼虫和蛹,一般都应该用浸制法制成标本。一些身体柔软或含水较多或身体细长的昆虫成虫,用浸制法往往也比干制法好。

1. 浸制标本的制作

不完全变态的昆虫的卵和幼虫,如蝗虫的1~4龄跳蝻,完全变态的昆虫的卵、幼虫和蛹,大都可以用50%~70%乙醇或5%~10%福尔马林杀死及固定,然后改用新配制的70%乙醇或5%福尔马林保存,表皮嫩薄的,用2份70%乙醇、1份5%福尔马林和少许甘油(一般为1/20份)来配制混合液保存。

体内水分多的昆虫幼虫,可用热水烫一下,待虫体僵直后再固定。昆虫幼虫一般较小,可以连同一部分固着物一起处理。

固定时间因虫体含水量而定。含水量较多的需时间较长。一般为1~6d。形体细小的昆虫,不管是幼虫还是成虫,固定之后,可以制成永久装片保存。保存液一般装到指形玻璃管的2/3,昆虫装瓶后,塞紧木塞,用熔蜡封口,再贴上标签。

2. 浸制液的配制

（1）一般浸制液

① 酒精浸制液　70%乙醇中加入少许甘油。可以浸制一般标本，缺点是由于脱水使虫体收缩及褪色。

② 5%福尔马林浸制液　此液效果较好。缺点是有刺激性气味，易使虫体变脱。

③ 冰醋酸5份、乙醇（70%）18份、福尔马林5份混合浸制液　此液固定效果好，但易使虫体变黑。

（2）保色浸制液

① 绿色幼虫浸制液　以 $CuSO_4$ 10g 溶于 100mL 水中，煮沸后投入绿色幼虫，待虫体色恢复原色时取出清洗，用5%福尔马林保存。

② 黄色幼虫浸制液　用冰醋酸 1mL、无水乙醇 6mL 和氯仿 3mL 配成，浸制 1d 后，用 70% 乙醇浸制液保存。

③ 红色幼虫浸制液　用硼砂 2g、50% 乙醇 100mL 配成，将幼虫直接投入浸制液中保存。

六、昆虫生活史标本的制作

植食性昆虫，总是危害某些种类的植物。各种昆虫的变态类型不同，各发育阶段的时期和习性不同，越冬越夏虫态不同，所以各种昆虫的个体或群体生活史和一个年度所表现的生命活动规律极不一致。因此，制作生活史标本，对于农牧林业是必要的，对教学也是必要的。

生活史标本的材料，一般也可以野外采集，但往往不能确定其种类而鉴定困难。对采集不足的昆虫，应该通过饲养得到补充。

昆虫生活史标本制作，主要注意两点：一点是把前面制作的同一种昆虫的各种生态标本，连同被害植物部分一起安放在一个生活史标本盒中；另一点是标签应较详细地注明各虫期、危害对象、采集地点和时间。

七、蝴蝶标本

蝴蝶作为资源昆虫，其种类繁多，色彩斑斓，尤其是蝴蝶膜极为艳丽，翅膀上生长着一层极微小的形状各异的鳞片，鳞片里含有多种特殊的化学色素颗粒，这些五颜六色的颗粒组合在一起便构成表面有很多横行脊纹、闪耀、绚丽多彩的图像。大部分蝴蝶，尤其是大型美丽的南方蝶类，深受人们的喜爱而具有极高的观赏价值、科研价值和经济价值。随着人们的物质和文化生活水准的不断提高，蝴蝶标本已成为工艺品市场的抢手货，市场需求也日益增大。但因当今化肥、农药等对生态环境的影响，蝴蝶特别是珍稀蝴蝶的品种及数量越来越少，而市场需求量则越来越大，人工饲养蝴蝶前景广阔。

蝴蝶体分头、胸、腹三部分。蝴蝶体的大小因种类各异，最大的展翅可达 24cm，最小的展翅 1.6cm。头部有锤状或棍棒状触角 1 对、复眼 1 对，口器特化成喙，虹吸式，不用时作螺旋状卷曲。胸部有翅 2 对，翅及体表密被各色细小粉状鳞片和丛毛。每个鳞片含有多种色素颗粒，五颜六色的颗粒组合在一起形成各种花斑，照射在翅膀鳞片表面上的光线反射出绚丽的色彩。此外，蝴蝶翅上的粉状鳞片含有大量脂肪或防水的彩色"雨衣"，如果蝴蝶翅上的粉状鳞片脱落，在雨天蝴蝶就不能飞。胸部有3对足，腹部无足。

蝴蝶的品种甚多，全世界有1.4万余种，大部分分布于美洲，尤以亚马孙河流域最多。我国有1300多种，分别隶属于弄蝶、凤蝶（图3-5）、绢蝶、粉蝶、灰蝶、喙蝶、蚬蝶、眼蝶、环蝶、蛱蝶、斑蝶等科。

图3-5 凤蝶

蝴蝶中的凤蝶就有纹凤蝶、金凤蝶、玉带凤蝶、白玉黑凤蝶、绿凤蝶、青城箭环蝶等。粉蝶成虫体色多为白色或黄色，映衬有黑色也有个别红点，前翅略呈三角形，后翅呈卵圆形，前翅臀脉一条，后翅臀脉两条。其中某些种类具有很高的观赏价值和科研价值，也有些种类如稻弄蝶（稻苞虫）、菜粉蝶、稻眼蝶、芝麻蛱蝶及柑橘凤蝶等是经济植物的重要害虫。

蝴蝶的生活习性各有不同，分布区域也不一样。有些种类仅见于平原，有的在山区，各有各的发生地点。蝴蝶寄生植物丰富和生活适宜的场所，个体数量多。蝴蝶大多数种类都在白天晴天活动，早晨9时到下午黄昏时飞翔较多。有些蝴蝶，如枯叶蛱蝶白天非常活跃，很难捕捉，傍晚则集群过夜。山岳地带，有日照的地方蝴蝶多，背阴处数量少。如在正午时，山顶是蝴蝶出没的场所。

在炎热的夏季，阴凉、多湿的地域也是蝴蝶活动的好场所。蝴蝶属于完全变态的昆虫，分为卵期、幼虫期、蛹期和成虫期。具体到某一种蝴蝶，则发生期有很大的区别，有的1年只发生1代，如中华虎凤蝶每年3月初羽化；有的1年多代，如菜粉蝶。

蝴蝶是属于昆虫纲、鳞翅目、蝶亚目（锤角亚目）昆虫的统称。其翅及体表密被各色鳞片和丛毛，形成各种花斑绚丽多彩，具有极高的观赏价值，深受人们的喜爱。随着人们物质文化生活水平的不断提高，蝴蝶标本已成为工艺品市场的热门货，且市场需求量也日益增大。

1. 蝴蝶标本的采集时间、地点和方法

采集蝴蝶标本的时间应因地而异，如南方地区一年四季均可采到；其他地区在3～10月的晴天到有花卉的植物园采集。采集蝴蝶可根据蝴蝶的生活习性进行诱捕。一般捕虫网采集蝴蝶较为方便适用。

（1）采蝶网

由网柄、网圈和网袋组成。网柄用长0.7～1m、直径1.5～2cm的木棍或竹竿制成。网围的直径约30cm，由直径5mm的粗铁丝弯成圆形网圈，两端折成直角，固定在网柄上，网袋用白色蚊帐布或白色尼龙纱缝制而成。它的长度是网圈直径的2倍。使用捕蝶网捉捕飞行快速的蝴蝶时，手紧握网柄，将网口迎面对着蝴蝶，然后用网迎头一网兜，当蝶落网兜后急速将网口转折过来，封住网口，使网底叠到网口上方，使蝴蝶在网内不会逃脱，要求采集动作敏捷。栖息在花叶上的蝴蝶用捕虫网横扫兜捕法即可。采到不要用手触摸蝴蝶翅膀，以免造成翅膀残缺、鳞粉脱落。将网捕到的蝴蝶放在昆虫毒瓶内。

（2）三角纸袋

采集鳞翅目（蝶蛾类）昆虫，为了防止翅上鳞片脱落，将蝴蝶用镊子从昆虫毒瓶中取出放进三角纸袋包里，再连同三角包一起放入毒瓶里。三角纸袋是用优质光滑、半透明的薄纸或白纸（如硫酸纸、有光纸）做成的，有 150mm×110mm 和 75mm×110mm 两种规格。纸包大小随虫体而定。纸包外面应写明采集地点、采集时间和采集者姓名。装进三角袋后，要迅速放在室内通风处晾干，以免霉变。

2. 蝴蝶标本的制作与保存

将采回来的蝴蝶采用以下方法制成标本。

（1）针插

从昆虫毒瓶里取出毒死的蝴蝶要用昆虫针（或大头针）插起来。针插的部位是根据昆虫不同的形态特点决定的。鳞翅目昆虫应插在中胸中央偏右一些，这样能够保持虫体的完整、平稳、美观和整齐。针插方法是下针方向一定要和蝶体相垂直。蝶体插针上端要留出针长的 1/5 左右。

（2）展翅

在制作蝶类标本时要用展翅板将蝴蝶翅展开，先用针把虫体固定在展翅板中央的木条上，把翅展开，使左右 4 翅对称，然后用纸条压在两翅上，纸条两端用针固定。再整理接触角和足，放置在通风而阳光不直射的地方，待虫体干燥后取下放在玻璃昆虫标本盒里，盒底贴一层厚 5cm 的软木或硬质泡沫塑料，便于插放标本，在玻璃昆虫标本盒上面贴上标签，注明蝴蝶品种名称，并在盒内放入樟脑，以防虫蛀。

第四节　脊椎动物内脏的干制标本制作

脊椎动物的内脏一般软组织丰厚，含水量较高；不宜选用实质性脏器如脑、肝、肾等来制作干制标本，最好选用壁薄、易于脱水的空腔器官如肺、肠、输卵管等。一般包括取材、注射填充剂、固定填充剂、剥皮、热处理、恢复自然色泽、补充固定、晾干等过程，其中最主要的一点是使标本充分晾干（或烘干），以免日后受潮腐烂。下面以两栖动物（蛙）的肺为例介绍制作过程。

① 取一薄铁皮盆（普通罐头盒也行）放在三脚架上，下面点燃酒精灯。

② 游离蛙肺，将一"Y"形玻璃管插入气管（也可剪下一侧蛙肺，将玻璃管插入切口处），用线扎紧肺与玻璃管的连接处。

③ 从玻璃管的另一端向肺内慢慢吹气，待肺膨胀后马上放入铁皮盒内烘干。注意应一面烘烤一面吹气，以保持肺能始终处于膨胀状态。烘烤时还要不断来回转动，使每个面均匀受热。

④ 待肺不再收缩、保持一定形状时，表示肺已完全干燥，即可抽出玻璃管，用线扎紧气管口（或切口），就能清楚地看清蛙肺的肺泡。

⑤ 把制好的标本装入透明容器中，贴上标签保存。

第四章
浸制标本制作

浸制标本是采用保存液来防腐的标本。如果保藏得好，可以长期保存。它能清晰地显示生物体的外部形态和内部构造，还能保持生物体原来的色泽。

第一节　植物标本的浸制

植物的多汁部分，如肉汁茎、多汁果实、块根和具有根瘤菌的根等容易腐烂变质，很难制成腊叶标本，必须使用各种药液处理，并且把它们浸泡在药液里面保存，这种用药液浸泡防腐制成的标本，叫做浸制标本。

浸制标本，不仅能使标本不腐烂，而且还能很好地保持标本的原形原色，呈现新鲜时候的状态。这对教学或者展览陈列都有很大的作用。

一、防腐浸制

利用防腐剂对植物进行浸泡，以达到长期保存的目的。目前常用的植物防腐剂有乙醇和福尔马林 2 种。

1. 乙醇浸制标本

将标本洗净，浸泡在 70% 乙醇里，乙醇能使细胞中的蛋白质迅速凝固，达到防腐的目的。

2. 福尔马林浸制标本

用 3%～5% 的福尔马林浸泡标本，其作用也是凝固蛋白质，使其不变质。有时为了使标本保存原样，不至于发脆，可在上述浸液中加 5% 的甘油。

二、原色浸制

1. 绿色保存法

各种绿色果实、幼苗可用绿色保存法。具体做法是把醋酸铜粉末徐徐加入 50% 的冰醋酸溶液里，直到不能溶解。此溶液称母液，按 1 份母液加 4 份水的比例进行稀释，用火加热煮到 85℃时，把标本放进去，果实先变黄绿色或者褐色，接着又变成绿色，到植物本来的色泽重现的时候，停止加热（煮 10～30min），然后取出标本，用水充分冲洗后，就可以浸入 5% 福尔马林中长期保存。

对体积较大的植物，不便于用加热方法煮的时候，可以直接浸入硫酸铜福尔马林混合液（用硫酸铜饱和溶液 700mL、35%～40% 甲醛 50mL 和水 250mL 配成）里 10～20d，取出标本后，用清水充分洗净，再浸入 5% 福尔马林溶液里面长期保存。

2. 红色保存法

各种红色果实，如番茄、樱桃、枣等，应该用红色保存法。它的具体做法是把果实浸在固定液（用 40% 甲醛 4mL、硼酸 3g、水 400mL 配成）里 1～3d。等到果实变成深褐色的时候取出，再用注射器向果实里注射少量保存液（用 10% 亚硫酸 20mL，硼酸 10g 和水 580mL 配成），防止果实内部腐烂。注射以后，把它再浸在这种保存液里，果实会逐渐恢复红色。

3. 紫色、黑紫色、深褐色保存法

紫色、黑紫色、深褐色果实，如葡萄、深褐色梨等可用此法。它的具体做法是用 40% 甲醛 50mL、10% 氯化钠水溶液 100mL 和水 870mL 混合搅拌，沉淀过滤以后制成保存液。先用注射器往标本里注射少量保存液，再把标本直接放入保存液里。

4. 黄绿色和黄色保存法

各种黄绿色果实，如黄绿色的桃、杏、苹果、柑橘、李等，应该使用本法。具体做法是把标本浸入 5% 的硫酸铜溶液缸里 1～2d，取出用水漂洗干净，再放入保存液（用 6% 亚硫酸 30mL、甘油 30mL、95% 乙醇 30mL 和水 900mL 配成）里保存。放入保存液以前，先向果实里面注射少量保存液。

黄色番茄和柿子等，也要先浸入 5% 的硫酸铜溶液里 1～2d，取出用水漂洗干净，再浸入 0.2% 的亚硫酸水溶液里，并且加入少许甘油长期保存。

第二节　鱼类标本的浸制

一、材料与用具

乙醚：用于麻醉杀死鱼类。

福尔马林：用于固定和保存标本。

量筒：配制不同浓度的福尔马林。

塑料桶：用于标本固定时盛放固定液。

体长板：用于测量鱼体各部分的长度。体长板通常用塑料板划上米制方格刻度制成。也可购买塑料质地的坐标纸，钉在木板上制成体长板。

塑料手套、纱布、小刷子、针线、蜡盘、天平、石蜡、发夹、标本瓶、玻璃板、针筒、凡士林、标签纸、海洋鱼类分类检索工具书、肥皂、记录册、铅笔等。

二、标本制作前的准备工作和标本的处理

1. 标本处理前准备工作

① 配制不同浓度的福尔马林（5%、10%、20%）。

② 学习相关的鱼类形态结构特点，收集实验所需的各种大小鱼类资源。

2. 标本处理

（1）清洗

对采集的鱼类标本，先用清水洗涤体表，将污物和黏液洗掉。刷洗时，应按鳞片排列方向进行刷洗，以免损伤鳞片。

（2）编号

将洗涤好的标本放在蜡盘中，根据采集顺序依次编号。每一个标本都要在胸鳍基部系一个带号的号牌。

（3）测量

① 记录体色　每一种鱼都有自己特殊的体色，而且同一种鱼在不同环境中，其体色往往也有差异。鱼类的体色虽不是主要的鉴定特征，但对认识鱼有一定的意义，尤其是对中学生认识鱼类来说，鱼的体色更为直观和形象。因此，应趁海洋动物标本活着或新鲜时，将体色记录清楚。

② 外部形态测量　为了快速、准确地测量鱼体各部分的长度，应该将鱼放在体长板上进行测量。鱼体外部形态的测量项目如下：

全长：从吻端或上颌前端至尾鳍末端的直线长度。

体长：有鳞类从吻端或上颌前端至尾柄正中最后一个鳞片的距离；无鳞类从吻部或上颌前端至最后一个脊椎骨末端的距离。

头长：从吻端或上颌前端至鳃盖骨后缘的距离。

吻长：从眼眶前缘至吻端的距离。

眼径：眼眶前缘至后缘的距离。

眼间距：从鱼体一边眼眶背缘至另一边眼眶背缘的宽度。

尾长：由肛门到最后一椎骨的距离。

尾柄高：尾柄部分最狭处的高度。

体重：整条鱼的质量。

③ 鱼体各部分性状计数

侧线鳞：沿侧线直行的鳞片数目，即从鳃孔上角的鳞片起至最后有侧线鳞片的鳞片数。

上列鳞：从背鳍的前一枚鳞斜数至接触到侧线的一片鳞为止的鳞片数。

下列鳞：臀鳍基部斜向前上方直至侧线的鳞片数。

鳃耙数：计算第一鳃弓外侧或内侧的鳃耙数。

上述各项观测结果应在观测过程中及时填写在鱼类野外采集基本数据记录表中（表4-1）。

三、制作浸制标本

1. 浸制方法一

① 将洗净杀死的鱼放于蜡盘上，用发夹固定鱼鳍。

② 用注射器将20%福尔马林注入鱼体内，然后将其放入10%福尔马林中固定，固定时应将标本的头部朝上，尾部朝下，尾和鳍要伸展好。固定时间需1d以上。

③ 待鱼体定型变硬后，将固定好的鱼放在蜡盘上，拿掉发夹，调整鱼鳍。

表 4-1　鱼类野外采集基本数据记录

项目		记录
体色		
外部形态	全长	
	体长	
	头长	
	吻长	
	眼径	
	眼间距	
	尾长	
	尾柄高	
	体重	
鱼体各部分性状计数	侧线鳞	
	上列鳞	
	下列鳞	
	鳃耙数	

采集地点：　　　　　采集时间：　　　　　编号：

④ 选择适当大小的玻璃板，用针线将鱼固定在玻璃板上并调整好鱼体形态。

⑤ 选择适当大小的标本瓶，将固定好的玻璃板插入标本瓶中，倒入 5% 福尔马林进行保存。

⑥ 在标本瓶盖上涂一层凡士林后盖好，旋转一圈后，用石蜡封瓶，并贴上标签纸。

2. 浸制方法二

（1）整理姿态

用大号注射针吸取 10% 福尔马林，对处死洗净的鱼体从腹面向胸腔和腹腔注射，以固定其内脏。如果体形较大，最好取出内脏，并用浸过 10% 福尔马林的纱布填进体内，然后再将剖口缝合好。鱼鳍要整理展开，用塑料薄片或厚的纸片分别将各鳍夹住，并用回形针夹紧固定鳍的形态。鱼体形态整理后，将鱼的标本放置塑料盘或搪瓷盘中进行防腐处理。

（2）防腐固定

鱼的标本放到塑料盘或搪瓷盘中后，向盘中加入 10% 福尔马林至浸没标本为止，使其标本临时在此液中固定，固定时间应根据鱼的大小而定，一般中型鱼 1 周左右，视其硬化后取出，拆去各鳍上固定形态的夹物，把标本置清水中冲洗干净。浸泡过的固定液还可留作下次使用。

（3）装瓶保存

固定后的鱼类标本用针引白线从鱼体两端穿过，并缚在能装进标本瓶的玻璃片上，然后将标本和玻璃片装入标本瓶中，瓶中放入 10% 福尔马林新液，并将瓶盖盖紧，并将标本瓶用蜡封口，最后将标本瓶的下方贴上一张标签，标签上注明学名、中名、采期、采地和编号。如果教学和实验需要经常取出标本检查或观察，不将标本瓶封口。为了长时间的保存标本，标本瓶中的浸液一个时期之后应更换福尔马林新浸液。

四、后阶段工作

查阅资料，给各种鱼类资源填写标签，进行成果展示（包括标本、照片和作专题知识讲座）。

第三节　蚯蚓整体标本的浸制

一、清洗

将采来的蚯蚓放入盛有清水的容器中，让其爬动，自然洗去体表上的泥沙。

二、麻醉

将洗去泥沙的蚯蚓转入清水中，慢慢滴加 95% 乙醇，其速度大约在 1h 内使水中乙醇的含量达到 10% 左右，使蚯蚓麻醉后不致卷曲。

三、固定

将麻醉后的蚯蚓取出，放入 70%～75% 乙醇中固定数日。若蚯蚓体大，应向体内注射适量乙醇，以防内脏腐烂。

四、保存

将固定后的蚯蚓，浸入 70% 乙醇或 10% 福尔马林中保存。也可用白线将蚯蚓固定于制备的玻璃片上，然后装入标本瓶中，加入保存液，贴上标签，用石蜡封瓶口保存。

第四节　田螺整体标本的浸制

一、清洗

将采来的田螺，用牙刷反复刷洗其贝壳表面的污物。

二、田螺的处理

一般将田螺浸入 40～45℃ 的热水中，封闭瓶盖。使之因缺氧张开贝壳，尽量伸展其肉足、头及触角，最后窒息而死。

三、固定

取出刚死的田螺，并向体内注射10%福尔马林，然后放入10%福尔马林中固定。

四、装瓶保存

将固定后的田螺放入标本瓶中，加入保存液，贴上标签，封好瓶盖保存。

第五节　两栖、爬行动物的整体浸制

两栖、爬行动物整体浸制标本的制作与鱼类基本相同，都有选材、麻醉、整形、固定、装瓶保存等基本过程。但由于它们的形态结构不同，其整形的方法及要求也不一致。如四足动物的整形常在蜡盘或泡沫板上进行，先调整好躯干及四肢，然后用大头针将四肢各指（趾）及尾固定在蜡盘上，用小木块或其他物体将躯体支撑在适当的空间位置，使之呈自然姿态。蛇类应将形整理成卷曲或折叠状态，以缩小标本瓶的容积，降低成本，节约开支。

第六节　蛇类标本的浸制

蛇类标本可以长期保存和供陈列展览用，这对于识别不同品种蛇的外部形态和分类教学、从事科学研究及观赏都具有重要的意义。

一、蛇类标本的制作方法

1. 工具、器材和药品
（1）工具、器材

大器皿、量具、注射器、塑料盘或搪瓷盘、白丝线或尼龙线、标本瓶、标签、解剖器（药棉、铅丝、缝线）等。

（2）药品

乙醚、福尔马林、二氧化砷。

2. 蛇类标本的选择与处理

制作蛇类标本要求选用身体完整、鳞片齐全和体形适中的个体作为标本制作材料。采集的蛇类标本应及时处理。如用浸透乙醚的棉球（较大的蛇应加大麻醉剂用量），连同标本蛇放置于密闭容器中麻醉，稍待一刻蛇即麻醉处死，蛇不再兴奋挣扎以后将其从密闭容器中取出（取蛇时应戴防护手套，防止蛇未完全麻醉处死，冲出容器而发生蛇伤）。标本蛇从容器里取出以后，用清水冲洗蛇体表面的黏液与污物，并对蛇体进行测量，记录其体长、头长、头宽、吻长及鳞片的形状、数目、排列和起棱、色斑等分类鉴别特点及编号、采地、采期、性别等。如果需要检查分析研究标本食性，还要及时解剖蛇胃，检查胃内容物。

3. 蛇类标本制作方法

蛇类标本主要是浸制标本，大型蛇体标本可制作剥制标本和骨骼标本。现将蛇类的浸制标本、剥制标本和骨骼标本的制作技术分别介绍于下。

二、蛇类浸制标本制作

1. 整形

蛇类标本采集处死后应及时整形，标本若长时间不整形，蛇躯体僵硬就难以弯曲，给整形带来困难。为了鉴别蛇类品种与有毒蛇和无毒蛇，浸制标本前需用镊子将一个脱脂棉团塞入蛇口腔中，使蛇口腔张开，以便观察其毒牙（沟牙和管牙）和无毒蛇牙的不同点。由于蛇体较长，整形时应按标本瓶的大小容量将蛇整形成盘旋状，蛇头向上，保持蛇生前的自然姿态（图4-1）。

2. 防腐固定浸制

为了防止蛇类标本固定后变形，可用白色线扎紧，然后将标本蛇放置到大皿器内，再放入5%福尔马林固定标本。防止蛇体内脏腐烂，对蛇体较大的蛇，沿其腹部中央纵划一刀，让浸液渗透到蛇的体腔内；对蛇体较小的蛇，可用注射器吸取10%福尔马林注入蛇的体腔内；待固定1周左右即可将标本蛇放置到比蛇标本稍大一点的浸制标本瓶内浸制。瓶内放满10%福尔马林，最后盖紧瓶盖，并用石蜡密封瓶口，再在标本瓶外贴上标本标签。标签上印有蛇类名称（中文名、学名）、产地、采集日期等项内容。若长期保存标本，浸藏一个时期以后需要换1次浸液。

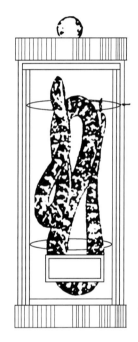

图4-1 蛇类浸制标本

第七节 小型鸟类标本的浸制

鸟类和哺乳类比较大型的动物标本的制作都采用剥制法，尤其是鸟类体外被有羽毛，如果浸在固定保存液中，标本的羽毛就会凌乱而失去自然状态。但是它们中体形太小的种类，被打有伤口不宜作剥制的标本或需要去掉羽毛的标本，仍需要浸制法制作标本。此外，如果采集的鸟类标本来不及及时进行剥制，可以先用浸制法处理，然后再剥制成标本，这样处理可避免因气温高、鸟体放置时间长而腐烂脱毛。

1. 工具、器材和药品

（1）工具、器材

解剖器、注射器和大号针头、软毛刷、量具、脱脂棉、医用外科手套、浸泡标本的容器。

（2）药品

7%～10%福尔马林、石膏粉。

2. 标本的选择和处理

采集鸟类标本时，要注意标本的完整，如果发现鸟羽上有血迹或污物污染羽毛时，用毛刷蘸清水洗净，再用石膏粉或谷糠灰吸水，然后拍去粉灰，伤口必要时可用棉花塞住。标本整体处理好即可开始测量登记。

3. 测量和记录

鸟类标本的量度是分类学上重要的依据，测量时将标本放在桌上，腹部向上，主要测量其体长、嘴峰、翼长、尾长、跗蹠、体重等，然后将上述的量度数据连同中文名、学名、采集地、采集日期、性别等记录于标签上。

4. 浸制方法

用注射器套上大号针头，吸取10%福尔马林（液中加少许甘油）向鸟体的体腔中注射后，再将其标本置于盛有10%福尔马林的容器中，浸藏一个时期后再进行剥制，剥制浸泡鸟类标本前应放入清水中浸泡1d（视气候而定），漂去固定保存液，将标本羽毛水轻轻挤干（浸泡时切勿搞乱鸟羽，否则不易整理姿态），然后用纱布或脱脂棉把羽毛上的水吸干再进行剥制。剥制者要戴上医用外科用的胶质手套，刀口适当加大一些。剥制的标本要用石膏粉均匀地撒在鸟体上，吸干鸟体羽毛的水分后再用软毛刷把鸟羽上吸水的石膏粉刷净，最后整形干燥保存。

第八节 动物解剖标本的浸制

动物解剖标本是以显示内脏为主的一种标本。它的制作方法要比动物的整体外形浸制标本复杂，要求按科学顺序进行制作，标本固定前应将所有内脏器官都暴露出来。为了使标本符合原有的色泽，所以标本还应进行着色。对于内脏解剖标本要尽可能进行血管注射。单项器官的浸制标本，如牛胃的体积较大，除从牛体取出后放在保存液内保存以外，还需要注入固定保存液；如猪的心脏标本，从猪体取出后解剖开，以便观察它的心房、心室和瓣膜的关系，解剖后放置于10%福尔马林中，换几次保存液后，等它固定后即可装入大的玻璃标本瓶中。制作动物整个内脏标本的浸制时，把体壁腹面完全剪去，再将解剖露出内脏的解剖标本放入5%福尔马林或福尔马林和甘油的混合液中固定，固定2～3周后取出，放置于盛有保存液的玻璃标本瓶中，塞紧瓶盖，瓶外贴上标签，瓶口上要用蜡封严。

一、浸制标本的封瓶方法

1. 石蜡封瓶法

浸制标本装瓶后，先将瓶口和玻璃瓶塞擦干，加点热，然后将瓶塞浸入热石蜡中，瓶口也涂上热石蜡，这时塞紧瓶口，再用一块纱布在热石蜡中浸透，接着用纱布紧包着瓶口，并用细白线缚结实，待蜡凝固以后，把标本瓶倒放，浸入不太热的熔化石蜡中，石蜡稍凉一点就用手抹平，冷却后石蜡便把瓶口封严了。

2. 赛璐珞封瓶法

标本瓶用蜡封好后，用一张纸把瓶口包住，然后把标本瓶倒过来插到溶于丙酮或喷漆稀料的赛璐珞稠液中。如果是有丝带扣的瓶盖，把瓶盖扣紧后，倒插入赛璐珞稠液中，大瓶可多插入几次，封厚些比较好。

二、脊椎动物内脏解剖法

1. 鲤鱼内脏解剖法

将鱼体腹部朝上，用剪刀从肛门向前剪开，沿腹中线一直剪到下颌，再把鱼侧卧，左侧向上，自肛门处向背方剪开，沿脊柱下方剪至鳃盖后缘，再沿鳃盖后缘剪至胸鳍前方，除去左侧体壁肌肉，使内脏及心脏暴露，再将剪刀伸入口腔，沿眼梢后缘将鳃盖去除。最后，细心地将头部背面的骨骼去掉，并除去脂肪，此时，脑及脊髓也显露出来，将内脏处于自然位置浸泡于10%福尔马林中。

2. 蛙或蟾蜍内脏解剖法

将蛙或蟾蜍腹面向上放在蜡盘中，四肢固定后沿腹部偏右，自后向前将腹腔打开，剪开胸骨并在腹面中部向左向右各横剪1刀，再剪去胸骨及胸部肌肉，将腹壁肌肉完全剪去，露出内脏来。然后放在保存液中浸存（图4-2）。

3. 乌龟内脏解剖法

将龟头部朝外，用小锯从龟的左右两侧与背腹甲之间的骨缝处锯断，使背腹甲分离，再用解剖刀割断附在腹甲上的肌肉、皮肤，去掉腹甲，即可把龟的内脏器官露出，最后做成浸制标本。

4. 鸟类内脏解剖法

将鸟腹面向上放在蜡盘中，胸部羽毛向两侧拨开，露出胸部（裸区），沿其龙骨突的一侧用解剖刀切开胸部肌肉直至胸骨，再自后向前剪开胸骨和锁骨，并继续向前剪至颈部皮肤直达颏部，再向后剪开腹部腹壁，直至泄殖腔孔前缘，然后再将胸骨向两侧剪去，露出气囊和内脏来，剪去腹面和体侧的体壁，制作成内脏解剖标本。

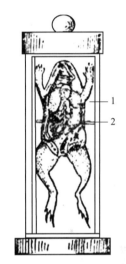

图4-2　蛙内脏解剖的浸制标本

1—玻璃片；2—绑线

5. 家兔内脏解剖法

解剖前需将兔处死，把处死后的兔体放置在解剖盘或解剖板上固定，用水濡湿腹面中线附近的毛，再用镊子提起两后肢腹壁下部的皮肤，用解剖剪先剪一小口，沿着腹中线把胸腹部的皮由后向前直剪至颌部，然后再沿腹中线剪开腹腔和胸腔的体壁。为了便于观察，需在四肢处把体壁和皮向左右两侧横向剪开，还需要把横膈膜从两侧体壁上剪离。最后，用骨剪沿脊椎骨的两旁将肋骨逐根剪断（剪时最好避免剪断分布在肋间的血管），并剪去腹面和体侧的体壁，直至兔的内脏器官完全显露，制作成内脏解剖标本。

三、家鸽解剖标本的浸制

1. 工具、材料和试剂

（1）剪刀、镊子、细线、玻棒、温度计、大针管、水浴锅、NaOH、蒸馏水、丁酮、

ABS、带皮管的铁夹、活家鸽

（2）药品配制

① 在 20～25℃下配制 15%ABS（丙烯腈-丁二烯-苯乙烯共聚物）的丁酮液，用玻棒搅拌至 ABS 全部溶解，静置。

② 配制 20% NaOH 溶液。

2. 制作方法

① 取 1 只活家鸽使其窒息，称重，并固定在木板上。拔去颈部羽毛，解剖颈部暴露出气管，用剪刀剪断气管近头端。将针管前端插入气管用细线结扎。抽出肺和气囊内的气体，直至抽不动针管为止。用带皮管的铁夹夹紧气管，拔去针管。

② 将吸有 15%ABS 的丁酮液的大针管前端插入气管并结扎，拿去铁夹后在 20～25℃下慢慢注射；在注射 20mL 左右时手感到注射压力增加，此时停止注射，不拔下针管。将鸽竖起，鸽头向上，两手握住家鸽和固定板在地面上撞击振动 7～8 下，并翻转振动。再注射时已感到压力减小。这种振动、注射过程反复 2～3 次。

③ 当注入 35～40mL 溶液后再次在地面上振动，将针管向后抽，可见到注入的溶液被抽回针管，同时也有大气泡抽回针管并集中在针管上部，待抽回的溶液内有小气泡时停抽，再注入抽回的溶液，再翻转振动，再抽，再注射；反复几次，至注入溶液达 17mL/100g（以体重计）左右的比例为止。最后将气管结扎。

④ 将注射后的家鸽标本放入 50～70℃的水浴锅内 6h，取出拔去全身毛，将家鸽放入 20% NaOH 溶液中室温下腐蚀 1 周（温度高时可加快腐蚀）。

⑤ 取出腐蚀好的标本，轻轻除去多余的组织，用流水慢慢冲洗 3d 左右，待标本内外全部冲洗干净，经自然风干后，即可观察或存放。

3. 注意事项

① 腐蚀 1 周的标本，大部分骨骼保持完好，可看到家鸽肺和气囊与骨骼的比邻关系。若在室温下腐蚀 3 周左右，骨骼和其他组织全被腐蚀，用水冲洗后就只剩下肺和气囊的标本。

② 注射时要尽可能地慢。

四、系统标本的浸制

系统标本是指将动物体内某个或相联系的几个系统从体内摘出，制成的浸制标本。常见的有消化系统标本、泄殖系统标本、呼吸系统标本及神经系统标本等。

1. 消化、泄殖系统标本的浸制

由于各纲脊椎动物的形态结构不同，因而消化、排泄、生殖三大系统在联系上也有差异。如兔的消化系统与泄殖系统是分离的，而家鸽、蛙等动物的消化、泄殖系统是联系在一起的。虽然如此，但制作方法基本相同。以家鸽为例介绍其制作法。

（1）家鸽的处理

将活家鸽处死，其方法有多种。可在静脉上打空气针，可用手捏口缘、鼻孔，或用乙醚深度麻醉死等。

（2）分离家鸽的消化、泄殖系统

先将处死后的家鸽头部以外的全部羽毛拔去，然后将其仰卧在解剖盘中，从泄殖腔剪开腹腔，向前剪开胸腔至颈部。将体壁翻向两侧，露出内脏器官，然后顺次分离出消化、泄殖系统，保持消化与泄殖系统的自然联系。并从颈中上部将颈（除食道外）剪断，用利刀将头沿正中矢状面纵切（但舌、喉、气管上段保留完整），去掉头部左侧部分。

（3）固定

将分离出来的消化、泄殖系统标本放入盘中，调整好各器官的位置，使之互不重叠遮盖。然后盖上纱布，加入 10% 福尔马林固定，待材料变硬后取出。

（4）装瓶

将固定好的材料取出，清洗去附着其上的污物，然后用线将其固定在制备的玻璃片上。固定时头部右侧向玻璃片，使纵切面露在外面，调节好各器官的位置，使之从正反两面充分展示各器官。再根据有关教材进行标注，浸制标本的标注标签一般用明胶（动物胶）粘贴为好，也可用蛋清粘贴。最后将固定标注好的标本装入瓶中，加入 10% 福尔马林，盖好瓶盖保存。

在制作蛙的消化、泄殖系统标本时，头部不作纵切，膀胱应稍充盈。制作兔的消化系统标本时，应该在回肠与盲肠的交界处，切一小口放出盲肠内的食物残渣，并用清水洗净，灌进透明剂（显示其内的螺旋瓣），然后用线扎紧。制作兔的泄殖系统标本时，应对一肾作纵切，显示其内的肾盂、肾大盏、肾小盏等结构，膀胱也应保持一定的充盈。

2. 神经系统标本的浸制

将脊椎动物的脑、脊髓和相联的部分脑脊神经从体内分离出来，制成的标本，叫神经系统标本。现以兔神经系统标本为例，介绍其制作过程及方法。

（1）选材

用于制作神经系统标本的兔子，一般选择体重 250～500g 的个体为宜。

（2）动物材料的处理

用注射器在兔耳廓边缘的静脉内注入空气，阻断其血液循环，使之很快死去。然后去掉皮肤和内脏。在去皮肤和内脏时切莫损伤眼球及体腔内壁上的神经。

（3）固定

将去皮肤、内脏后的材料，用水洗去血迹和污物，然后放入 15%～20% 福尔马林中固定 1 周左右，使脑和脊髓变硬。

（4）脱钙

将固定后的材料取出，浸入 10% 盐酸溶液中，脱骨中的钙质，使之软化，有利于剥离神经。脱钙时间视标本动物的大小而定。在脱钙过程中要经常检查骨骼的变化，主要检查头部骨骼，特别是两耳周围。若该处骨头手捏变软，可停止脱钙，反之，继续进行。

（5）剥离神经系统

脱钙后立即从盐酸中取出，用清水反复漂洗数日，方能剥离神经。方法是将材料仰卧在解剖盘内，小心地去掉体腔内脊柱两旁的肌肉，露出从椎间孔穿出的白色神经。用剪刀从脊柱后端向前剪开椎体，露出椎管内的脊髓。剪椎体时，刀尖向上翘起，以防损伤脊髓。再小心分离除去两侧脊神经根周围的组织，最后将脊髓连同发出的神经小心地从椎管内取出，尽量保持脊髓和脊神经之间的自然联系。分离神经时分布到前、后肢的神经应尽量分离到远端，其余的保留 5cm 左右即可。

剥离脑时，应先除去下颌、眼球壁上的肌肉及颅底的骨组织，露出大脑底部。然后向周围扩展，依次去掉颅腔骨组织，最后剥离出脑。在剥离过程中要特别小心，切莫伤及小脑卷、嗅球、视交叉及眼球。尽量保持脑、脊髓和神经三者间的联系。

（6）漂白

由于剥离出来的材料，其上附有血迹和污物，影响美观。可用低浓度的双氧水漂白处理，使之洁白美观。

（7）装瓶

将漂白后的材料，置于制备的玻璃片上，调整好脑、脊髓和神经的位置，用线将脑神经丛、肩神经丛和腰荐神经丛固定在玻璃片上。然后用笔蘸明胶液顺着各神经方向涂胶，此时可将扯断的神经粘接上。涂胶后，应将各神经展直，使各神经保持平行，长短基本一致。然后标注名称。待明胶凝固后，将其放入瓶内，加入10%福尔马林，封盖保存。

同样方法可制其他脊椎动物神经系统标本。

五、注射标本的浸制

注射标本是指对循环系统进行灌注显色的一类解剖浸制标本，其制作过程有配制色剂、选择材料、解剖注射、固定和装瓶等五个基本环节。现分述于后。

1. 配制色剂

（1）常用的色剂配方

① 琼脂合剂　琼脂（明胶）4g，色料（银珠或氟青）4g，水100mL。

② 胶合剂　动物胶5～6g，色料2～3g，水100mL。

此外，还有淀粉合剂、粉胶合剂等。

（2）配制方法

配制胶合剂时，应先将明胶放入水中浸泡，待充分吸水软化后，再隔水煮沸，至明胶完全熔化后，加入经充分碾磨后的主料，并搅拌均匀。

配制琼脂合剂与胶合剂基本相同。

合剂配制好后，趁热用1～2层纱布过滤1～2次，以免注射时堵塞针头或小血管，影响灌注效果或造成不必要的浪费。

选择胶合剂和琼脂合剂作血管灌注时，应在隔水保温40℃左右的条件下使用。

2. 选择材料

材料应选择发育正常，身体各部分完整，其大小，鱼以150～200g、家鸽以发育成熟、兔子以500g左右的个体为宜。

3. 解剖、注射和整理

由于各纲动物心脏的结构不同，其循环途径和血液的含氧变化也不一样。因此解剖注射方法也不一致。现分述于后。

（1）鱼类解剖注射

鱼类的心脏为一心房一心室，单循环。血管注射一般显双色，即出鳃动脉以后显红色，入鳃动脉以前均显蓝色。也可以显单色。

① 解剖　将麻醉后的鱼右侧朝上放到解剖盘内，用解剖刀在臀鳍稍后方横截断大部分尾柄，仅保留左侧皮肤及少量肌肉。并将尾柄折叠到躯干左侧，让其充分流尽血液。然

后用棉球吸去断面上的血液。这时仔细观察，可见断面上脊椎骨稍下方有两个上下排列的小血点，其上为尾动脉，其下为尾静脉。

② 注射　取 7～8 号针头小心插入尾静脉。然后用针管吸取蓝色合剂，套在针头上，缓缓向内灌注，直至鳃可见蓝色时停止。再取一针头插入尾动脉，向内灌注红色合剂，待鳃可见红色时停止。

③ 解剖整理　将注射后的鱼放入水中，待注入的合剂凝固后取出，按解剖鲫鱼的方法去掉左侧体壁和左侧鳃盖，露出内脏器官、心脏和鳃。并扯掉鳃两端的鳃丝，显示入鳃动脉和出鳃动脉。若血管显色效果较差时，可在心脏和背大动脉补注。

（2）两栖类和爬行类的解剖注射

由于两栖、爬行动物的心脏为两心房一心室，心室接受来自左心房和右心房的血液。因此，在灌注前要用细线结扎心脏，阻断房室通路，才能逆行血管灌注。现以两栖类的青蛙或蟾蜍为例，介绍其解注射方法。

① 解剖　将麻醉后的青蛙（或蟾蜍）洗净，仰卧在解剖盘内，从腹正中线稍偏左（因腹内壁正中线上有腹静脉）剪开腹腔，向前剪开肩带的胸、锁骨及乌喙骨，露出内脏器官及心脏，并剪开围心腔，在动脉干下方穿过一根线，打一活结圈，用小镊子将心脏从活结圈中提起，随即拉紧活结，阻断心房与心室的通路。

② 注射　取 7～8 号针头从心室插入，吸出其内的血液，然后吸取红色合剂向心室内灌注，待舌、肠系膜上出现红色时停止。取湿棉球压到心脏的插针位点，然后拔出针头。同样方法，从腹静脉注射蓝色合剂，向左心房内注射红色合剂。注射完毕后立即放入水中，或用小冰块使之凝固（见图 4-3）。

③ 解剖整理　待注入的合剂凝固以后，将其取出，小心去掉背、腹体壁，保持头部、四肢及内脏器官的自然联系。从背腹两面充分展示各系统、器官的形态特征。并去掉左腿皮肤，显示股动脉、静脉。将背侧皮肤翻向头顶，显示皮肤上的毛细血管。将舌外翻，显示舌的形态特点。

图 4-3　蛙静脉注射部位（腹静脉）

爬行动物注射与两栖类基本相同，但解剖整理时只要求将腹壁翻向两侧，尽量展示体腔内的内脏器官即可。

（3）鸟类和哺乳类的解剖注射

鸟类和哺乳类动物的心脏均为两心房两心室，完全的双循环。因此，注射前不需用线结扎心房与心室之间的通道。现以家鸽为例介绍其基本制作过程。

① 解剖　将深度麻醉的家鸽羽毛（除头部外）全部去掉，然后仰卧到解剖盘中。沿颈部腹面正中线剪开颈部皮肤并翻向两侧，露出其内的气管食道及两侧的颈静脉。将气管食道移向一侧，用尖头镊小心去掉颈椎前方的肌肉，可见其内有两条平行排列的淡红色的小血管，即是颈总动脉。

② 注射　取 7～8 号针头，轻轻插入颈总动脉，先吸出其内的血液，再吸取红色合剂 10～15mL 缓缓向内注射，待肠系膜上的血管出现红色时，停止注射。用同样的方法

向颈静脉内注入蓝色合剂。注射完毕后,将家鸽浸于水中,使注入的合剂快速凝固。也可在肱动脉和肱静脉上注射。

③ 解剖整理　待注入的合剂凝固以后,从水中取出,小心去掉颈动脉和颈静脉周围的脂肪和肌肉组织。沿胸骨龙突纵向垂直切开胸肌并翻向两侧,去掉胸骨、锁骨及乌喙骨(切莫损伤其下的血管),显示心脏及其血管分支。去掉右腹壁及右后肢,将腹腔内的消化道向右侧移动,显示深面的肾脏、输尿管和卵巢(或精巢)及输卵管(或输精管)。

兔的注射与家鸽基本相同,但解剖整理时应注意:a. 从耻骨联合开始沿腹正中线切开腹壁,向前切开胸部皮肤至下颌,充分展示腹腔内的各器官。b. 去掉心脏外的左侧胸壁,显示其内的心脏、血管及肺。c. 应在回肠和盲肠交界处开口将盲肠内的粪便排出,并用清水清洗干净,灌入透明剂,用线将切口扎好,以显示其内的螺旋瓣以及防止制成后粪便渗出污染浸制液。

4. 固定

将注射解剖整理好的动物材料置于解剖盘内,调整好各器官、系统的位置,使之能从腹面或背腹两面充分展现出来。然后盖上 1~2 层纱布,加入 10% 福尔马林液固定。

5. 装瓶保存

待材料固定好后,取出用清水洗数次,放于通风的地方。待表面水分散失后,用明胶粘贴号签进行标注。然后将标注好的材料置于制备的玻璃片上,用尼龙线扎紧固定好。最后装入标本瓶内,加入 10% 福尔马林,用蜡封好瓶盖,在瓶上贴上标签保存。

第九节　脊椎动物血液循环注射标本的制作

脊椎动物体内,某些管道,如血管、肺、支气管、肾脏的肾小管等,通过色液的注射及其他技术处理,形状位置清楚地显示出来,使人一目了然,并可长期保存使用,对教学研究是十分重要的。

一、家鸽气囊标本的制作

1. 用具和色料

(1) 用具

解剖器 1 副,解剖盘,水浴锅,烧杯,玻棒,研钵,注射器(10mL 2 个,100mL 2 个),7 号针头(2 个),10 号针头(2 个),棉线,明胶(动物胶),银珠(漆店买),普鲁士蓝,油画颜料(朱红、铬黄、普蓝),赛璐珞,丙酮,乙醚等。

(2) 色液的配制

① 成分　动物胶 20~25g(气温低用 20g,气温高用 25g),水 150g。

② 色料　4~5g(如颜色不鲜艳,可适当增加),注射动脉用银珠,注射静脉用普鲁士蓝。

③ 配制　先将动物胶放在盛有冷水的烧杯中,浸泡 1h 左右,待胶软化后,在水浴锅内加热至完全溶解,再加入色料。注意:色料在加入前,最好在研钵中加少量水磨成糊

状，充分搅拌，使其混合，最后用 3 层纱布过滤后即可使用。

2. 注射前的准备和注意事项

① 先将用具和注射液准备好，再动手解剖动物。

② 注射前，首先熟悉各动物的心脏结构和血管通路，这样才能确定注射部位，取得良好的效果。

③ 每当注射停止须立即将注射器针头用热水洗净，以防动物胶冷却后堵塞针头。

3. 注射部位和注射方法

取已麻醉或用水闷死的家鸽，剖出颈部的气管，在喉头的下部绕系以粗棉线，并做一活结，然后用粗大的注射针头由口腔内插入气管，再把棉线扎紧（图 4-4）。先用注射器尽量抽出肺部和气囊的气体，然后按鸽体的大小，注入色液 50~70mL。在停止注射抽出针头时，立即把绕在喉部的棉线结扎死。为了使由口腔到肺和气囊各部都充满色液，必须在色液未完全凝结之前，翻转标本的搁放面数次。

4. 剖制和保存

在色液注射完毕 5~6h 之后，按解剖要领逐步逐层地剥离胸部和腹部的肌肉等，每当看见有颜料的薄膜出现时，就立刻避开并保存之，最后就制成一个完整而美观的气囊标本了。可将标本置于 4% 福尔马林中保存（图 4-5）。

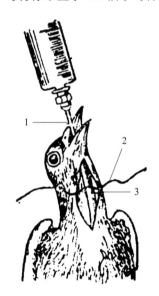

图 4-4　由口腔向肺部及气囊注射色液
1—注射针头；2—棉线；3—气管

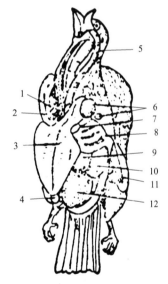

图 4-5　色液注射鸽气囊解剖标本
1—锁骨间气囊；2—锁骨；3—龙骨；4—肠；5—气管；
6—腋下气囊；7—胸肌下气囊；8—胸肋部；9—前胸气囊；
10—后胸气囊；11—腿部；12—腹气囊

二、赛璐珞气囊模型的制作

1. 填充材料的配制

（1）成分

丙酮 100mL（可掺入 20%~25% 乙醚），赛璐珞 8~9g，油画颜料一小段（直径

3mm、长 3cm）。

（2）配制

将赛璐珞剪碎置于丙酮中，经 1～2h 即完全溶解，用玻璃棒搅拌并加入颜料，但颜料不可太多，否则赛璐珞易变脆。各种颜料以朱红、铬黄和普蓝最好，因以上各种颜料遇盐酸不易褪色。将颜料与赛璐珞搅拌均匀就可以使用了。如急需填充材料，可将溶解赛璐珞的容器置于热水中，多搅拌几次，则能缩短溶解时间。

2. 注射部位和注射方法

注射部位和方法与气囊标本相同，但是赛璐珞色液比较浓稠，必须用更大的针头，同时又需选用较强大的压力才能注入，故改用螺旋压力注射器（图 4-6）。这比用普通注射器好而省力，但若对于某一材料的注射量未搞清时，则用普通注射器比较可靠。因在进行注射的过程中，可借手指感觉出气囊的回压力，不致将气囊注射爆裂了。注射完毕时，应立刻用丙酮冲洗针头和注射器，否则一切用具就会彼此贴牢或堵塞，导致以后不能使用，同时在色液未完全凝固之前，同样要翻转已注射的鸽体搁置面数次，使气囊内各部充满色液。干置 12～24h 以后，移入腐蚀液中（应先剥去毛皮）。

3. 腐蚀和洗涤

以浓盐酸为腐蚀液，浸没全部剥除毛皮的鸽体，经过 24～36h，待全部肌肉、内脏及骨骼被腐蚀干净，把赛璐珞气囊模型移出，不可侵蚀过久，否则会褪色。然后在装有短橡皮管的自来水龙头下冲洗，水流宜细而急。很快就制出一套美观立体的气囊模型了。放入 4% 福尔马林中，就比干置于玻瓶中更加明亮而美观（图 4-7）。

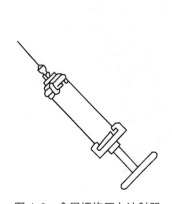

图 4-6 金属螺旋压力注射器

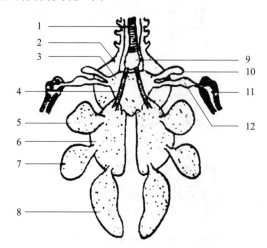

图 4-7 鸽气囊赛璐珞模型

1—气管；2—颈气管；3—锁间气管；4—支气管；5—前胸气囊；
6—肺；7—后胸气囊；8—腹气囊；9—鸣管；10—胸肌气囊；
11—肋骨中的气囊；12—腋气囊

三、蟾蜍血液循环的注射标本制作

两栖类的蟾蜍，心脏由一心室和两心房、动脉圆锥和静脉窦组成，血液具有不完善的双循环，左右心房的血液共同汇入心室，因此，心室中的血液为混合血液。所以注射前，必须剪开胸，在腹腔后结扎动、静脉间的通路。

1. 蟾蜍的动脉注射

蟾蜍的动脉注射部位为心室或动脉圆锥。将蟾蜍用乙醚麻醉致死，用水冲洗后，仰卧于蜡盘上，使四肢伸直，并用大头针固定。

由蟾蜍腹部偏右侧斜向胸部中央剪开腹腔、胸腔以及胸骨；这是因为腹静脉附着在腹腔近中央处。同时由于心脏在胸腔中，所以，在剪开时要小心，避免损伤腹静脉，再用镊子夹起围心膜后将其剪破，使心脏显现。取两段线，用镊子夹住，由心脏前方动脉圆锥基部的背面穿过，先将其中一根打成活结，并套在心脏的背面，即心室与静脉突之间，使其结扎死，这样就隔绝了动脉与静脉之间的通路。再将另一段线于动脉圆锥上打一活结，用左手拇指和食指捏住心室，插入 7 号针头，并取注射器吸收红色注射液后套在针头上进行注射（图 4-8），至肠系膜动脉管充满红色液时，将线扎死，接着将心室中的红色液抽出一部分，并卸下注射器，再注入少量暗红色注射液（红色液中加入少量蓝色液），使心脏呈暗红色，以表示心室为混合血。然后用一小冰块凝结针孔，待凝结后取下针头。

2. 蟾蜍的静脉注射

蟾蜍的静脉注射位置位于腹腔表皮正中线或稍偏左。当动脉与静脉通路结扎好后，即用镊子细心地把腹静脉分离出来（图 4-9）。将左手食指垫在腹静脉下，右手取 7 号针头插入后，注射蓝色液，直至肝脏胃壁上的静脉充满蓝色液时，即停止注射，然后用冰块凝结针孔，凝结后拔出针头。

 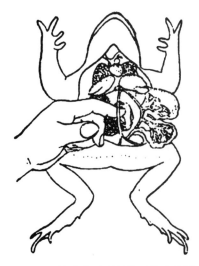

图 4-8　蟾蜍的动脉注射　　　　图 4-9　静脉的注射部位（腹大静脉）

3. 解剖、检查和补充注射

将下颌及四肢皮肤剪开后检查四肢等处，如肱静脉、股静脉和肠系膜静脉等血管中的色液不明显，可适当进行补充注射。

4. 整理、固定和装瓶

待色液凝固后，将胸部和腹部两侧肌肉适当加以剪除，并用大头针将四肢固定在蜡盘上，再把各部位血管周围的结缔组织尽量剔除，使血管清晰显现。卵巢发达的个体，应将大部分卵巢块切去，再将其余各器官整理好，并取两块纱布，浸于福尔马林中湿润以盖其体表。当蟾体硬化时，再浸于 10% 福尔马林中，约半个月取出，用清水冲洗净。再把蟾体用针线固定于玻璃片后装入标本瓶中，然后加入 10% 福尔马林新液保存。

第十节　脊椎动物神经标本的制作

一、应用材料仪器

（1）材料

鱼、蛙、龟、鸽、兔、猫等脊椎动物都可作为神经标本的材料，但应新鲜。

（2）仪器

解剖刀、剪、尖头镊子、解剖盘、标本瓶、玻璃板、棉线、丝线、万能胶、钢丝钳、玻璃刀、不退墨标签等。

二、制作方法和步骤

以家鸽的神经标本制作为例。

1. 处死与解剖

用乙醚麻醉，然后用解剖刀把颈部皮肤割开，使血管露出，看清血管之后，可用尖头剪子将静脉血管剪断，放出全部血液，勿使淤血，以免影响质量。血放完之后，拔去全身羽毛，也可像褪鸡毛那样，先用开水烫一下，再脱去羽毛，然后把颈部皮肤划开，左手握住气管和食道，右手持剪，剪断气管和食道，将嗉囊和气管拉出。然后把家鸽腹面朝上，仰放于解剖盘中，剪开腹部，再沿龙骨突起把胸骨连肌肉从中间剪开（图 4-10）。除去内脏，但肾脏可先勿动，并把胸腹腔内的余血用水洗净。

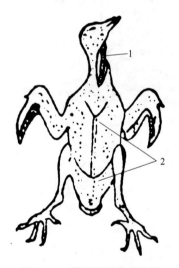

图 4-10　剪开颈和胸的位置
1—气管；2—剪开线

2. 剔出神经丛

由前翅剔出肱神经丛及由后肢剔出腰荐神经丛的一部分，具体做法如下。

（1）肱神经丛的剔出

将解剖盘中已打开胸腹腔的家鸽两侧肌肉分别向左右两边按压，这时即可在肱骨基部找到 4 条白色的神经束，为了便于剔出伸入胸肌中的神经，就可把剪开的胸骨从肌肉上剥掉，并且还要把乌喙骨从肱骨相连的关节处割断下来，即可见到由肱丛分出的伸向胸部肌肉中去的两个神经支，稍前又分出若干分支，要用镊子把它们仔细地剥剔出来。接着，再把由肱丛分出的、伸向前翅上面的桡骨长膊神经（上长膊神经）和伸向下面的下长膊神经剔出来，这两条神经（还有一些分支）是沿着肱骨、尺骨、桡骨、尺侧腕骨、桡侧腕骨、腕掌骨等而直抵指骨先端的。

在进行操作前,应先将前翅的皮肤剥掉,再以先下长膊神经、后上长膊神经的顺序,逐次剔出。在进行操作时,应沿上述神经分布路线,小心谨慎地用镊子剥开肌肉,找出神经。总的来说,应去掉一切障碍,打通神经通路,一直剥到能使神经清楚地显露出来为止。然后用镊子把显露的神经从头至尾一步一步地轻轻挑拨出来就可以了。在整个操作过程中,尤其是剔到各个关节之处,必须更细致、耐心、谨慎从事,也只有这样,才会把神经较完整地剔出来。

下长膊神经剔出之后,再依上法剔出上长膊神经,剔完之后,便可用剪子从肱骨基部把前翅剪掉。至此,剔出肱神经丛的工作便已完成。

(2)腰荐神经丛的剔出

把鸽体腹面朝上,放于解剖盘中,然后,沿股骨稍偏下方的平行部位(图4-11),在股直肌与大腿二头肌之间,用解剖刀或镊子把肌肉划开,就可看到里面的坐骨神经,找到后,即可以此为准,沿股骨、胫骨、腓骨、跗跖骨直向趾骨方向,同前法,把后肢中的大腿神经、闭锁神经和坐骨神经都剔出来。但由于跗跖骨以下的神经已经非常细微,不易剔出,可以由此切断不做。接着,再沿坐骨神经向躯干方向剥剔,一直剥到肠坐骨孔;然后,把所剔出的神经用镊子放入孔内,这时就可把下肢从股骨头全部剪掉,并把肺脏和肾脏轻轻地剥离下来。去肾时应特别小心,稍有不慎,容易拉断腰荐神经。

图4-11 腰荐神经丛切开位置
1—股直肌;2—切开线;3—大腿二头肌

至此,剔出腰荐神经丛的工作即已完成。将剥出的神经用清水洗净,放入福尔马林中固定。

3. 固定

为使全部神经,尤其是脑神经固定,便于以后的操作,须把它放进15%~20%福尔马林中浸泡4~7d,为防止固定后颈部过分弯曲,可在固定之前,用线绑在一根木条上,将其固定起来。同时,要把已剔出的四丛神经整理在一起,纳入脊柱两侧,用线略加捆扎,以防散乱,但不宜勒得太紧,以免神经上留有缢痕。

4. 骨骼软化

为了便于剔出脑及脊髓等主要神经,必须把含有石灰质的硬骨加以软化。软化骨骼有下列方法。

(1)盐酸法

用水80~85份加盐酸15~20份,充分溶解后,把材料放入其中,浸泡6~12h,并应注意时时检查,如石灰质已脱去,说明骨骼已经软化,取出用清水冲洗。

(2)硝酸酒精法

用70%乙醇90份,加入10份硝酸,充分溶解后,把材料放入其中,浸泡1d左右,直至硬骨软化后，再放入清水中漂洗。

5. 剔出脑和脊髓神经

因为神经遍布全身，很难全部都剔出来，所以，在做神经标本时，一般只能把脑脊髓（包括肱丛和腰荐丛）等主要神经剔出来就可以了。

在脑和脑神经方面能看到：嗅叶、大脑视叶（中脑）、小脑、延髓、视神经、三叉神经、视交叉、第1对颈神经根。

在脊髓神经方面能看到：

① 第2对至第11对颈神经根（包括背根和腹根）。

② 肱神经丛（由第12对、第13对、第14对三对颈神经和第1对胸神经组成）。

③ 第2对至第5（或6）对胸神经根（如果技术好亦可延续着剥出肋间神经）。

④ 腰荐神经丛（是由三对腰神经和五对荐神经所组成的；其中腰神经第3对与荐神经第1对相联合）。

把软化了的冲洗干净的材料先用镊子和剪子对骨骼上的肌肉，尤其是颈部的肌肉略加清理，即可依次剔出脑及脊髓等主要神经，剔出顺序并无一定的规定，可先从脑神经开始，也可先从脊神经开始。

（1）剔出脊神经

一手执头骨，一手持剪子，先由第三、四节颈椎骨背面，向尾部方向，沿中线剪开。这样，即可看到里面白色的脊髓神经。接着，再向下剪一小段，并把剪口两侧的骨头也都剪掉，然后，再向下剪一小段，再把两侧清理一番……如此边剪边修，一直剪到从背面能够很清楚地看到分向两边的颈神经根；待剪到接近肱神经丛时，就可把材料翻转过来。同法，再把颈椎骨的腹面剪开，同样加以修理，也一直修理到从腹面能看清神经根的程度，这时，颈部的神经绝大部分都已显露在外，就可用夹头剪子在每节神经之间把所余残骨剪断，并从神经根上把这些小骨残块轻轻剪掉。

接着，再用同法，剪开胸椎、腰椎、荐椎和尾椎，把整个脊神经全部剥剔出来。

（2）剔出脑神经

由第三、四节颈椎向前方把头骨背面剪开，或从上颌骨开始，向后方把头骨剪开，在剪开时，须逐次向前，即先剪开一小部分，看准脑的部位之后，以此为准，逐步向外扩大面积，这样可以避免触伤。

这一面做完，再翻过来，把头骨腹面剪开，小心地剔出应留各部（如视神经、三叉神经、视交叉等），勿使损伤，还可以将12对脑神经中多剔出若干对来，甚至全部剔出来。

（3）清理

经过上述步骤，脑及脊髓等主要神经剔出后，要把以前清理未净的脊椎残痕、脑神经腹面等处的残余骨渣，以及附着在肱神经丛和腰荐神经丛上的零星肌肉和附着在神经上的血管等清理干净。

剔出神经时应注意三点：①仔细耐心，切勿急躁，每一动作要准确敏捷、循序渐进，尤其是在剔颈部神经根、肱及腰荐神经丛的基部时，更要特别注意。②在操作过程中，尤其是夏季，要注意防止干燥。所以，每隔一段时间，应把材料在水中浸泡一下，使其湿润，再继续工作。③注意神经和腱的区别。神经横截面呈圆形，腱则较扁；神经白色无光泽，而腱呈银白色具光泽；神经柔软，腱则坚韧。

6. 漂白

为使标本洁白美观，可用各种漂白剂进行漂白，其中，以用30%的双氧水效果最佳，在很短时间内，即可漂得很白。方法是把双氧水倒入广口瓶中，然后把标本放入其中，其用量以浸没标本为度，并应及时将瓶口盖严，以防双氧水变质。经30～40min，最长不超过1h，即可漂白。取时要用较长的镊子，取出后放入清水中，冲洗1～2h，再行修补整理。

用市售漂白粉进行漂白，所需时间较长，效果不如双氧水理想。

7. 整理保存

（1）修补

把已漂白过的标本，放在解剖盘中，仔细检查一遍，看是否有残缺不全的地方，若有应加以修补。修补方法如下。

① 用白线把残缺处补充起来　例如颈神经根等，往往由于操作不慎而把它剥掉了，这时，就可用针穿白线，在原部位贯穿过去，少留一点线头而把其余部分剪去，如此补好后浸制起来，就好像有神经根一样。

② 连缀　把弄断的神经用白丝线巧妙地连缀起来。例如，上、下长膊神经，坐骨神经等，都可用此法修补。

③ 移植　即是把两个标本的同一部分互相拼凑起来，作成一个完整的标本。例如，甲标本的左部肱神经丛搞坏了，就可选用废品中的这部分，把它移过来连接在一起，拼成一个完整的。

（2）整理

把修补好的标本，放在预先洗净的玻璃板上，加以整理绑扎。方法是先把脑和脊髓神经的部位摆放停当，然后，用针线贯穿两眼球，把脑的部位固定起来，再在颈、肱神经丛、腰荐神经丛等处，用线绑扎数道，并且整理成自然姿势。线结应放在玻板边缘以利观瞻。为防止因玻璃边缘锋利而把线磨断，应在配裁玻璃板时就把玻璃边沿锋口磨去，这样结线头就不会磨断了。标注名称时，可先把标本稍稍阴干一会，再用万能胶（是一种特殊的胶水，专用来粘贴浸制标本标签的，长期浸在水、乙醇和福尔马林中都不脱落）把用不退墨（用胶调墨、加热使墨溶解后的墨汁）写好的名称标签贴上（图4-12）。

（3）保存

整理完毕，把绑在玻璃板上的标本放在10%福尔马林中浸泡起来，严密封好瓶口，保存应用。

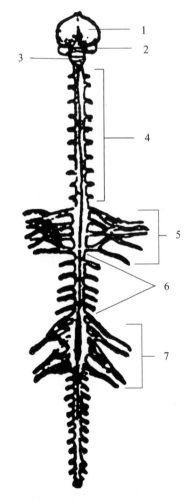

图4-12　经修补变形的神经标本
1—大脑；2—视叶（中脑）；3—小脑；4—颈部脊髓神经；5—肱神经丛；6—胸部脊髓神经；7—腰荐神经丛

第十一节　蛙类系统发育标本的浸制

蛙类系统发育从幼体到成体，无论是在生活习性还是在形态构造上，都有显著的变化。在教学实验中如果要观察蛙类卵和蝌蚪的发育以及变态成蛙的发育过程需要较长的时间，例如蛙卵从受精到发育成蝌蚪经过 3～5d，由孵化出蝌蚪到变态完成，需时 3 个月左右，由幼蛙到性成熟大约需时 3 年。为了在同一时间能观察到蛙类变态发育的过程，可采集卵，刚孵出的蝌蚪，外鳃消失、后肢出现、后肢发育并出现前肢各时期的蝌蚪，幼蛙（尾还没有全部消失）和成蛙各个发育阶段的个体，制成蛙类系统发育浸制标本。借助标本实物进行观察比较，就容易理解它们演化过程中的变化了，蛙的个体发育过程反映了脊椎动物在系统发育过程中由水栖到陆栖类型的过渡。

一、工具、器材和药品

1. 工具和器材

蛙的系统发育标本的制作要进行野外采集、培养和浸制等过程。常用的工具有采集网（捕蛙网）、玻璃容器、浸制标本瓶、玻璃片、细尼龙线、标签、白蜡等。

2. 药品

① 乙醚（$C_4H_{10}O$）　用作麻醉剂。

② 甲醛（CH_2O）水溶液　无色有毒和有刺激味的液体（市上出售的福尔马林含甲醛 37%～40%）。具有强烈的杀菌能力，渗透力强，防腐性能好，是脊椎动物最常用的固定保存液。

二、标本的选择和处理

采集蛙系统发育标本的材料以泽蛙为好，因为泽蛙体形小、分布广，其产卵期比一般蛙类时间长，一生能排几次卵，易采集，而且胚胎发育快，蝌蚪色素少，浸久不易脱色，所以泽蛙是蛙胚发育标本的良好材料。

采集新鲜蛙卵一般在 4 月中下旬雨后次日早晨。泽蛙的产卵场所广泛，可去水沟、池塘和水田。由于泽蛙和黑斑蛙常在同一水域产卵，所以，必须加以识别，黑斑蛙卵群块状或单一片状，卵球较大，直径为 1.7～2mm；而泽蛙的卵群零星片状，卵球较小，直径为 1mm 左右。蛙卵采集后放在盛有清水的玻璃器皿或玻璃瓶内（瓶中水不要太满），上面不要加盖，放在温暖向阳处使它发育，同时要经常换晒过的水（自然水培养更好），观察它的变态。

泽蛙的受精卵在水中，每 100mL 最多放 50 个受精卵，容器装水深度以 4～10cm 为宜，水中最好放些车轴藻等水生植物，借助水草的光合作用，补充水中的含氧量，人工培养泽蛙最好经常保持 20～26℃（一般蛙类的胚胎发育水温在 0～40℃）。泽蛙的受精卵在适宜条件下经过一昼夜就能孵化成蝌蚪出膜，蛙卵孵化过程靠卵黄本身的储备提供营养，不需要供给养料，2～3d 后小蝌蚪发育进入鳃盖完成期后就要隔数日供给养料。采集泽蛙系统发育的标本，必须每天观察其变态，随时采取每一阶段发育的标本，浸入福尔马林中保存。采集成蛙标本可以采用不同的捕蛙方法，常用网捕法效果较好。蛙在营养期和生殖期，可在夜间用手电筒向蛙照射，蛙因强光所眩，这时用网很易捕捉。捕捉后放在密闭容器中，用乙醚麻醉致死后浸制。

三、测量和记录

卵、蝌蚪发育成蛙的各个阶段都需要测量、记录，并要连同采集号、采集地点、采集日期等记录在标本登记簿上。如果是采集受精卵回来孵化蝌蚪饲育成的标本，还需要记录蛙的孵化和饲养发育的天数。记录所有看到的变化和蛙的各个发育阶段的情况。

四、浸制标本的方法

1. 整理标本

将经过采集或培养的蛙类每一阶段的发育标本整理好形态后，按它的发育阶段，由蛙卵到成体，成一系列用细尼龙线绑在 2～3mm 厚度的玻璃条片上，放在洗净的玻璃标本瓶中，为了防止玻璃条片边缘锋利割断系线，可以事先将其边缘磨平，然后再按照不同的胚胎发育阶段绑好标本，以显示其发育过程的变化。

2. 防腐固定

标本整理好形态后，将绑系标本的玻璃条片装入玻璃标本瓶中，使标本固定，然后将标本瓶中加入 10% 福尔马林新液，并将盖盖紧，再用蜡封口保存（图 4-13）。

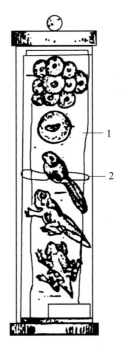

图 4-13　蛙的系统发育浸制标本
1—玻璃片；2—绑线

3. 贴标签

标本多时容易混乱，所以标本制作好后在标本瓶上贴上标签。还可以在装瓶前将各个发育阶段的标本用胶贴上小标签，标签字可用不退墨书写。

图 4-14 为几种两栖类卵的区别。

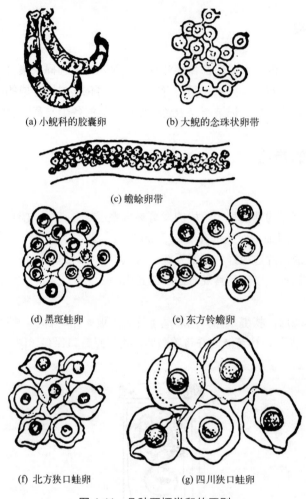

图 4-14　几种两栖类卵的区别

第五章
动物剥制标本制作

脊椎动物剥制标本的种类很多，大小不一，制作方法也有很大的区别。本节选择脊椎动物五个主要纲的代表动物（鱼、蛙、蛇、家鸽、家兔）作例子，来介绍各纲动物不同的制作方法。

第一节 鱼类标本的剥制

一、材料的选择与处理

鱼类动物种类繁多，形态变化很大。例如硬骨鱼中大多数是扁纺锤形，如鲤鱼、鲫鱼；也有呈长圆形的，如鳗鲡和鳝鱼等；还有一些特殊形态的，如翻车鱼、箱鲀、双髻鱼等。软骨鱼中的鲨鱼呈长纺锤形，电鳐呈扁平盘状。这些鱼中，除了体小或鳞片极易脱落的种类宜采用浸制法保存外，一般都可作为剥制标本的材料。尤其是体形大的鱼类更适宜制成剥制标本。但不管是何种鱼，都应该是新鲜的、皮肤和鳞片完好无损，才能做成剥制标本。

为防止鱼类在剥皮时鳞片脱落，在剥制之前，可用揩布将鱼体表面拭干，置于阴凉处 1～2h，待鳞片略为干燥后再行剥皮，这样，在操作时就可避免脱鳞或少脱鳞。也可用胶水涂在鱼体表面，使胶水粘住鳞片，避免脱落。但胶水干后，皮肤易发脆，所以在剥皮过程中要用湿布罩住鱼体。还可在鱼体表面用糨糊粘几层湿的纸，在腹中线留出解剖的空位即可。

对于某些鳞片细小又不易脱落的鱼类，如鲨鱼、鳐等，只要把躯体拭干即可进行剥制。

二、记录测量数据

为便于制作假躯、支架及鉴定标本名称。在剥制前需先进行测量，记录体长、头长、躯干长、尾长、尾高、尾宽、躯干前端高、躯干后端高、虹色、体色等数据，作为标本定型和上色的依据。

三、皮肤的剥离（以鲤鱼为例）

剥皮时，为减少鱼体与工作台面的摩擦，先在台面上铺一块湿抹布，将鱼头朝左侧放在抹布上。用剪刀插入肛门，沿腹中线由后向前剪开，至胸鳍为止。用解剖刀小心分离腹面两侧的皮肤与肌肉。剥至臀鳍时，用剪刀将鳍棘基部剪断，胸鳍、腹鳍也作同样处理。剥至尾鳍时，在尾椎末端尾鳍前端剪断。至头部后侧肩带部分时，用解剖刀从头后侧切断颈椎，肩带的锁骨、乌喙骨等因与皮肤密切相连，不能切除，可将与皮肤不相连的部分骨骼及肌肉除去。在鳃盖内取出鳃片，平摊在玻璃上，涂上40%甲醛溶液固定，整形时用胶水粘贴在鳃盖内。

然后，细心地清除头部的肌肉，挖去眼球，用注射器将针头刺入颅腔，使水流加速，将脑部冲洗干净。用圆头解剖刀刮去皮肤上的脂肪、肌肉等。

对一些特殊形状的鱼类，剥皮方法与上述过程大致相同。但是，在根据形态确定解剖口时，应在保证各部分肌肉剔除的情况下，尽量减少剖口、缩短剖口线，剖口应尽量在隐蔽处，以免影响标本外观。

四、防腐处理

用水冲洗剥好的鱼皮，并洗净鱼体表面的护鳞纸。将鱼皮放入75%～80%乙醇溶液中，在浸泡过程中最好隔几小时翻动1次，以保证乙醇渗透到各部分皮肤中，避免渗透不匀，使部分皮肤脱鳞、腐烂。2～3d后将鱼皮取出，此时皮肤发硬，可放入水中浸泡几小时，待柔软后取出，用布或吸水纸吸去水，向鱼皮内侧涂擦防腐剂。注意擦涂均匀，然后才可进行填充。

三氧化二砷防腐膏的配制：

三氧化二砷防腐膏具有防止毛皮腐烂、虫害侵袭和保护毛发不脱落的功能。主要用于多水分、多脂肪的皮毛，如鱼类、两栖类、爬行类和哺乳类。

成分：三氧化二砷5g，普通肥皂4g，樟脑1g（研磨成粉）。

配制：先将肥皂切成薄片，放入烧杯，加水浸泡数小时，再加热溶化，倒入已配好的三氧化二砷和樟脑粉末，搅拌均匀，使成膏状待用。

五、鱼的假躯制作与填充

根据鱼体大小，分别采取假躯或填料填充的方法，将鱼皮恢复原来的形状。

（1）大型鱼类假躯制作及装填

有些鱼体重达数百千克（如鲟鱼），要制作假躯支架才能使其直立起来恢复原来的状态。制作假躯时，必须根据剥制前记录的测量数据（颈围、胸围、腰围）用木板和木条钉成比躯体略小的中空躯架，用直径10～15mm的钢筋作为支架，钢筋一端应有螺纹，以便固定在底板上。躯架的棱角应圆滑，并在躯架表面覆以一层竹丝或废棉絮，用绳扎紧，使其轮廓跟原来的鱼体相似。然后将假躯装入鱼体，用竹丝或刨花、废棉絮填充背脊、胸鳍、臀鳍各处，使之充实饱满，随即用针线缝合剖口。

（2）一般鱼类充填法

中小型鱼类的支撑架可用铅丝和三合板制作，制作时根据鱼体长、高确定支撑架的大小，长约为鳃盖到肛门的距离，高约为鱼高的2/3。根据鱼的大小可选用不同的方法来制作。

鱼体小而短的，可单用铅丝弯曲成鱼体纵剖面的形状，置入鱼体后用木屑拌糨糊（用市售羧甲基纤维素）填充鱼体。躯体呈侧扁形的鱼，可用三合板锯成略似鱼体纵剖面的形状，作为框架，再用铅丝作为支柱，将假躯放入鱼体后，用竹丝或木屑拌糨糊填充空隙。躯体较长、呈纺锤形的鱼类，可用较厚的木板与铅丝制作假躯。用长方形木块连接成主干板，前半段为木块，后半段用铅丝绞合在木板上，在板面的适当位置钻两个孔，取 2 段铅丝 30～50cm（视鱼体长短而定），分别由孔中穿过至中点处后，把两侧铅丝折向下方，并绞合在木板上。铅丝下端作为支柱，固定在底板上（见图 5-1）。

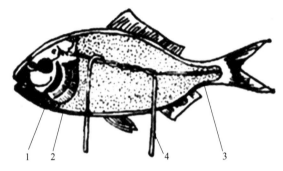

图 5-1　小型鱼内芯塞法
1—油灰；2—鳃片；3—木屑；4—铅丝架

此外，在装填木屑前应拌入些萘粉，如没有化学糨糊（羧甲基纤维素），可用面粉糊代替，但要加入少量石炭酸防腐。缝合剖口时，要装填一段缝合一段，在鳞片之间入针，可以隐蔽线的痕迹。如果要使鱼尾弯曲，可在其对应的一侧少填一些。若出现凹凸不平的现象，可用手稍加揿捏，务使其表面平滑、饱满。

六、整形

先用湿抹布把鱼体表面附着的木屑、胶水或护鳞纸等除净，随即用石膏粉或滑石粉加少量清漆和汽油调成厚稠状的油灰嵌入口腔、鳃盖及眼眶内。待油灰干后，用乳白胶将鳃片粘到鳃盖内，并在眼眶内装上义眼，用磁漆描绘好颜色。

完成上述工作后，就可将标本固定在底板上。底板一般用较厚的木板，四周用板条加厚并涂上油漆，将标签贴在底板的右下角。为使鳍条展开，不致产生卷曲或凹凸不平等现象，可用马粪纸或硬纸壳剪成鳍条大小，用木夹夹紧。

待躯体干燥后，用稀清漆涂在躯体表面，以增加光泽，显示其生活时的自然形态，保护皮肤和鳞片。为了显示鱼的口腔和鳃裂原有的色泽，应根据剥制前的颜色记录或鱼类图谱，用油画颜料与清漆调松节油进行着色。

第二节　两栖类标本的剥制

一、取材

挑选体形完整的成年活蛙。

二、处死

将蛙放入标本瓶或广口瓶内,用药棉蘸取少许乙醚或氯仿投入瓶中,塞紧瓶盖,麻醉致死。处死后至少半小时以上,从瓶中取出蛙,洗去它身上的黏液和乙醚残液。

三、测量

用两脚规和米尺测量蛙的头、躯干、四肢的长、宽和厚度,连同体色一并记录下来。也可将蛙体平放在白纸上,用铅笔顺着蛙体描出轮廓,再描出侧形轮廓。塞内芯时只要将标本放入轮廓图内,就能知道它是不是跟实物相仿。

四、剥皮

一般采用口周围剥出法,用解剖刀在口腔周围沿着上下颌骨剖开皮。用左手大拇指和食指拉住口腔周围剖开的皮,右手食指尖穿入皮和头部肌肉之间,分离皮。在眼球处,用剪刀小心剪下眼球,不能剪破眼皮。就这样剥出头部。剪断两腿骨,拉出躯干。然后剥出四肢,前肢要剥到掌骨,在皮内保留指骨。后肢要剥到跗骨,在皮内保留趾骨。用清水将剥离的蛙皮冲洗干净。

五、防腐

用毛笔将防腐剂均匀遍涂蛙皮内面、头骨和剩留的四肢骨上。等防腐剂略干后,再把蛙皮翻过来,盖上湿布,以备塞假体用。

六、装内芯

先做支撑架,以便把蛙体固定在底盘上。支撑蛙体的是硬化了的油灰。支撑架用20号细铅丝扎成(图5-2)。然后塞内芯。将涂好防腐剂的蛙皮在两前肢和两后肢处塞入少量油灰,将支撑架前肢标本脚细铅丝通入前肢,铅丝前端可从掌部穿出,通入后肢的细铅丝,

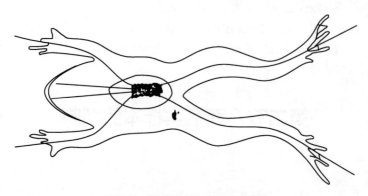

图5-2 蛙体铅丝架的安装方法

铅丝前端可从跖部穿出。用光滑的细竹棒把油灰先填塞后肢，后填塞前肢，要塞足。但要防止塞破蛙皮。然后填塞腹部，填塞时要边塞边捏，等填塞好腹部后，要用针线轻轻缝合腹部的皮。最后填塞头部。支撑架的头端铅丝要穿入头部油灰内。口腔切开的皮用针线缝好。将填塞油灰的蛙体捏成生态姿势，临时固定在木板上，并在眼眶内装入义眼。用注射器套上 7 号针头，分别刺入前肢掌部和后肢跖部，各注入少量 15% 福尔马林。

七、上色

待蛙体干燥后，拆掉口上缝线或腹部缝线，涂上一层清漆代替缝线。塞好油灰干透的蛙体，皮肤褪色且透明，很难看，因此必须上色。可用油画颜料照颜色记录或彩色图上色。上好色后阴干 1～2d，再在蛙体上涂一层硝基清漆。

八、上底盘

可用石膏粉加水调成糊状，倒在厚玻璃上，浇成溪边石块状作底盘。干燥后，底盘上色，然后将蛙体四肢露出的铅丝固定在石膏底盘上，最好再粘上些绿色的干苔藓。

第三节　龟类标本的剥制

龟类躯体覆以硬甲，是表皮形成的角质盾片，兼有来源于真皮的骨板，头尾和四肢都被有鳞片。一般龟类标本均采用以下方法制作。

一、工具、器材和药品

1. 工具、器材
解剖器、骨剪、骨锯、凿、钢丝钳、搪瓷盘、铅丝、棉花。

2. 常用药品
① 三氧化二砷（As_2O_3），剧毒，具防腐功能。
② 明矾粉［$K_2SO_4 \cdot Al_2(SO_4)_3 \cdot 24H_2O$］，具有硝皮防腐及吸收皮肤水分的功能。
③ 樟脑（$C_{10}H_{16}O$），具有驱虫防蛀及抑制腥味臭味的功能。
④ 酒精（乙醇，C_2H_6O）。
⑤ 乙醚（$C_4H_{10}O$）。

二、龟类标本的选择和处理

选取头、尾、四肢、皮肤和硬甲等完整无缺且新鲜的龟类为材料。剥制标本用的活龟必须先处死，但由于龟类的生命力很强，剥制标本前将活龟口腔强行张开，用针筒从其喉头开口向气管中注入氯仿 4～5mL，使龟麻醉，或向泄殖腔深处注入氯仿，使其深度麻醉致死。

三、测量和记录

龟体覆以硬甲，剥制后不致改变其形态，故在剥制前一般不需测量。标本制成后要进行登记、编号，并要记录其性别、采集地点与采集日期在标签上，用线缚于龟脚。

四、龟类皮肤的剥离

龟类的背、腹面都被有坚厚的甲，剥离龟类皮肤前先将处死的龟（活体解剖亦可）龟头朝外，用小锯在其左右两侧背腹甲之间的骨缝处锯开，再将前臂与腹甲间、大腿、尾与腹甲相连的皮肤切开，并用刀割离附在腹甲内壁上的肌肉，直至腹甲完全脱离躯体肌肉，然后除去内脏，并将前肢的肩带骨和后肢的腰带骨连同肌肉用刀全部割除干净。在剥离小型龟类皮肤时，可不剖开四肢翻剥，但要将肱骨、尺桡骨和股骨、胫腓骨保留，需将附在肢骨上的肌肉除净，但某些大型的龟类必须剖开四肢皮肤才能翻剥下来。同时，大型龟类的背、腹甲甚厚，骨骼中间有很多骨髓和脂肪。因此，需要用凿凿开背腹甲内侧，除去其中的骨髓和脂肪。继续将四肢的跗跖部及尾的腹面剖开，再把四肢逐渐剥离后除去四肢骨，并将尾部剥离，然后由颈向头部剥去。

由于龟的头颅顶的皮肤骨化，剥离到头骨时，可在第一颈椎骨与枕孔之间用骨剪将颈项截断，并把头骨下的基枕骨、基蝶骨和上颌等除去，但要保持头部外表完整无损，最后从头的两颊处挖除肌肉，并挖出眼球。

五、涂防腐剂

龟类体形较大，龟类皮肤的防腐处理、浸泡剥离皮肤，如果用 75% 乙醇溶液很不经济，可以改用食盐、明矾液，用毛笔蘸防腐剂涂于皮肤内侧。但此法的效果略逊于用乙醇。

六、充填和整形龟姿态

标本充填前，取一段由头至腹长 2 倍的铁丝，在其中点处折合成镊状，在铁丝上缠绕药棉或细竹绒，粗细如龟颈，铁丝端部留出少许，将铁丝不相连的一端插入头部颅腔、直至鼻孔中，再使铁丝固定在头骨上，然后用针线把尾部切口缝合。再用一段包缠着似尾椎形状大小的铁丝，插入尾部；另用两段铁丝，将每段的两端挫尖，分别从左前后肢和右前后肢的腹侧穿入，由掌心通出。同时，在躯干的中央，把头、尾和四肢的铁丝结扎到一起。如海龟等大型龟类，其躯干中心可用一块长方形木块将头、尾和四肢的铁丝分别固定到一起。对四肢皮肤没有剖开、保留肢骨的体形小的龟类，应在肢骨上缠上药棉或细竹绒，然后将其翻转复原，再把四肢铁丝插入脚底即可进行充填。

充填时，先用药棉或细竹绒将龟的头、颈充填到原有的形状，再充填四肢，然后充填躯体，当全部充填结实饱满时，把腹甲盖上，在腹甲剖口两侧边缘钻穿相对称的孔（每侧 4～5 对）。顺次用细铁丝串连绞合，并用针线把四肢与腹甲之间的剖口及尾部与腹甲间剖口的皮肤缝合，最后整形。

龟类已经填好的标本需要整形成适当的生活姿势。整形前，先将充填的标本内容物推匀，避免出现凹凸不平的现象，然后再把龟的头部扭呈仰起状，用木块等物把它垫起，以防干燥过程中下垂。一般龟类的四肢应按关节的弯曲度固定在标本台板上；固定大型龟类的四肢，需用大小适当、形状相似的三夹板把它的边缘压紧，并用钉钉住，待干燥后取下，以防在干燥过程中因皮肤收缩而产生卷曲不平的现象。

第四节　蛇类标本的剥制

蛇类剥制标本可供科研、教学和观赏之用。剥制后的躯体仍可用于内部解剖。

一、工具、器材和药品

工具、器材　解剖器、钢丝钳两把、粗线、铅丝（常用 10 号）、缝针、药棉、竹片和量器等。

药品　防腐剂所需药品同龟类标本剥制防腐处理所用的药品。

二、标本的选择和处理

选取蛇体剥制标本必须鳞片、皮肤完好，标本完整无伤损，活体需在剥制前 1～2h 用乙醚置于密闭容器中将蛇熏死。由于蛇类中有些种类有毒，处理时必须谨慎，防止发生伤害事故或逃走。初学者最好戴防护手套。

三、测量和记录

爬行类的分类主要是依据鳞片的构造鉴定名称，蛇类等爬行动物需要量其体长、胸围和腰围等，作为充填时的参考。

标本制成后，应进行登记、编号，并将体长、性别、采集地点、采集日期和躯体的颜色等记录下来，同时在标签上写好标本的编号贴在标本台板上。

四、蛇类皮肤的剥离

将蛇体仰卧伸直，在躯体的腹面中央纵行剖开 10～15cm（大型蛇类的剖口应适当扩大），沿剖口两侧剥至背面，用剪刀将皮内部分截为二，先把前面一段逐渐翻转，用解剖刀和小镊子分离皮肉，剥离至头部鼻端为止，在颈椎与枕孔之间将颈项截断，并除净附在头骨下侧的肌肉，再挖去眼球和舌头，最后用镊子去除脑髓。同样将后部翻转剥离至尾端为止。由于蛇类腹部肌层较薄，所以在剪开腹皮时，有可能将整个腹腔剪开。这时可从剪口处将腹皮与所连腹部肌肉剥离。如果有内脏露出，可暂不处理，因为蛇的内脏量不大，对剥皮无多大影响。

五、去肉

蛇经剥皮后,躯干虽已剥去,但头部的肉尚未去尽,所以应继续处理头部。

蛇头部的皮贴得很紧,比躯干的皮难剥。由于头部的肌肉不多,所以一般保留头骨,而很少用木制或石膏头骨模型来代替。如果是毒蛇,为了使标本张口露出毒牙,则必须留下全部的头部骨骼,更不能用头骨模型来代替。

处理头部时,应将蛇头向后翻出,用刀将头后部的肌肉刮尽,使脑腔后部打开,用镊子夹棉花将脑裹出。最后仔细检查剥下的皮上是否残留有脂质。如果有,要小心地将其刮干净。

六、涂防腐剂

将蛇类剥离的皮肤浸于75%乙醇溶液中1~2d后取出,再浸在水中冲洗2~3h,待皮肤柔软后取出拭干,即可用毛笔蘸防腐剂在蛇体皮肤内侧各处和颅腔内均涂遍,颅腔内应多涂一些。防腐剂用三氧化二砷、明矾和樟脑混合而成,或将樟脑:三氧化二砷:肥皂按30:50:1500质量比配制成防腐剂。

七、充填和整形

由于蛇类体长,为了便于充填,在制作蛇类标本假体时,可取两段铅丝从标本切口处插入,其中一根的一端插入尾端,待尾部充填得差不多时,再将另一根铅丝一端插入头骨中,两根铅丝的另一端在剖口处相接,并用钳绞合成索。充填时,由剖口处将药棉或细竹绒充填至躯干部剖口处后,再向头、颈部充填,直至充填饱满,大小、粗细与蛇体原来肉体的体形大小、粗细相同。再将剖口处和口腔中填入少许药棉后缝合,缝合切口要对准,针口由鳞片下穿入,以隐蔽缝线痕迹,同时还要细心操作,避免鳞片脱落。然后将伸出剖口处的两根铅丝分别固定到标本台板上(图5-3)。最后把义眼的正面朝前装置在眼眶内,并用镊子推好义眼的嵌入位置。再用竹片做成一个假舌,着色后插入原舌头的部位。再取两团棉花嵌入眼眶中,并装嵌义眼和舌后,将标本置于通风处晾干整形。

图5-3 蛇铅丝支架的安装

蛇类标本的整形应根据蛇在生活时的自然姿态,例如,一般头胸略抬起,身体紧贴附于固着物,呈弯曲状爬行于地面,或绕旋于树上。无毒蛇一般做成闭口姿态,毒蛇可做成开口姿态,并要摆正毒牙的位置,要根据标本原来的生态摆好姿态(图5-4、图5-5)。如果发现标本的体表有凹凸不平的现象,可用手稍加揿捏,加以纠正。标本整理好体形后,刷去标本上的灰尘,最好用稀薄的清漆涂于躯体的表面,以增加鳞片的光泽,但不宜涂拭过多,以免失去原有的色泽。剥制的蛇类标本在通风处晾干后,即可置于干燥处或标本橱中保管或陈列,橱中应放上樟脑块。

图 5-4 蛇类剥制标本姿态（一）
1—蛇；2—标本盒

图 5-5 蛇类剥制标本姿态（二）
1—蛇；2—台板

第五节　鳄鱼标本的剥制

扬子鳄是我国特产的珍稀淡水鳄，属于世界濒临灭绝的爬行动物，它对于人们研究古代爬行动物的兴衰和研究古地质学、生物进化等均具有重要的价值。由于鳄类是体形大的爬行类，皮肤上覆盖大的角质鳞片，鳞片下有真皮形成的骨板，因此常用剥制方法制成标本。

一、工具、器材和药品

鳄鱼剥制标本制作过程中所用的工具、器材和药品详见蛇类剥制标本制作的有关内容。

二、标本的选择和处理

选取躯体的鳞片、皮肤、四肢和尾部完整无缺，且材料新鲜的扬子鳄为标本。如果准备做剥制活体，则必须先行处死，但由于鳄类的生命力很强，虽然行动笨拙迟缓，表现没有其他大型鳄凶残，但在非冬眠时期处死它时，也要特别谨慎。一般用氯仿或乙醚置于密闭瓦缸中，缸口必须盖紧（防止药液作用时鳄鱼冲出来，以致发生伤害事故或逃走），待其深度麻醉致死后取出。

三、测量和记录

标本制作前需要测量其体长、胸围和腰围等，作为剥皮后充填时的参考数据。

标本制成后应进行编号、登记,并将体长、性别、采集地点和采集日期记录下来,写在标本标签上。

四、鳄鱼皮肤的剥离

鳄鱼体表覆以角质鳞,鳞下有真皮形成的骨板,所以剥皮时的剖口线适当开长一些。剖口时,将鳄鱼自颈中部腹面正中央直向尾柄后端开刀,但要避开泄殖腔(泄殖腔和尾柄的剖口可偏向一侧剖开),使其保持原状。

剥皮时由于难以翻转,可先将两侧皮肤剥离,分别截断颈项和四肢的肩、股关节,随后转动躯体,使背面向上,头部向右,然后将头翻向背面,右手持解剖刀自颈背往后剥离,直至尾端为止。剥离四肢时,要将前臂部和胫跗部腹面皮肤剖开,分别剔除两前肢的肱部、尺桡部和前掌的肌肉(尺骨和掌骨留下),然后再把后肢的腹部、胫部和跗跖部的肌肉剔去(胫骨和跖骨留下)。由于鳄类的头部坚甲比较坚硬,采用钢凿把腭骨、横骨、翼骨及基枕骨除去后,挖去眼球和舌,并把附在头骨上的肌肉剔除干净。

五、涂防腐剂

鳄类皮肤的防腐处理是用三氧化二砷、明矾和樟脑混合成防腐粉涂遍皮肤各处,防腐剂的配制方法详见鱼类剥制标本配制法。

六、充填和整形

取一段与鳄体等长的铅丝,铅丝前端留一小段,下段缠绕细竹绒成比躯体略小的假体,然后将两端末绕细竹绒的铅丝插入上颌骨中,另一端则插入尾端皮肤之间,再按龟类剥制标本四肢穿插铅丝的方法,并在躯干中央结扎在一起固定,随后进行充填(图5-6)。

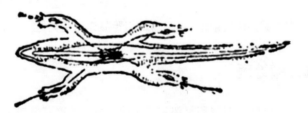

图5-6 鳄类铅丝支架的安装

先充填鳄类头部,用细竹绒充填,要充实饱满,再将四肢的掌部和关节充填充实,继续填颈背及胸部两侧时,用针线把前胸口向后进行缝合,并且边缝合边填充,从两后肢向着尾端不断充填,直至尾部完全充实缝合为止。

鳄鱼标本整形,应根据标本原来的生活姿势摆好位置。例如,鳄头部稍为仰抬,如做成张口姿势,口腔中用油灰充填涂成灰白色,再用石膏塑成假舌,待干燥后装入口腔,将尾做成弯曲姿态,在弯曲部位的两侧用钉固定在台板上的位置,以防干燥过程中收缩变形。标本整形后,把义眼的正面朝前侧置于眼眶内,用镊子推好嵌入位置后,待标本阴干，将标本上整形所用的夹板和钉除去，刷净标本上的灰尘，并用适量稀薄的清漆涂拭鳄鱼的体表鳞片，以增加鳄鱼标本体表面的光泽，最后置于通风干燥处保存（图5-7）。

图 5-7　扬子鳄剥制标本的姿态

第六节　鸟类标本的剥制

鸟类的剥制标本根据其用途，可分为陈列标本和研究标本两种。陈列标本亦称活形标本或生态标本，剥制成鸟类生活时的形态标本，研究标本亦称假剥制标本或死标本，标本制成后，仅直平放（图5-8～图5-10）。

图 5-8　一般研究标本的姿态　　　图 5-9　长颈、长脚鸟类研究标本的姿态

图 5-10　有凤冠鸟类研究标本的姿态

一、工具、器材和药品

1. 工具、器材

解剖器、骨剪、钉锤、钢丝钳、大号搪瓷盘、铁丝、棉花、纱布、竹绒、台板、针、线、颜料（1盒）、毛笔、玻璃义眼、油灰（油泥）、标签、笔记本、尺、卡尺等。

2. 常用药品

① 三氧化二砷（As_2O_3）　为灰色粉末，剧毒，具有防腐功能，手上有创伤时不宜使用。使用时要戴口罩，用后严加保管，不要随处乱放；避免发生事故。

② 明矾粉［$K_2SO_4 \cdot Al_2(SO_4)_3 \cdot 24H_2O$］　为无色透明晶体，具有硝皮防腐及吸收皮肤水分的功能，市售为块状，需研磨成粉末使用。

③ 樟脑（$C_{10}H_{16}O$）　为无色透明晶体，具有驱虫防蛀及抑制腥味、臭味的功能。

④ 乙醚（$C_4H_{10}O$）　易燃，氧化后毒性增加，用作麻醉剂。

⑤ 酚醛清漆和各色油漆　涂在动物的喙、脚等处，可增强光泽，并为玻璃义眼调色之用。

二、标本的选择和处理

剥制用的鸟类标本，不论死体或者活体，都必须羽毛完好，四肢、喙、足完整无损，如系捕捉或饲养的活体，在剥制前 1～2h 处死，其方法与制作骨骼标本相同，目的是使血液凝固，避免制作时血液外流而沾污羽毛。死鸟标本要严格检查，如已腐败则不能使用，勉强制作，日久羽毛会脱落下来。检查方法是用手指揪拉面颊和腹部羽毛，如不脱落，证明未腐可用。若为枪弹击毙，羽毛击断击落较多，不宜用作标本。在制作前，鸟体沾污，用清水洗净，遇有血迹，须加肥皂粉洗涤，洗后擦干水分，放在搪瓷盘内，撒上新鲜石膏粉或草木灰（羽毛白色忌用草木灰），待石膏粉结成块状，用手提起标本，轻轻拍打，石膏块落下，羽毛蓬松自然，如羽毛尚未干燥，依法重复 1～2 次。羽毛洗涤后，不用石膏粉或草木灰吸水，让其自然干燥的，往往羽毛不能蓬松，很不美观。

三、测量和记录

教学和科研用的剥制标本，都必须进行详细的测量和记录，供分类、研究参考之用，没有测量和记录的标本，是没有任何价值的。测量记录的方法：在剥制前先进行测量，记录体长、头长、躯干长、尾长、尾高、尾宽、躯干前端高、躯干后端高、体色等数据，作为标本定型和上色的依据。

四、鸟类皮肤的剥离

剥制标本是一项细心的工作，初次剥制往往会出现撕裂皮肤、剥落羽毛的现象。但只要认真细心、按次序进行，就一定能学会。根据切口位置的不同，分为胸剥法和腹剥法两种。

1. 胸剥法

把鸟体仰放在搪瓷盘内，用一小团棉花蘸水，将胸部要剖开部位的羽毛打湿，用解剖针把羽毛向两边分开，露出表皮，用解剖刀沿胸部龙骨突正中线切开，以见肉为度，切口从嗉囊至龙骨突后端（图 5-11），然后把皮肤向左右剥开，及至两肋，剥时随时撒些石膏粉，以减少污腻。

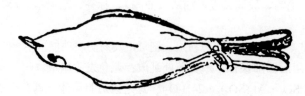

图 5-11　鸟类的剖口线

① 剪颈　在切口前端嗉囊前方，拉出颈椎，剪断颈椎（图 5-12），左手拎起连接躯体的颈椎，右手按着皮缘慢慢剥离肱骨和肩部之间的皮肤。

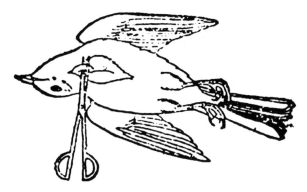

图 5-12 颈项的截断位置

② 剪四肢　肩部皮肤剥至两翼基部时，将肱骨连骨节肉剪断，翼内肌肉等整个躯体剥离后再处理，继续剥背部和腰部。剥腰部时要特别小心，尤其是鸠鸽类极易剥坏。剥至后肢时推出大腿，翻剥至胫骨，并在股骨与胫骨间的关节处剪断。附着在胫骨上的肌肉则在胫跗关节间剪断（图 5-13）。

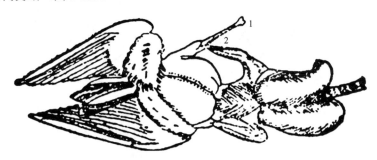

图 5-13　后肢的剥离和胫骨、股骨关节及肌肉的截断位置
1—胫骨、股骨关节的截断位置；2—肌肉的截断位置

③ 剪尾　继续向尾部剥离，至尾的腹面泄殖孔时，用刀在直肠基部割断，背面到尾基部，尾脂腺露出后，用刀切除干净，此时用刀在尾综骨末端剪断，剪断后的尾部内侧皮肤呈"V"形（图 5-14）。剪尾综骨时，容易剪断羽轴根部，造成尾羽脱落，所以这一剪要特别注意。躯干与皮肤这时已经完全脱离，应立即剖开腹部，检查生殖器官，辨认性别，以免遗忘。当然雌雄异色的就不必了。

图 5-14　尾部的截断位置

④ 剔除肌肉　剥出躯干之后，头、翼和皮肤上的肌肉尚未除去，再进行下列处理。

翼：将残留的一段肱骨用左手捏紧，用右手拇指指甲紧靠尺骨，慢慢刮剥附在尺骨上的羽根（次级飞羽的根附生在尺骨上）。若大型鸟类用指甲不易刮落，可用镊子的柄或刀柄刮落，然后将尺骨、桡骨之间的肌肉除去（图5-15）。如果要做两翼张开的飞行标本，不适用上法，可按图5-16的方法从翼下切开，剔除肌肉，切勿将羽根刮离尺骨，否则，飞羽会下垂，以致不能张开。

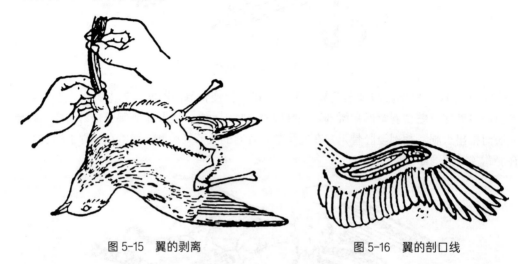

图 5-15　翼的剥离　　　　　　图 5-16　翼的剖口线

头：头部的剥离以剥至喙的基部为止。先将气管与食道拉出，右手持颈项，左手以拇指、食指把皮肤渐渐向头部方向剥离，当剥到枕部，两侧出现灰色耳道，即用刀紧贴耳道基部，将其割离（图5-17）。

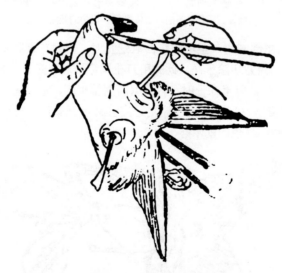

图 5-17　耳道的剥离

继续往前剥去，两侧又出现黑色部分，即为两眼球，用力紧贴眼眶（图5-18），割离眼睑边缘的薄膜，用镊子从眼眶边沿伸入，取出眼球，然后在枕孔周围剪下头部（图5-19），用镊子夹住脑膜把脑取出，并用一团棉花将脑颅腔揩拭干净。

图 5-18 眼眶的剥离

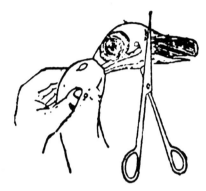
图 5-19 头颅切断位置

某些鸟类，例如大部分雁形目，由于头大颈细，相差很大，按上述方法无法将头剥离，应先将颈项剪断，并在后头和前颈背中央直线剖开（图 5-20）。切线的长短以能将头部和颈项翻出为度，切勿强行剥离，以免损坏皮肤羽毛，以致前功尽弃。

图 5-20 头部的剖口线（头大的种类）

鸟体剥好后，剔除残脂碎肉，直至全部干净为止。如果留有残脂碎肉，以后油脂必然渗出，污染羽毛，致使其腐烂和受虫害。

2. 腹剥法

从腹中央剪开，前至龙骨突后缘，后达泄殖孔前缘，注意不要剪破腹膜，以免内脏流出污染羽毛。然后将腹皮剥向两边，接着推出后肢并剪断，剥出尾部，剪断尾综骨和直肠，继续往下剥离，其法与胸剥法相同。

五、涂防腐剂

用毛笔蘸防腐膏涂于鸟体各部皮肤，再用棉花搓成与眼窝大小相等的小球塞满眼窝，脑颅腔内也应塞满棉花，即将头部翻转还原。后肢胫骨上同样绕上与肌肉粗细相等的棉花，把它翻转还原。两翼桡骨、尺骨之间也塞些棉花，翻转过来，注意在剪断的股骨和肱骨的断面上也要绕些棉花，以防划破皮肤。

六、充填和整形

假剥制标本和生态标本填充的方法不同，分别介绍如下。

1. 假剥制

取一根长约自嘴基至前胸的竹条,粗细视鸟体的大小而定。如家鸽直径 4mm 左右,一般不宜过粗。竹条一端用刀纵割少许,做成"Y"字形。在分叉的基部塞上棉花,略小于原颈,将分叉的一端插入脑孔,挟住上颌,后将竹条上的棉花轻轻前推,使竹条夹得紧些,加强竹条与上颌的牢固性。也可把竹条削尖直接从脑孔插入上颌(图 5-21)。竹条的另一端放在胸部,在它的背腹两面均铺上棉花,稍加固定。小型鸟类可不用竹条,而用一条棉花填入脑腔作颈椎。两翼的尺骨放在两层棉花之间,勿使尺骨随翼活动,这样才能使两翼紧贴两侧,不致下垂。较大的鸟类,装成后两翼和躯体间贯穿二线连紧,则更牢固,随后填充棉花或竹绒(竹绒具有弹性和价格低廉的特点,宜优先使用),先在背面铺一层薄薄的棉花,再填充竹绒,先填颈部,再填胸腹部和尾部,饱满后再进行缝合。

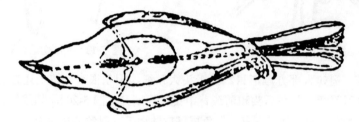

图 5-21　鸟类研究标本支架的安装

2. 生态标本装填

主要是用铁丝作支架,支撑标本重量,铁丝的粗细也以支撑标本重量为准。例如家鸽可用两根 16 号不等长的铁丝做支架,短的要自头顶至脚的长度,再加上装板所需的长度,另一根比短的长出 4cm,将两根铁丝的一端并齐,然后扭旋五六转(图 5-22),扭绞的一般长度相当于自头至腹部的长度。然后将两铁丝向外开成 90°角,根据身体大小将两铁丝由上再向下方折回,做成左右脚支柱。另一端铁丝将短的做成头的支柱,绕上棉花,粗细接近颈部。较长的一根向后方,作尾的支柱。在翼部穿一铁丝(小型鸟类除外),这样可

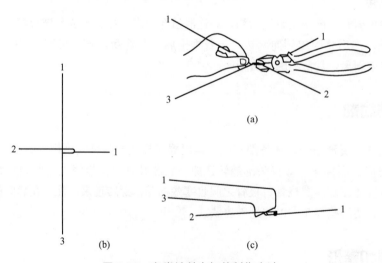

图 5-22　鸟类铁丝支架的制作方法

1-2——一根 16 号较短的铁丝制成支架;1-3——另一根比较短的一根长出 4cm 的铁丝

制作步骤按(a)(b)(c)的顺序进行

以避免标本整形时翼部下垂（图 5-23）。如要做展翼标本，支持内翼的铁丝要更长一些，其长度较展翼时两指骨间的直线长度长 4cm，将该铁丝变成"V"形，即成展翼支架。根据经验附骨架的各铁丝稍放长一点。装架后再把露在体外的多余部分剪掉，对初学者是有帮助的。将做好的骨骼装入皮内，装时把铁丝头用锉刀锉尖，利于穿入。先装头部，铁丝可穿透额骨，露出头外，再穿两翼和两脚，最后在尾羽下穿出尾部，骨架放好后，按剥制方法装填。

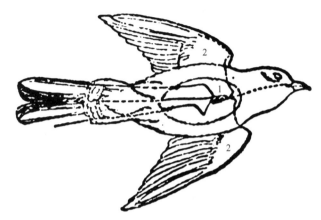

图 5-23　鸟体铅丝支架的安装
1—鸟体支架；2—翼部支架

做姿态标本，其栖息、飞行的各种姿态力求与生活时相似。水鸟和陆栖鸟类可直接固定在台板上，树栖鸟类要选一合适的树枝，先将树枝固定在台板上，再将鸟固定在树枝上，用清漆涂抹鸟嘴、脚及肉垂等裸露部分。安装玻璃义眼，不论是购买或自制，都是无色半圆凹形玻璃片。要根据标本记录的瞳孔的大小形状和虹彩的颜色，用颜料配成画好，干后再涂 1 层清漆，放通风处晾干待用。玻璃义眼制作的好坏，直接影响到姿态标本的质量。全部做成后，和假剥制一样需要整形，用纱布或薄棉花包裹固定，待干后取下棉花（图 5-24），再在台板上贴好标签。

图 5-24　野鸡剥制生态标本的装立

第七节　小型兽类标本的剥制

一、标本材料的选择和处理

野外采集到的兽类材料，必须仔细检查，当兽类变质后，其面颊和腹部最易产生脱毛现象。如果没有发现脱毛现象，并且其他部位的皮肤和毛发完好无损者，就可使用。活体动物需采用相应的处死方法，注意不要血污毛发。

二、测量和记录

一般要求测量体长、尾长、耳长、后足长、肩高、颈长、胸围、颈围、前肢长等数据并记录在记录簿上。还应将虹膜色、性别、采集地点、采集日期等一并记入。

三、皮肤剥离

在剥皮之前，用棉花阻塞肛门及口腔，以防食物外流，如已沾上血污，应洗涤干净。将标本仰卧在解剖盘中，头向左，尾向右，用解剖刀向腹部中央往下切开外皮，到肛门为止（图5-25），由切口两边小心地将皮肤与肌肉分开，慢慢将后肢胫骨推出切口，露出膝盖骨，在此处用骨剪切断（图5-26）。并将胫骨拉出，与皮肤分离，到足部为止。此时后肢的皮肤已向内翻转，小心刮去胫骨上的肌肉。同样将另一后肢剥出。然后割开肛门处的肌肉，用手捏紧尾基部的毛皮，另一只手将尾椎全部抽出（图5-27）。如此，即剥出身体的后半部，接着进行前半身剥离，将躯干部分的皮翻转，露出肩部和前肢上半部，切断尺桡骨与肱骨的关节，先将前肢的皮肤翻出至掌止，除尽肢骨上的肌肉。另一前肢照同样方法做完后，就由颈部剥向头部，头部是比较困难的部分。在耳朵、眼、鼻、面和嘴唇处须

图 5-25　小型兽类的解剖线

图 5-26　后肢的截断位置

十分小心地用小刀刮离，稍不注意，就可能撕裂皮肤。头部皮肤剥离后，整个动物的皮肤已与躯体分开（图 5-28）。把头骨用一标签系上，以免与其他标本混淆。注意刮去皮肤上的残脂碎肉，如有枪弹穿孔或割损部分，将其一一缝合。若在剥皮过程中有血管破裂的现象，随时用石膏粉或棉花去污。

图 5-27　抽取尾椎

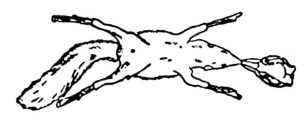

图 5-28　四肢及头截断的位置

四、撒防腐粉

在解剖盘内放一张旧报纸，把已剥好的标本放在纸上，然后用防腐粉涂擦在皮里各部，特别是在足、耳、头、尾等处不能遗漏，进行这项工作要小心。也有用防腐膏的，防腐膏呈膏状，无粉末飞扬，较安全。但防腐膏不易干燥，较大的动物，因皮下脂肪较厚，不宜使用，否则会引起脱毛现象。

五、充填

防腐粉涂擦完毕，取比原尾椎长出 6～8cm 的一段铁丝，紧绕棉花，粗细与原尾椎相同，做成假尾椎，将假尾椎带些防腐粉，穿入尾巴，代替原尾椎，之后，即将各肢骨上绕上适量的棉花代替肌肉，翻转四肢，体内以铁丝做成骨架，其大小应与原躯体相合。然后在头、颈等身体各部用棉花或竹绒填塞，然后将皮的切口由前往后缝合，形成一个完整的标本，但这时皮肤尚软湿。

六、固定和干燥

用大头针在四掌处将标本钉在木板上，使前肢向前伸，与头颈同一方向，后肢向后伸，掌面向上，尾部平直。如果标本的尾巴极长，处理不便时，可以将尾巴弯转在身体的一侧，弯转时要避免损坏。固定完毕，放在通风处。3～5d 标本干燥，即可从板上取下。

七、头骨

标本固定后即进一步处理头骨，刮掉头上的肌肉，挖去舌、眼等。去脑的方法与鸟类相同。头骨的处理请参阅骨骼标本制作。头骨处理好后，系上标签，放在标本后下左侧，即形成一个完整的研究标本（图 5-29）。妥为保存，可以为教学与研究之用，或邮寄中国科学院动物研究所鉴定，作为备查之用。

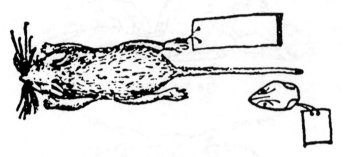

图 5-29　小型兽类假剥制标本

八、小型兽类姿态标本的填充

小型兽类姿态标本剥皮时，头骨不取出，在填充方法上与上述研究标本也不相同，其方法介绍如下。

先在后肢的胫骨上分别用竹绒或棉花缠绕填充，使其与原来腿部粗细相等，然后将其翻转复原，前肢也用同样的方法处理（图 5-30）。

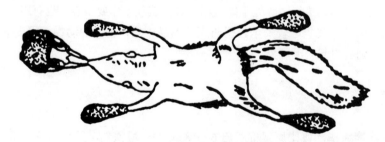

图 5-30　竹绒填充的头部和四肢

将躯体仰卧伸直，量取头至腹部两倍长的 16 号铁丝一段（铁丝的粗细因动物大小而异），于中点处折转，使其呈镊子状，在折转处的端部嵌入少许棉花，然后把不连接的两端分别从两鼻孔中向后插入，由枕孔中穿出。左手持钢丝钳，在靠近枕孔处夹住铁丝，右手将两端铁丝张开，顺绞数圈（图 5-31），使头骨固定在铁丝上，避免头骨摇动，再用竹绒或棉花充填颅腔，头骨后端的铁丝用竹绒或棉花缠绕，粗细与原来颈项相等。

眼眶中用棉花填满，以代替被挖去的眼球。两颊也填充棉花以代替刮去的肌肉。随即把头部翻转复原。这时，皮毛已全部恢复原状，然后着手安装躯体铁丝支架。

先将前肢向前伸直，后肢向后伸直，量取前肢至后肢的长度，再加上 20cm 长的两条16 号铁丝（铁丝两端用锉刀锉尖），先取一根，其一端从体内靠近后肢的后侧，由缠绕的

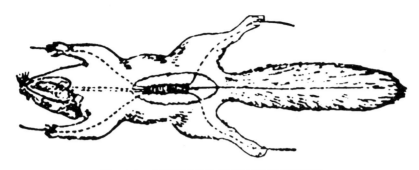

图 5-31 小型哺乳动物铅丝支架的安装方法

棉花中插入,再由脚底穿出,铁丝的另一端由同侧的前肢旁插入,也由脚底穿出(两脚底穿出的铁丝,应保持等长,以便标本在台板上固定)。再量取等于胸部至尾端长度的一条铁丝,其一端用棉花缠绕成略似原尾椎大小的形状(缠绕棉花要均匀、结实,使铁丝不会松动,否则棉花受到阻力后,无法插到尾端),由尾部插入。最后,在胸、腹部中央,把头部、四肢和尾部所用的五段铁丝用绳紧扎在一起(图 5-32、图 5-33)。结扎前应注意头和尾的长度。

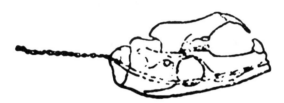

图 5-32 小型哺乳动物头骨支架的固定方法

支架装好后,即可进行充填。首先,用镊子在支架背面的前后填一薄层棉花,再向头、颈、胸部周围及下颌,顺序进行充填,充填时务必均匀、饱满,边充填边观察。然后,充填前肢和后肢及其周围,尤其要注意腿部的大小和对称。胫正跗关节填充需突出关节曲度,最后顺序充填尾部周围和胸、腹部,至适当大小时,即可进行缝合。缝合时,应由腹部向胸部方向进行,避免毛发压在线的下面(图 5-33)。

图 5-33 小型哺乳动物的剖口缝合线

在充填过程中,必须经常注意观察各部位的形态,看是否充填适当,如果发现不足之处,应及时纠正。充填时,充填物必须成长条状地逐渐充填到体内,不可操之过急,更不能使填充物成圆团状填入,否则标本制成后,表面凹凸不平。充填必须做到均匀、结实、饱满,使标本在干燥过程中,不致因收缩变形,应保持标本与原来躯体大小基本相同、外形基本相似。

九、整形

首先,将标本初步整理成确定要做的生活时的某种形态(最佳的方法是和同种活体动物作对照),并检查各部位填充的是否均匀、对称。可用手稍加揿、捏,及时想方设法加以补充和矫正。

其次,选取一块适当大小的标本台板,在台板上量取与四肢掌心相应的位置,用稍大于支架铅丝直径的钻头钻四个孔,然后将由四肢通出的铅丝插入孔中,而下端则弯曲成"L"状,以使四肢固定在标本台板的底面。凡是营树栖生活的种类,如松鼠等,最好将其固定在附有标本台板的树枝上。

用镊子先将眼眶整圆,并将眼眶中的填充物压实,填入少许油泥(或加入少许白胶),取一对与原来眼球颜色相同,大小较眼睑稍大的义眼,嵌入眼眶内,并用针挑拨,使眼眶遮住义眼的边缘。然后,整理脸部表情。最后,将整体检查一遍,适当加以调整,直至各部位的形态基本相似后,置于通风的地方晾干即成。

第八节 中型兽类标本的剥制

中型兽类标本的剥制,与小型兽类标本的剥制基本上是相同的,但应该特别注意以下问题。

在制作各类标本之前,要对标本进行较详细的测量和记录,其外部测量(单位:mm)方法如下。

① 体长:头的先端到肛门。
② 尾长:肛门至尾端,尾毛不计在内。
③ 后足长:踵关节至最长趾趾端,爪长不计在内。
④ 耳长:耳基部至耳尖,耳尖簇毛不计在内。
⑤ 耳屏:耳壳前面的一个小突起。
⑥ 臂长:从肩到腕的距离。
⑦ 肩高:由肩背水平线至足底水平线的距离。
⑧ 臀高:由腰带背水平线至足底水平线的距离。
⑨ 胸围:在前肢后面,以卷尺围绕躯体的量度。
⑩ 腰围:在后肢前面,以卷尺围绕躯体的量度。

若耳壳较大,需用厚纸板或塑料板装入耳壳的皮肤中,以代替剥去的软骨。

假体的充填:由于中型兽类体形较大,需要强度较大的支架撑持,所以头部、四肢和尾部的铅丝支架不是用绳或细铅丝结扎,而是用硬杂木和铅丝构成的,这种结构,支架不会松动、变形,有较强的支承力。

制作方法:选取一块长方形硬杂木,其长度比躯干稍短,分别打四个孔,孔径的大小比穿入铅丝的直径略大(图 5-34)。

木块打孔之后,先把头骨(若头骨已被取下做头骨标本用了,应用木头做一个近似原头骨但稍小的模型)用铅丝固定好,另一端固定在木块上,铅丝的长度就是颈项的长度。

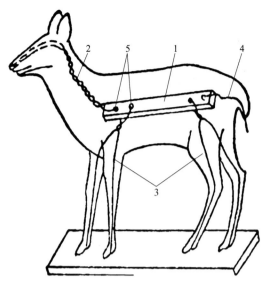

图 5-34 中型兽类铅丝木块结构安装法
1—硬杂木块；2—头颈支架；3—四肢支架；4—尾支架；5—木块打孔位置

然后在头骨上薄薄铺一层棉花（模型应多填一些），再填充颈项。

把固定在木块上胸腹的两根铅丝分别穿入前肢和后肢。方法是在铅丝上缠绕棉花或其他充填物，做成假肢，缠绕一根，穿上一根，四肢穿齐再穿尾部。同样先在铅丝上缠绕棉花，作成假尾后再插入尾部，铅丝在尾尖露出，待整形后再剪去。

铅丝骨架全部穿好后，充填整个躯干部，并检查颈项和四肢的充填情况，根据测量记录，加以补充或削减，务使充填后略比生活时稍大，以抵消干燥后的收缩。充填完毕进行缝合，然后装在台板上整形（图 5-35）。

图 5-35 整形后的姿态

第六章
骨骼标本制作

骨骼标本指的是脊椎动物在剔除肌肉，将其骨骼经过化学药品腐蚀、脱脂和漂白后，利用韧带或细金属丝来联系骨与骨之间的关节，或者将动物剥皮，去内脏，利用化学药品使骨骼着色、肌肉透明，透过肌肉可见骨骼，这样处理并整形后的标本。

在制作骨骼标本之前，首先必须了解该种动物骨骼的基本构造和位置，以利于在制作过程中不损伤骨骼，不遗失较小的骨头，使制出的骨骼标本完整，具有实用价值。

第一节 制作骨骼标本的工具、器材和药品

一、工具

解剖器、钢丝钳、小锤、注射器、天平。

二、器材

玻璃水槽、搪瓷盘、量筒、烧杯、玻璃棒、铜丝（16号、22号）、白胶、橡皮手套、台板、标签。

三、药品

制作骨骼标本常用的药品，基本分三大类。

1. 腐蚀剂

氢氧化钠（NaOH）或氢氧化钾（KOH），为白色固体，具有强腐蚀性，用作腐蚀肌肉；也有一定的脱脂作用，常用浓度为 $0.5\% \sim 0.8\%$。

2. 脱脂剂

汽油为无色或淡黄色溶剂，具有溶解骨骼中脂肪的功能，效果甚佳，但因易燃和易挥发，故容器要加盖。

3. 漂白剂

常用漂白剂有两种。

① 过氧化钠（Na_2O_2） 为淡黄色粉末，溶于水后产生氧，溶于稀酸生成过氧化氢，

具有强氧化性，用作漂白剂、氧化剂和消毒剂。常用浓度为 0.5%～1.5%，用作骨骼漂白剂，它与水接触后，剧烈放热，使用时切勿与手直接接触，以免灼伤皮肤。由于空气中的 CO_2 和 H_2O 与 Na_2O_2 反应，所以用后要密封保存。

② 过氧化氢（H_2O_2） 市售为瓶装液体，一般浓度为 3%～5%，具有漂白功能，用作骨骼的漂白剂，但因价格较高，一般仅作小型骨骼的漂白之用。

第二节　普通动物骨骼标本

在普通骨骼标本中，以细金属丝来联系关节的，主要适用于较大型的脊椎动物，例如狗、梅花鹿等。它们的骨骼较粗大，不能利用骨骼关节间的韧带来联系，需要把关节分离后进行处理，然后用金属丝把骨骼串连起来。而一些常用教学代表动物，例如鲫鱼、青蛙、龟、家鸽和家兔等，这些动物的体形不大、骨骼细小，在制作骨骼标本时，很容易利用韧带将骨与骨之间的关节联系起来，称这种骨骼标本为附韧带的骨骼标本。附韧带骨骼标本的制作方法最为简单，取材广泛，实用性强。下面以青蛙为例，介绍一下附韧带骨骼标本的制作方法。

一、常用药品及器具

1. 常用药品

根据制作骨骼标本的过程，常用药品基本上可以分为三大类。

（1）腐蚀剂

主要作用是腐蚀残留在动物骨骼上的肌肉，使骨骼清晰和洁净。常用药品如下。

① 氢氧化钠（苛性钠或烧碱，NaOH） 白色固体，容易潮解，是一种强碱，具有很强的腐蚀性。它的主要作用是腐蚀肌肉，但也有一定的脱脂作用。常用浓度为 0.5%～2.0%。

② 氢氧化钾（苛性钾，KOH） 白色固体，是一种强碱，易潮解，具有较强的腐蚀性。主要作用与氢氧化钠相同。常用浓度为 0.5%～2.0%。

上述两种腐蚀剂的质量浓度，主要是根据动物体的大小、脂肪的多少、骨骼的硬度和处理时气温的高低来确定的。动物体小、气温高、脂肪少、骨骼较软者，其浓度可低些，反之，则浓度可略高些。总之，腐蚀剂的浓度不宜过高，否则容易腐蚀断韧带，使骨骼分离。最好在低浓度下，稍加长点腐蚀时间为宜。

（2）脱脂剂

这类药品的主要作用是溶解、清除骨骼和骨髓中的脂肪，使标本不渗油，耐保存，不易粘灰尘。常用药品如下。

① 二甲苯 [$C_6H_4(CH_3)_2$] 无色、易燃液体，不溶于水，常用作有机溶剂。其主要作用是能溶解骨骼中的脂肪。

② 汽油　无色或淡黄色的液体，挥发性强，易燃烧。作用与二甲苯相同。

（3）漂白剂

这类药品的主要作用是对骨骼进行漂白，使其美观耐保存。常用药品如下。

① 过氧化钠（Na_2O_2） 淡黄色粉末，溶于水后产生氧气，溶于稀酸中则生成过氧化氢，具强氧化性，可对骨骼进行漂白和消毒。由于其易与水和二氧化碳反应，所以应密闭保存。常用浓度为 0.5%～1.5%。

② 过氧化氢（H_2O_2） 俗称双氧水，无色液体，具较强的氧化性，常用浓度为 3%～5%。

③ 漂白粉［主要成分 $Ca(ClO)_2$］ 白色粉末，具较强的氧化性。常用浓度为 1%～3%。

2. 常用器具

工具有解剖刀、解剖剪、镊子、天平等。器皿宜选择玻璃质的，包括玻璃水槽、搪瓷盘、标本缸、量筒、烧杯、玻璃棒等。

二、制作方法及过程

附韧带骨骼标本的制作过程主要有处死动物、剔除肌肉和内脏、腐蚀、脱脂、漂白、整形等几个步骤。

（1）处死动物

选择个体较大、发育成熟的青蛙或蟾蜍，将其放在标本瓶或罐头瓶中，投入一团浸有乙醚的棉团，盖严瓶口，使其麻醉致死。

（2）剔除肌肉和内脏

将麻醉致死的青蛙或蟾蜍腹面向上置于解剖盘中。用解剖剪剪开腹面皮肤，由后向前剪开，切勿剪到胸部肌肉，以免剪坏剑胸软骨，然后将皮肤向两侧剥离。如果所用材料是蟾蜍，在剥皮时应注意避免耳后毒腺中的毒液溅及眼睛。

剥完皮肤后，剪开腹腔，小心取出内脏。由于两肩胛骨无韧带与脊椎相连，所以，应在第 2～3 脊椎横突上，将左右肩胛骨连同肢骨与脊椎分离，使整个蛙体分为两大部分。接着将其放在开水中烫 3～5min，然后特别小心地剔除附着于骨骼上的肌肉，做到能够剔除的应尽量剔除掉，但在各关节处应避免损坏韧带，可适当多留些肌肉。

另外，还可以用水腐法剔除肌肉。具体做法是把剥皮、去内脏和去掉大块肌肉的骨骼浸泡在水里，放在阳光照射的较热处，让其肌肉自然腐烂分解。待肌肉腐烂后，取出用清水边冲边清除残留的肌肉。

（3）腐蚀

将剔除肌肉的骨骼用清水冲洗干净，浸入 0.5%～0.8% 的氢氧化钠溶液中，利用碱液腐蚀掉残留在骨骼上的肌肉，使骨骼干净。在碱液中浸泡 1～3d，残留肌肉在碱液的作用下，膨胀成半透明状态。

夏天或室内温度较高时，注意防止骨骼间的韧带脱开，若发现韧带发软时，应立即将骨骼从腐蚀液中捞出，转入 8% 福尔马林中。数小时后韧带硬化，取出用清水冲洗，再浸入碱液中，直至附着在骨骼上的肌肉透明为止。这时将骨骼取出，用清水漂洗去药液，再用解剖刀把残留在骨骼上的肌肉剔除干净。

（4）脱脂

氢氧化钠和氢氧化钾等碱液在腐蚀肌肉的同时，也具有一定的脱脂作用，但为了彻底地清除脂肪，还要进行脱脂。

将经过腐蚀剂处理后的骨骼晾干，置于标本瓶或罐头瓶中，然后慢慢加入纯净的汽油或二甲苯，以淹过骨骼为准，盖好瓶口。利用汽油或二甲苯来溶解骨骼中的脂肪，达到脱脂的目的。浸泡时间为 3～5d。

（5）漂白

将脱脂后的骨骼用清水冲洗一会，晾干后浸泡在 0.5%～0.8% 的过氧化钠溶液中 2～4d。待观察骨骼洁白后取出，用清水冲洗干净。

（6）整形

将经过上述处理后的骨骼放在一块塑料泡沫板或胶合板上，把躯体和四肢的姿态整理好，用大头针固定在板上。在下颌和胸椎骨下面用纸团垫起，头部抬起并稍倾斜，使其呈生活姿态。把分离的两肩胛骨附着在第 2～3 脊椎横突的两侧。整形后将其放于通风处晾干。骨骼干燥后，用乳白胶将两肩胛骨粘住，并将前肢的腕骨和后肢的踝骨也粘在台板上，贴上标签。至此一副青蛙或蟾蜍的骨骼标本就制成了（见图 6-1）。最好将制作好的骨骼标本置于玻璃盒中保存。

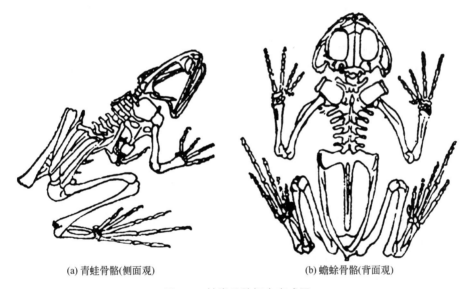

(a) 青蛙骨骼(侧面观)　　(b) 蟾蜍骨骼(背面观)

图 6-1　蛙类骨骼标本完成图

其他动物骨骼标本的制作过程和方法也如此，只是在腐蚀、脱脂和漂白的时间上略有不同而已。

三、制作蛙类骨骼标本的简便方法

1. 肥皂水煮沸法

将处死、剥皮、去内脏和基本上剔除肌肉的青蛙和蟾蜍骨骼浸入 1% 左右的肥皂水里，加热煮沸 10min 左右。因为肥皂水既能腐蚀残留在骨骼上的肌肉，又能使骨骼脱脂和漂白。从肥皂水中取出骨骼用清水冲洗干净，并剔除残留的肌肉，然后可以整形固定在台板上了。

2. 虫蚀法

将剥皮、去内脏和剔除大块肌肉的青蛙或蟾蜍的骨骼置于一适当大小的铁盒中，使其呈生活姿态，盖好盒盖，在盖上用铁钉钉几个小洞。将铁盒埋在蚂蚁较多的地方。夏季 30～40d，蚂蚁即可将残留在骨骼上的肌肉啃光。取出骨骼后放在 1% 左右的肥皂水中煮 5min，进行脱脂和漂白，用清水冲洗干净，就可以整形固定了。

另外，还可以将整形干燥后的动物骨骼浸入到 40% 缩丁醛树脂的乙醇溶液中。浸泡约 5h 取出，置于通风处让其自然干燥。用此法处理的标本，在骨骼表面附着一层透明的塑料薄膜，表面光滑，结构清晰，关节牢固，有利于长期保存。

第三节　鲫鱼骨骼标本的制作

一、选择标本和标签

制造鱼的骨骼标本，要选用新鲜鱼，最好是用活的鱼为材料，因为不新鲜的材料的骨骼是不坚固的。个体选取大小适中，注意骨骼的完整性，特别是支持鳍条的骨骼很小，并且彼此是不连的，更要注意齐全。

选取鱼的骨骼标本后，可用生的材料制成；其优点是颜色洁白有光泽，骨的联结较坚固。

二、处死和剔除肌肉

将鱼杀死以后可放在解剖盘里，用清水冲洗，先用窄面的解剖刀将鲫鱼体外的鳞片刮去，再把胸鳍和腹鳍取下，放置在一个小型容器内，注意保存。然后由肛门前端沿腹中线至胸鳍后端剖开，挖除全部内脏。腰带是一对愈合的、剑状的无名骨，是支持腹鳍的骨骼，应将其取下，并剔除肌肉后另行保存。然后，用窄面解剖刀分别从头部背脊两侧，向后纵行剖开，用弯镊子镊住皮肤，用刀逐渐割去附着在脊柱两侧的肌肉。剔除鱼骨上的肌肉应该特别细致小心，因为鱼的骨骼特别纤细，尤其是椎骨间的连接和支持鳍条的小骨，极易损坏。软骨部分也必须像硬骨一样进行处理，特别是头部的舌骨、椎骨和肋骨间的软骨要细心谨慎。剔除肋骨间的肌肉后再用直形镊子和长针，小心地将脑和眼球挖出，而头部和肩带上的肌肉不易除净，尽可能把它剔除即可。对于一些残留在骨骼上的肌肉，可待腐蚀处理之后再行剔除。

骨骼去肉时，可以先将头骨跟躯干骨分开，分离处是第一躯椎骨与头骨相连处，要注意肋骨与脊椎相连，鳍与鳍条骨相连。头部骨要把鳃盖骨分出，上下颌骨分出，另放一个小型的容器内。在分离某些小骨时，要特别注意它们的位置，以免连接时发生困难。在剔除脊柱肌肉时不要弄断，可以在锥孔里通铅丝一根，以防脊柱断开。

三、腐蚀和脱脂

将上述已除肉的骨骼，浸泡在 0.5%～0.8% 氢氧化钠溶液中 1～4d 后取出，用清水冲洗，并用刷子或窄面刀把残肉除去。做这一工作要特别细心，把鱼骨骼放在解剖台上放平轻刮；并且要随时观察骨骼的浸泡程度，如果浸泡时间太短，不利于去净骨骼上的残留肌肉，浸泡时间太长会腐坏韧带和软骨。此外，还要根据不同的气温决定浸液的浓度，一般高温季节要降低浓度，并须经常观察，避免关节分离。同时浸入汽油中 7～10d 脱脂。

四、漂白

将浸后去肉的骨骼进行漂白。漂白之前先将骨骼在清水内冲洗，然后将骨骼整理成自然状态，因为漂白后骨骼变硬就不易变动了。漂白前把骨骼最好放在日光下晒干，因为在日光下晒有漂白作用。

漂白的方法有几种，常用的方法是将骨骼浸入 0.5%～0.8% 过氧化钠溶液中 1～4d，待骨骼洁白后取出。如果小孔处不易漂白，可用毛笔蘸上漂白水溶液轻轻地刷涂。漂白骨骼切勿用漂白粉，因为它能把韧带弄断，同时漂白出来的骨骼标本也不理想。鱼骨骼经过漂白以后，放在展平板上进行整形和装架。

五、整形和装架

将鱼的头骨与脊柱轻轻分开，先将鱼的头骨整理好，用桃胶将脑颅和上下颌骨粘好，同时在颅上的缝隙处放些桃胶（可使用长针），以免日久破碎，头骨整理好后，再取一根细铅丝从脊柱椎管中自头端插入直至尾端，把脊椎穿好后，再把鱼头插在铅丝上。然后把鱼骨侧放，将鱼各鳍展成自然姿势，用牛皮纸夹住，待晒干后取下，胸鳍和臂鳍可用胶粘上，腹鳍用一根细铜丝固定在应有的部位，其余连接不很坚固的地方，也都要用细铜丝把它连上，以保持其原来的样子。最后，用两根粗些的铜丝把鱼骨脊柱的前后支起，便成了一套完整的鱼骨标本。如果整套鱼的骨架散了，可用白胶一块块地粘连上，再穿上铁丝，也能制装成一整套鱼的骨骼标本。鳃弓、基舌软骨都要分别固定在托板上，而鳃盖骨要固定在头部应有的部位。

装盒最好是用上面窄一些，下面宽一些，这样标本放进去比较稳定。四周用木板，板上涂上黑漆，如果板里放上紫色绒衬更美观一些。最好再装进玻璃盒，以便观察。盒内放些樟脑块，可使标本永久保存（图6-2）。

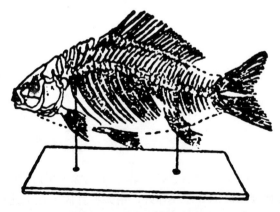

图 6-2　鱼类骨骼标本的装立

第四节　蟾蜍骨骼标本的制作

一、选择标本及标签

在制作蟾蜍骨骼标本时，应选用不同性别的成年蟾蜍（幼年蟾骨骼松软不易做成），注意骨骼的完整性，特别注意指骨、趾骨的完整及肩带骨形状的自然位置。

选择骨骼标本后，要及时编号登记入册，蟾蜍标本较小，可用硬纸片作标签，装盒前改用纸标签贴在盒内适当位置，一定要用黑墨水书写。

二、处死和剔除肌肉

将蟾蜍置于密封的标本瓶中，用乙醚麻醉致死，5min 后取出，置于解剖盘中，用剪刀剪开腹面皮肤，切勿剪到胸部肌肉，以免剪伤剑胸软骨，蟾蜍皮肤极易剥离，四肢皮肤要剥到指、趾端。在头部后方有一发达的耳后腺，分泌的毒液中含有蟾酥，剥皮时应避免溅入眼睛，引起疼痛，如已溅入，也不必紧张，可用清水洗净。

皮肤剥除之后，剪开腹腔，除去内脏，注意区别雌雄，应在腹腔内脏中区分。由于两肩胛骨无韧带与脊椎相连，所以必须在第二、三脊椎横突上，把左右肩胛骨连同肢骨与脊椎分离，使整体骨骼分成两部分。

细心地把附着在全身骨骼上的肌肉剔除干净，在剔除荐椎横突与髂骨相关的肌肉时，应特别小心，宁可暂时留多一点肌肉和韧带，避免躯干与腰带相关节的韧带分离。

三、腐蚀和脱脂

将上述已除肉的骨骼用清水洗去污垢，浸入 0.5%～0.8% 的氢氧化钠溶液中 1～3d（容器应为玻璃缸或陶瓷缸），取出用清水洗去药液，用刷子和小刀刮去残肉，蟾蜍骨骼可不通过汽油脱脂而直接进行漂白。

四、漂白

将浸后去肉的骨骼移入 0.5%～0.8% 的过氧化钠溶液中 2～4d，见骨骼洁白取出，用清水漂洗数次。

五、整形和装架

取一块比标本稍大的泡沫塑料板或软质木板，下面涂一层白蜡或贴一张塑料薄膜，把骨骼放在其上，将躯体及四肢的姿态整理好，用大头针固定在上述板上，在下颌及胸腔中，用纸团填起，使其呈生活时抬头扑食状。这时，前肢及肩带按原位置放到第二、三颈椎横突的两侧，见已干燥即用白胶粘上，前肢的腕骨、指骨和后肢的跗骨、趾骨均须在板上整理平直，为不使干燥后变形，最好在各足上加上一块1cm厚薄的塑料，用大头针固定，待骨骼完全干燥，除去各部大头针，由于订标本的板上涂有白蜡或塑料薄膜，所以标本可完整地拿起。

再在坐骨处钻一与20号铜丝直径相等的孔，取一根长约16cm的20号铜丝，由小孔穿入一半（8cm），然后弯曲扭成绳状，固定在台板上，使标本站立，观察方便，若能按标本大小做一木框，前后装上玻璃，标本置入其中既能得到保护，又美观实用（图6-3）。

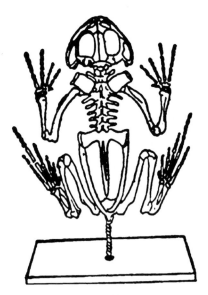

图 6-3　蟾蜍骨骼标本的装立

第五节　龟类骨骼标本的制作

龟骨的主要特征表现在它的背、腹面都被有坚厚的甲，躯干部的脊柱、肋骨和胸骨与甲板愈合，所以在制作龟类骨骼标本的程序中要有特定的步骤。其制作步骤如下。

一、选择标本和标签

选取中等大小体形的活龟作为制作材料。标本制作后装架时要把背甲和腹甲连成活扇，然后固定在托板上，并在托板上贴上标签。

二、处死和剔除肌肉

将龟用乙醚熏死后，把腹甲用小锯锯开，用刀沿腹甲周围剖开皮肤和肌肉，取下腹甲挖出内脏，放在锅中煮半熟，取出后剔除皮肤和肌肉，再把左右肩胛骨上端从颈椎板两侧把它割下，然后再剔净肌肉，背、腹甲表面的角质鳞可待腐蚀处理之后再行剔除。

三、腐蚀和脱脂

龟类骨骼的腐蚀和脱脂方法、药剂以及腐蚀时间，可参照兔的骨骼标本制作方法进行。

四、漂白

龟类骨骼的漂白方法和使用的药剂以及漂白时间，亦可参照兔的骨骼标本制作方法进行。

五、整形和装架

将已漂白的龟骨骼进行整理以后，置于日光下晒干，再用一根比较粗的铁丝，由尾部向上穿，一直穿到头骨里，这是骨干，然后在背甲两侧的第二缘甲板边缘，即前肢肱骨的两侧位置上，各钻两个小孔，用尼龙线穿过孔中，把前肱骨缚住，肩胛骨上端用白胶粘在颈骨板的两侧，这样，前肢的带骨、肢骨与肩胛骨相连。背甲和腹甲的一侧，安装一小铰链将其相连，或将铜丝弹簧穿在背腹甲的边缘，在背甲的腹面将弹簧和铜丝铆住。在另一侧安装小挂钩，使腹甲可以开启和关闭，便于观察。最后将此骨骼标本固定在标本台板上，支柱是用两根 18 号铜丝，把中间绞合后，使其一端弯曲成"Y"形，并把它固定在背甲下侧（第九或第十一缘甲板边缘处）的钻孔中，下端则固定在标本台板的底面。标本制成后，将骨骼标本放在两面或一面装有玻璃的木盒中，便于观察。盒内放些樟脑块，可使标本永久保存（图 6-4）。

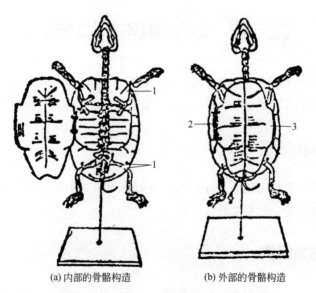

(a) 内部的骨骼构造　　(b) 外部的骨骼构造

图 6-4　龟的骨骼标本的装立
1—四肢的固定位置；2—弹簧铰链；3—搭钩

第六节　蛇类骨骼标本的制作

一、标本选择

选取新鲜蛇作骨骼标本材料,并要求骨骼完整无缺。

二、处死和剔除肌肉

标本制作前将选取的活蛇放置于容器内(捕蛇必须戴防护手套,注意防止被蛇咬伤),将乙醚置于容器内密封将蛇处死,然后取出蛇放置解剖盘内,用剪刀从蛇腹部中央剪开至距蛇头和蛇尾还有相当距离时停止,除其内脏后剥皮。剥皮先从中央剪成两段,向头尾两端退脱,当退至口部嘴唇再往下剪时要细心,切勿损伤头骨;当剥皮至尾部时不能用力过猛,防止扯断尾部,然后再顺脊椎两侧用小刀和镊子慢慢进行剔除肌肉,切不可损伤髓棘和两旁的肋骨。

三、腐蚀和脱脂

当蛇骨骼上附着的肌肉大部分被剔除以后,放入2%~3%氢氧化钾溶液内浸泡1d左右,注意检查,若发现骨骼上的残留肌肉有溶化现象,应及时取出放至清水中冲洗,然后再放入1%~2%氢氧化钾溶液内浸泡。由于浸泡骨骼上的附存肌肉比前次少,所以后1次浸液氢氧化钾溶液的浓度要比第1次浸液的浓度小一些,待到浸液中浸泡的蛇骨骼上附着的肌肉全部剔除就转到脱脂工作。脱脂方法是将蛇骨骼放至3%氢氧化钾溶液中,1~2d即可脱去脂肪。

四、漂白

蛇的骨骼标本漂白是将蛇骨骼放到3%氢氧化钾溶液中浸泡1~2d,或浸入0.5%~0.8%过氧化钠溶液中1~4d进行漂白,待蛇骨骼洁白后取出立即放入清水中洗净,然后进行整形。

五、整形和装架

用一根钢丝从头端穿至尾端,将蛇脊椎(蛇骨主干部分)穿连起来,然后将其整形成蛇生活时的姿态。若有个别椎骨散掉,可用骨胶粘好,最后把整过形的完整的蛇骨骼标本用铁丝卡子固定在托板上(图6-5),然后装进玻璃盒内,以便于观察。为了防止虫蛀骨骼标本,使其长期保存,盒内需放置樟脑块。

图 6-5 蛇骨骼标本的装立
1—带玻璃面的盒；2—铁丝

第七节　家鸽骨骼标本的制作

一、选择标本和标签

因为教学和科研的需要，在制作骨骼标本时，最好选择不同性别和不同年龄的骨骼，制成一系列的骨骼标本。在选择时，要注意骨骼的完整，特别是头骨和四肢的完整，因为这些部分是研究形态、分类和教学上最重要的部分。在实验室中，往往要求齐备一套公母成幼的全身骨骼标本，而同类标本只需留头骨，其他部分的骨骼可以舍弃不用。教学用的骨骼标本，各纲要有代表动物的整体标本，也要有分散的标本，便于使用。

选择骨骼后，将骨骼编成号码，记录于登记簿上，分类研究标本、骨骼的编码，务必与外皮标本（剥制标本）的编码相一致，这样外皮标本和骨骼标本成为完整的一套，然后选用小木板或小竹片作标签，在标签上用黑墨水注明号码。

二、处死和剔除肌肉

制作家鸽的骨骼标本，一般先处死。处死的方法有两种：一种是用手捏住它的两肋和鼻孔，使其窒息而死；另一种是用注射器在翼下肱静脉注射空气，也能使家鸽很快死去。如系枪击而死，损伤骨骼又在重要部位，则不能使用。

制作家鸽的骨骼标本，先是剥皮和去肉。将家鸽仰放于搪瓷盘内，从胸部中央纵线切开皮肤，向两侧剥去全身皮肤。剥皮应尽量剥到四肢末端，接着剖腹挖去内脏。剖腹时，注意勿伤胸骨和肋骨上的软骨，去肉时，用刀小心，尽可能刮去附在骨骼上的肌肉，刮去越多越好，但不要伤及骨骼及小骨连接的韧带，特别要注意刮除尾部肌肉时，勿使末端尾椎骨脱落，刮除前肢肌肉时，勿使指端小指骨脱落，刮除后肢肌肉时，勿使埋在肉中的小膝盖骨丢弃。当胸及四肢肌肉剔除后，小心用刀在枕骨与寰椎处划断，取下头颅，除去颜面肌肉，用小刀挖出眼睛，不要挖破眼眶。取脑髓时，通常用镊子夹住小团棉花，从枕孔伸入舀出，也可用一根粗铁丝，一端敲扁，作成小匙，舀出脑髓。同样的，用铁丝通入脊椎中，即可捣出脊髓。要特别留心舌骨，不可丢失。

三、腐蚀和脱脂

骨骼上的肌肉基本刮除之后，先放入水中清洗，去其污垢，放入0.8%的氢氧化钠（或氢氧化钾）溶液中浸泡 2～4h（容器要求是玻璃缸或陶瓷缸），溶液内注意不要落入金属碎屑，以免影响骨骼变色，待骨骼上残留的肌肉呈透明状，易于刮除又不至于使韧带受损时，取出骨骼，用清水洗涤，再用刷子刷去剩余残肉，对尚不易除去的残肉，用小刀轻轻刮除。此法较麻烦，却最可靠，故常用之。骨骼上的肌肉基本清除干净后；放入汽油中脱脂 2～4d，油脂即可除尽。再把已脱脂的骨骼放进 0.8% 的过氧化钠溶液中 2～4d，见骨骼洁白取出，用清水洗净即成。此外，还可浸在 3% 的过氧化氢溶液中进行漂白，浸泡时间为 2～4d，注意经常观察，以免因漂白过度而损伤骨骼关节间的韧带。漂白后取出清洗即可。

四、整形和装架

漂白的骨骼，略加整理，置于阳光下或通风处，见韧带将要干燥时，在腰椎的前端腹面钻一小孔，取一根约 2 倍体长的 16 号铜丝，将其一端由颈椎插入，在腰椎下面所钻小孔中穿出。在颈椎的前端 2cm 的铜丝上，绕紧一圈棉花，蘸上白胶，插入脑颅中（图 6-6），再以从腰椎穿出的铜丝作支柱，向下弯曲成适当角度，根据骨骼的高度和膝关节的曲度，把下端固定在标本台的底面上。这时，再把躯体整理成自然状态，前肢用 22 号铜丝或废旧漆包丝绞合起来（图 6-7），后肢保持一定的曲度，各趾用大头针固定在台板上（图 6-8）。

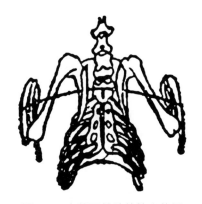

图 6-6 家鸽两前肢的绞合位置

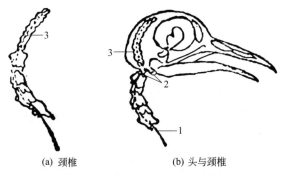

(a) 颈椎　　(b) 头与颈椎

图 6-7 鸽骨骼标本颈椎与头穿连图
1—脊柱的串连和固定；2—头与颈椎的串连和固定；3—蘸有白胶的脱脂棉

图 6-8　家鸽的骨骼标本

第八节　家兔骨骼标本的制作

一、选择标本和标签

选取兔子做骨骼标本时,最好不要太小或太老的兔子,因为太小发育不完整,而太老又易损坏,用发育比较成熟的兔比较合适。

选择骨骼后,将骨骼编成号码,记录于登记簿上,分类研究标本、骨骼的编码,需与外皮标本(剥制标本)的编号相一致,这样外皮标本和骨骼标本成为完整的一套,然后选用小木板或小竹片作标签,在标签上书写号码(必须用黑墨水书写)。

二、处死和剔除肌肉

制作兔的骨骼标本,一般先用乙醚把兔麻醉处死或用空气注射法处死(就是用注射器套上针头,吸取 3~5mL 空气,将针头插入兔耳后侧边缘的静脉血管中,注入空气 1~2min 以后,兔子可以很快死去)。

把处死的兔子放在解剖盘里,用解剖刀或剪刀由腹面中央直线剖开皮肤,将四肢内侧直线剖开,再将毛皮剥去,然后用刀剖开腹腔,去掉内脏,并把腹腔周围的肌肉除去。

由于兔的前肢肱骨、肩胛骨与中轴骨骼之间仅有肌肉附着,没有韧带相连,肋骨与胸骨之间有肋软骨相连，胸骨末端有剑状软骨等部位，所以应耐心细致，避免造成关节间分离，同时注意不要使膝盖骨（髌骨）遗落。剔除脊柱上的肌肉，应先由背脊开始，将大片肌肉剔除，剔除肌肉不能将椎弓背面的棘突和椎弓两侧的横突剪坏，然后再将腰椎和尾椎上的肌肉大体上剔除干净，把适当长度和粗细的铅丝的一端锤扁，弯成小匙状并插入椎孔中，将脊髓捣碎后挖出，或放在盛有水的盆中边挖边冲洗。兔子前肢骨的骨髓腔中具有脂肪细胞所构成的骨髓，如果不剔除干净，放置一段时间后，脂肪就会从骨骼间隙中渗出而使骨骼由黄变黑，且易污染，从而影响标本的洁净和美观。一般用电钻或手摇钻在各长骨的两端正中央分别钻一个孔，直达骨髓腔中，并用注射器吸满水，套上针头，将水注入骨髓腔中，使骨髓排出，直到骨髓排尽。

由于兔的头骨上的肌肉不易剔除，可在枕孔与寰椎之间把它割离，从头的枕骨大孔，用探针除去脑后，将头骨放置锅中烧煮片刻（其他部位的骨骼均不宜采用烧煮的方法），用这样的方法很易剔除兔头骨上的肌肉、脑和舌，但烧煮时间不宜过长，以免头骨分散。对清除不净的残留肌肉，还可通过腐蚀作用之后再进行剔除。

三、腐蚀和脱脂

将附有残余肌肉的骨骼放在清水中冲洗（冬天用温水），然后将其浸入1%～1.5%氢氧化钠（NaOH）或1%～1.5%氢氧化钾（KOH）溶液中，使残留在骨骼上的肌肉因受药液作用而膨胀成半透明状态。一般浸2～4d，冬季约1周时间，如气温高可降低浓度，适当延长浸制时间，避免由于腐蚀过度而造成骨骼的关节分离。骨骼经过腐蚀剂浸制后，放在清水中，待洗净药液后，再用刀或剪把残留在骨上的肌肉剔除，并经常用水进行冲洗，直至完全剔除干净。

完全剔除了肌肉的骨骼，残留在骨骼中的脂肪一段时间后会逐渐由骨骼间隙中渗透出来使骨骼发黄，并容易沾染上灰尘，所以漂洗晾干的骨骼标本应及时脱脂。通常把标本放在盛有汽油的密闭器皿中，浸泡时间不拘，以标本上的脂肪和充血痕迹去净为原则，一般浸泡时间为1周左右。

四、漂白

去脂后的骨骼标本，用清水再一次漂洗后，浸于1%左右的过氧化钠溶液中3～5d，至骨骼洁白后取出，用水冲洗干净。最好将标本放置于大小适度的玻璃缸中漂白，能够在缸外观察检查，发现在规定时间内部分骨骼尚未洁白，还可适当延长一些时间，但浸制时间不宜过长，以免损害骨骼。骨骼漂白后用清水冲洗晾干。

五、整形和装架

将已漂白的骨骼整理成适当的姿态，放在日光下晒。为了防止干燥过程中变形，可用白纸团等垫在胸腔和肋骨等处或者用细纱绳吊挂在木框架中，再整理姿态后置于通风处晾干。

穿连是按照骨骼的原来部位，一块一块地用适当的铅丝联结上。铅丝由颈椎第一节（寰椎）脊髓腔中插入穿至尾端（荐椎）为止。寰椎前端多余的铅丝留待安装头骨。穿连时要随体形弯曲。肩胛骨和第七肋骨要用比较细些的铁丝联结起来，后肢和髋臼用胶粘住。为了保持各肋骨的间距和加强肋骨的强度，各肋骨之间用铜丝或滕包线进行联络并绞合，使铜丝先固定在腰椎上，然后分别向两侧浮肋方向绞合，再继续按顺序向前肋逐渐绞合，直至第一肋骨扭合在胸骨柄上以后，将多余的铜丝截断。绞合时应保持肋骨的适当间距和左右两侧肋骨的对称。前肢用一段铜丝，由第七颈椎侧面的穿孔处，横穿过颈椎。然后，铜丝的两端分别由两肱骨附近的结节间沟的钻孔处穿至肱骨下端，由后侧的肘窝伸出。肱骨头与颈椎间应保持 1.5cm 的间距。再将两端的铜丝附在尺骨和桡骨的后侧。并将四肢弯曲成适当的姿态。

安装头骨时，先用电钻在左右颧骨和下颌骨及枕髁和寰椎两侧上各钻好小孔，再取一根细铜丝绕成小弹簧后剪两小段，分别钩在左右颧骨和下颌骨的钻孔中，使上下颌相连。然后再将寰椎前端的铜丝略为弯曲，绕上棉花，蘸上白胶，塞入脑颅腔中，使头骨与颈椎相连。最后全面检查一遍，如果牙齿等骨骼残缺不全，可用白胶粘住。此外，上颌骨和下颌骨要用细铁丝绕成的小弹簧联结，使下颌可以上下活动。

骨骼整个穿结好以后，再用支架支撑，使标本站立起来。兔的骨骼标本上架时，先把脊椎用几束线吊起来，这样可以把脊椎的曲线吊出来，再把头部拉到架的前边，尾部拉在架的后边，四肢固定在架上。姿态整好并待它干透以后，就可以上托板。这时可用两根粗铁丝作支柱，每根支柱上端留出少许弯曲成"Y"形，下端留出少许作穿过标本台板固定用。两根支柱分别用来支头部和腰部，一般前后各用一根支柱分别托在第七颈椎和第六腰椎下面。再用大头针（尖端剪去一半）将前、后肢的指、趾骨和腕、掌骨固定在标本台板上。标本固定在标本台板的相应位置是将兔的四肢骨下端的铜丝穿入标本台板孔中，并固定在标本台板的底面（图 6-9）。

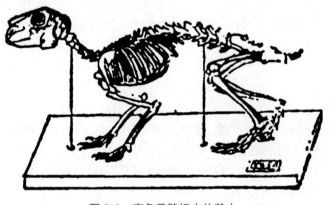

图 6-9　家兔骨骼标本的装立

第七章
透明骨骼标本制作

利用化学药品和染料，对剥皮、去鳞和去内脏的动物体进行固定和染色，然后再把肌肉上的颜色褪去，只保留骨骼上的颜色，并利用化学药品的作用，使肌肉透明，埋藏在肌肉中染有颜色的骨骼被显现出来。这种骨骼标本就是透明骨骼标本。

它主要适用于小型脊椎动物和它们的幼体或胚胎。由于它们的个体较小，骨骼软弱较纤细，很难将它们制成普通的骨骼标本，而采用透明骨骼标本的制作方法则比较容易做到。

第一节 取材及处理

所用材料的动物体形不宜过大，例如鲫鱼 10cm 以下、小鼠 7cm 以下，未脱去尾的青蛙和未出壳的小鸡均可。材料最好是新鲜的，对活的动物要麻醉致死。

对选用的动物首先剥皮和去鳞，除去内脏，用水洗净血污。在处理过程中要注意骨骼的完整性。

第二节 固定

把材料整理好姿态，用线绑在适当大小的玻璃片上，置于标本瓶或罐头瓶中。向瓶中加入 95% 乙醇溶液，以浸没材料为止，这样固定材料约 7d。最好每 2d 换 1 次乙醇，促进材料充分固定。如果有恒温箱，可将材料浸没于 95% 乙醇中，在 37℃ 的恒温箱中保温 24h，然后换入无水乙醇中，仍放在 37℃ 恒温箱内 8～12h。这时材料的组织基本上固定好了。用此方法固定材料，小型动物 2d 左右，稍大动物 3d 左右则可完成固定过程，节省固定时间 3～5d。

第三节 透明

将固定好的材料浸于 2% 氢氧化钾溶液中 2～4d，待材料肌肉呈现出半透明状态为止，这时从体表就能够隐约见到埋藏在肌肉中的骨骼。如果浸泡时间过长，骨骼容易离散。

第四节　染色

染色液的配制方法如下。

将茜素染料溶于 95% 乙醇溶液中，制成饱和溶液。然后用 1 份已配制好的茜素酒精饱和溶液，加 9 份 70% 乙醇配制成染色液。将透明好的材料浸入上述染色液中染色约 1d。

第五节　肌肉脱色和再透明

材料在染色时，骨骼和肌肉同时被染上紫红色，脱色就是脱去肌肉上的颜色，只保留骨骼上的颜色。将材料浸入由 1 份 2% 氢氧化钾、1 份甘油、2 份蒸馏水配制的混合液中 1～3d。在强烈阳光照射下，使肌肉脱为淡红色为止。再浸入 30% 甘油中 1d。最后移入由 1 份氢氧化铵、1 份甘油、2.5 份蒸馏水配制的混合液中 2～5d。这时材料的肌肉部分透明，骨骼为紫红色。

上述过程也可以采用快速脱色法。

快速脱色液的配法如下：重铬酸钾 2.5g、浓硫酸 3.5mL、硫酸铝钾 0.5g、蒸馏水 100mL。将药品依次放入水中搅拌溶解即可。将染色材料水洗 10min，移入快速脱色液中，当材料由紫红色变为黄褐色即可，需 5～10min。取出材料彻底水洗，再放入 1% 氢氧化钾溶液中浸泡 12～24h，这时骨骼由黄褐色又变为紫红色，肌肉则变为无色透明状。利用此法可节省 5～8d 时间。

第六节　脱水

材料经过上述过程处理后，肌肉已透明，而骨骼呈紫红色，可依次浸入 25%、50%、75%、100% 的甘油中脱水。一般每个级别的甘油应浸 2d 以上，具体时间应根据材料大小而定。经过上述处理后的材料就制成了透明骨骼标本。将其放入标本瓶中，加入纯甘油，封严盖，贴上标签即成为透明骨骼标本。

透明骨骼标本不应放在阳光直接照射的地方。因为透明物质在强烈阳光照射下会分解，使甘油浑浊，影响标本的质量。

第八章
沿海无脊椎动物标本采集与制作

第一节　海洋环境的特点和分区

一、海洋环境的特点

海洋环境与陆地环境相比，变化较小，稳定性强，这就为海洋生物的生存和发展提供了良好的条件。其特点如下：

1. 海水温度差别很小

海洋表面（海面到 30m 深处）温度的日变化，热带为 0.5～1℃，温带为 0.4℃，寒带为 1～2℃。300～350m 以下的海水，其年温差更小。不同深度的水层生存着不同的生物。

2. 酸碱度相当稳定

海水的 pH 值一般维持在 8.0～8.3 之间。

3. 海水中养料丰富

海水中含有多种营养盐类，如硅酸盐是硅藻构成细胞壁不可缺少的成分，而硅藻又是沿海某些浮游动物和贝类的主要食料。

二、海洋环境的分区

根据地形和水深的不同，海洋环境可分为两大地区：一个是沿岸地区，它是指从海陆相接处到海底 200m 深的部分，又称大陆架；另一个是深海区，即指深度超过 200m 以下的所有区域。

1. 沿岸地区

这个地区根据海水深度和物理化学特性的不同，又分为两个带：滨海带和浅海带。

（1）滨海带：指由高潮线到深约 50m 的地带，这一地带动植物种类较多。

（2）浅海带：指由 50m 到 200m 深的地带，这里动物种类较多，植物种类较少。

2. 深海区

本区根据水深和地形不同也分为两个带：倾斜带和深海带。

（1）倾斜带：指由 200m 至 2440m 之间的地带，这里坡度较陡，也叫大陆坡。

（2）深海带：指由 2440m 以下至最深的海域地带，这个地带的特点是水温低，海床柔软，环境稳定，但缺乏阳光，无植物生长，有少数动物均为肉食性。

3. 潮间带和潮汐

（1）潮间带

最高潮（大潮涨潮线）与最低潮（大潮退潮线）之间露出的泥沙或石质的滩涂地带叫潮间带，实际上就是有潮水涨落的地带。每当退潮时，潮间带海底露出水面，是进行海滨采集动物标本的主要场所。

大潮时，海水升至最高的界线称高潮线，海水落至最低的界线称低潮线；高潮线以上的部分称为潮上带，低潮线以下的部分称为潮下带。高潮线和低潮线之间便是潮间带。不论大潮还是小潮，都是在潮间带之间发生的。根据大小潮海水涨落的不同，潮间带又分低潮带、中潮带、高潮带。

① 低潮带　低潮带大部分时间为海水所浸没，只有每月两次大潮的低潮期暴露于空气中。此带是我们采集标本的重要区域，由于它长时间被海水浸没，必然会造成良好的海洋性环境，因而动植物种类繁多，数量较大。

② 中潮带　这个地带受风浪影响较大，尽管如此，动物分布的种类仍然不少，礁岩下、泥沙中、沙面上、凹洼处等都能找到动物的踪迹。

③ 高潮带　高潮带大部分时间暴露在空气中，仅在每月两次大潮期间才为海水所浸没，因而这个地带的动物种类较少，只有那些能抵抗日光曝晒、干旱、温度剧变的动物能在这里生存下去，像牡蛎、紫贻贝、藤壶等具有特殊保护性坚硬外壳的动物可在这个地带被找到。

（2）潮汐

① 潮汐的概念　潮汐是由于月球、太阳对地球各处引力不同所引起的海水水位周期性的涨落现象。世界上大多数地方的海水，每天都有两次涨落：白天海水的涨落叫做"潮"，晚上海水的涨落叫做"汐"。

② 潮汐产生的原因　潮汐是由月球和太阳对地球的引力作用产生的。因月球离地球近，所以月球的引力是产生潮汐的主要力量。当太阳、月球和地球差不多在一条直线时，太阳和月球联合起来吸引地球，吸引力增加，潮水就大，称为"大潮"，一般发生在农历的月初和月中；当月球和太阳对地球的吸引力成垂直方向时，吸引力抵消很多，潮汐最小，称为"小潮"，一般发生在农历的初七、初八和二十二、二十三。

但是，在月球吸引着海水的同时，地球还在自转。地球每天自转一周，其表面上的任何一点每天都有一次向着月球和一次背着月球，所以地球上的海水总有两次涨潮，两次落潮。

4. 采集标本的最佳时间和最好地带

（1）最佳时间

采集和观察动物的最佳时间是农历朔日（初一）和农历望日（十五）后 $1 \sim 2d$，每天采集的最好时间是在大潮的低潮前后 $1 \sim 2h$。

（2）最好地带

采集和观察动物的最好地带是低潮线以上的潮间带，尤其是低潮带，这里海滨动物分布丰富,是采集海洋无脊椎动物面,潮汐增加了氧气的吸收和溶解,而且随着它冲来的一些有机碎屑又为海滨动物提供了营养。所以当大潮的低潮线暴露出来时,我们要抓紧时间,适时采集。

第二节 沿海无脊椎动物标本采集的注意事项

一、了解海洋知识,安全第一

采集前,应广泛查阅有关海洋和海洋生物的资料,懂得一些潮汐的知识,了解涨潮、落潮的规律,以免潮水变化时惊慌失措。采集中如遇不认识的动物,不要轻易下手触摸,最好用工具采集或及时请教指导教师,防止被有毒动物伤害。如果是集体采集,应加强组织纪律性,严格按照指导教师的要求去做,不要擅自离队独自行动,避免发生意外。

二、做好物质准备,爱护用具

采集前,应把采集用的工具、药品、器皿、新鲜海水等准备妥当,同时还要配制好临时处理动物的药水。采集中转移地点时,应仔细检查所带用具是否齐全,避免丢失。对于铁器用具,采集归来后应及时洗净擦干,以备下次使用。

初到海边的人,往往会对大海产生强烈的新奇感,兴之所至,有可能不顾一切,见到动物就采集,这种心情可以理解。但是,采集者不应忘记保护生态环境,保护海洋生物资源。应该强调重视观察,多看动物的生活状态,有条件的还可以拍些动物照片。采集时要重视质量而不要过分追求数量。在采集中对于翻动过的石块或拨挑过的海藻等,要把它们恢复原状,以免破坏其他动物原来的生存条件。

三、妥善处理标本,及时记录

采集来的标本应分门别类放置在不同的瓶、管、桶、碗、杯中,并及时用不怕浸湿的纸张注明采集日期、地点、编号及采集者,养成细致、严谨的科学作风。

第三节 沿海无脊椎动物标本采集用的主要器械及工具

一、器械

手持放大镜:用于观察动物较细微的结构。
解剖器:包括解剖剪、解剖镊、解剖刀、解剖针。

解剖盘：整理固定动物标本之用。
搪瓷盘：用于整理标本和培养动物。
注射器：5mL 和 10mL 各若干个。
注射针头：5号、6号、7号各若干个。
量筒：100mL，配药用。
量杯：1000mL，配药用。
培养皿：大、中、小号，用于培养小动物。

二、用具

毛笔：刷取小动物。
铁锹：挖底栖动物。
铁铲：挖泥沙中的动物。
铁锤和铁凿：用于凿出固着在岩石上的动物。
小铁片刀：采刮附着在岩石上的小型动物。
塑料桶：盛标本。
塑料碗：捞取小型水母。
塑料袋：装标本用。

三、其他

标签、圆珠笔、棉花、纱布、橡皮等若干。

第四节　沿海无脊椎动物标本采集要点

一、海绵动物标本的采集要点

1. 生活环境及主要形态特点

日本矶海绵（*Reniera japonica*）：单轴目，寻常海绵纲（图8-1）。这是一种常见的沿海无脊椎动物。它主要长在海滨潮线的岩礁上，退潮时可在岩石低凹积水处找到。日本矶海绵通常成片生长，群体如丛山状，主要呈黄色，也有橙赤色的。在海港码头环境中，还生活着毛壶（见图8-2）和指海绵等海绵动物，它常附着于浮木、浮标及旧船底上。

2. 采集要点

用刀片、竹片或其他较硬的器械从基部把海绵轻轻刮下，因其体质柔软，体壁易碎，刮时要注意不要用力过猛。将刮下的标本放入装有新鲜海水的标本瓶中，不宜放置过多，以免相互挤压损坏。

第八章　沿海无脊椎动物标本采集与制作　　111

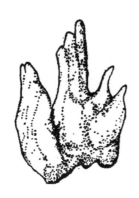 

图 8-1　日本矶海绵

图 8-2　毛壶

二、腔肠动物标本的采集要点

1. 生活环境及主要形态特点

（1）绿疣海葵（*Anthopleura midori*）

珊瑚纲，六放珊瑚亚纲，海葵目，海葵科。

绿疣海葵固着在岩石缝中或岩石上，体壁为绿色或黄绿色，口部淡紫色，有一对红斑。生活状态时，位于口周围环生的五圈触手伸长，颜色呈浅黄色或淡绿色，像一朵盛开的葵花，非常美丽。涨潮时触手完全伸出，借以捕捉食物；退潮或受到外界刺激时触手和身体马上收缩成球形。

（2）星虫状海葵（*Edwardsia sipunculoidos*）

珊瑚纲，六放珊瑚亚纲，海葵目，爱氏海葵科。

星虫状海葵固着在泥沙中的小石块和贝壳上，营埋栖生活，体细长，呈蠕虫形，因触手收缩时形似星虫而得名。体呈黄褐色或灰褐色，触手为黄白色或灰褐色。在水中自然状态下，触手展开于泥沙表面，受刺激时缩入泥沙中。

(3) 钩手水母（*Gonionemus vertens*）

钵水母纲，淡水水母目，花笠水母科（见图 8-3）。

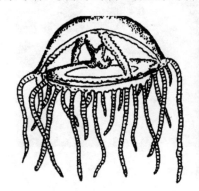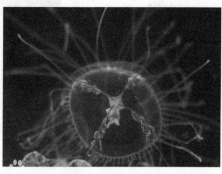

图 8-3　钩手水母

钩手水母在丛生的海草中营自由漂浮的生活，伞稍低于半球形，伞径 7～11mm，伞高 4～6mm，伞缘有触手 45～70 个。

(4) 海月水母（*Aurelia aurita*）

钵水母纲，旗口水母目，洋须水母科。

海月水母在海水中营漂浮生活，体呈伞形，伞缘有许多触手，伞的下面有口，口周围有 4 个口腕。生殖腺 4 条，马蹄形（图 8-4）。海月水母为乳白色，雄性生殖腺呈粉红色，雌性为紫色。

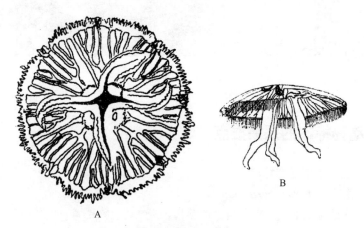

图 8-4　海月水母
A—海月水母口面观；B—海月水母侧面观

(5) 薮枝螅（*Obelia* spp.）

水螅纲，被芽螅目，钟螅科。

附着于海藻、海港浮木或其它物体上，营群体生活，有的种类高达 20～40mm。

2. 采集要点

(1) 绿疣海葵

在岩石缝或岩石上，距海葵固着部位约 3cm 处，用铁锤和铁凿将它连同岩石一起采下，尔后轻轻放入盛有海水的容器内，注意尽量不要伤及海葵。容器内的标本不宜放置过多。

（2）星虫状海葵

因这种动物的体色与泥沙颜色相近，故要仔细寻找观察才能发现。星虫状海葵埋在泥沙中，采集时不要急于动手，应静观等待其触手完全张开，恢复自然状态，再沿触手长度的边缘用铁锹挖一圆形坑把它挖出来，尽量挖得深一些，以免损伤其基部。最后，将海葵取出放入盛有海水的容器中。

（3）钩手水母

退潮后，在岩石间海草较多的 1m 左右深的海水中，轻轻拨动海草，静待片刻，观察水面，即会出现钩手水母。采集时应眼疾手快，迅速用碗或小网捞取，然后倒入装有新鲜海水的玻璃瓶或塑料瓶中。

（4）海月水母

这种动物与海蜇一样，在沿海岸地带不多见，一般需乘船采集。一旦发现这种动物，应用塑料盆连同海水一起舀起，尔后放入盛有新鲜海水的容器中。因为它的体内多胶质，极易破碎，所以采集和装入容器时应格外小心，并需经常更换海水。

（5）薮枝螅

可以连同附着物一起把薮枝螅采下，放进盛有海水的较大容器里。注意不要重叠放置，以免把它们闷死。

三、扁形动物标本的采集要点

1. 生活环境和主要形态特点

平角涡虫（*Planocera reticulata*）：涡虫纲，多肠目，平角涡虫科。

略呈椭圆形，前端宽圆，后端钝尖。体灰褐色，腹面颜色较浅（图 8-5）。

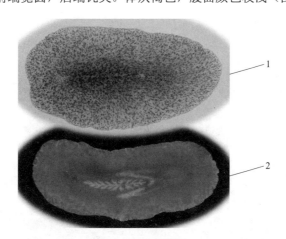

图 8-5 平角涡虫
1—腹面；2—背面

2. 采集要点

采集平角涡虫可翻动石块，在石块下面寻找。不论它是匍匐爬行还是静止不动，都需用毛刷将它轻轻刷下，放入盛有海水的小瓶中。由于这种动物分泌的黏液常缠绕其他动物，所以，应注意不要把它跟别的动物一起放在同一个容器中。

四、环节动物标本的采集要点

1. 生活环境及主要形态特点

（1）巢沙蚕（*Diopatra neapolitana*）

多毛纲，游走亚纲，欧努菲虫科。

巢沙蚕在沙滩或泥沙滩营管栖生活。管为膜质，表面嵌有贝壳碎片和海藻等，下部布满沙粒，管的上部约 20mm 露在沙外，平时巢沙蚕在管的上部活动，受振动后，迅速下行，通过管下方的开口进入泥沙深处。虫体一般较大，体呈褐色闪烁珠光，鳃为青绿色。

（2）鳞沙蚕（*Chaetopterus variopedatus*）

多毛纲，游走亚纲，鳞沙蚕科。鳞沙蚕主要分布于热带及亚热带的海洋区域，包括我国东海、台湾海峡等海域，相貌奇特，长约 10cm，覆盖着一层金绿色的刚毛，身上还生有短而粗的垂片，可以用来行走。鳞沙蚕栖息在泥沙内的"U"形管中，退潮后，在沙滩表面露出高约 1～2cm、相距 2 市尺❶ 左右的两个白色革质管口。用手捏闭一个管口，再轻轻压挤被封闭的管口数次，然后放开手，可看到另一管口缓慢流水，这就是鳞沙蚕的栖息地点。

（3）柄袋沙蠋（*Arenicola brasiliensis*）

多毛纲，隐居目，沙蠋科。

柄袋沙蠋大量吞食泥沙，消化其中的有机物和小型动物。柄袋沙蠋栖息于细沙底质，在"U"形管状的穴道中生活，穴口之间距离为 200～300mm。由于不断吞食，虫体头端上方泥沙下陷，形成漏斗状的开口；尾端开口堆积着不断排出的粪便。体呈圆筒形，前端粗，后端细，形似蚯蚓，故俗称海蚯蚓。活着时体色鲜艳，为褐或绿褐色，其上有闪烁的珠光；鳃为鲜红色，刚毛为金黄色。

（4）埃氏蜇龙介（*Terebella ehrenbergi*）

多毛纲，隐居亚纲，蜇龙介科。见图 8-6。

图 8-6　埃氏蜇龙介

---

❶ 1 市尺 =33.33cm。

虫体生活于弯曲的石灰质管中，外面常附有许多砂粒，栖管则固着于岩石缝、石块下或贝壳上，常常是许多个管子缠绕在一起。虫体前端较粗，后端较细。

2. 采集要点

（1）巢沙蚕

在泥沙滩表面注意观察，凡有一堆碎海草、砂砾、贝壳，中间有一管口的即为巢沙蚕管口。在管子上部振动，虫体将迅速下移，故采集时动作应轻一些，在离管口一定距离处用铁锹挖取。挖出后，轻轻捏管，可探知管内有无虫体，尔后将有虫体的管子放入盛有海水的容器内。

（2）鳞沙蚕

退潮后，在相距2市尺左右找到两个白色革质管口，向其中一个管口吹气，若另一管口喷水，即表明它是鳞沙蚕穴居的"U"形管。在两管中间划一直线，并用铁锹在线的一侧挖之，挖掘深度与两管口距离成正比。当见到与地面平行的横管时，即小心拿取全管放到盛有海水的容器内。

（3）柄袋沙蠋

它栖息于泥沙中，一般有两个穴口。尾部的穴口处常堆积有圆形泥沙条状的排泄物，形状如蚯蚓粪；头部穴口距尾部穴口约10cm处，是一个漏斗形的凹陷。采集时，用铁锹在离尾部穴口10cm处快速下挖，轻轻掘起，展开泥沙，将标本放入盛有海水的玻璃瓶中。

（4）埃氏蜇龙介

采集时，将管连同虫体一起取下，放进盛有海水的容器。

五、软体动物标本的采集要点

1. 生活环境及主要形态特点

（1）红条毛肤石鳖（*Acanthochiton rubrolineatus*）

多板纲，石鳖目，隐板石鳖科。

红条毛肤石鳖生活在潮间带中下区至数米深的浅海，足部相当发达，通常以宽大的足部和环带附着在岩礁、空牡蛎壳和海藻上，用齿舌刮取各种海藻。退潮后吸附在岩石上。身体呈长椭圆形（见图8-7），壳板较窄，暗绿色，暗中部有红色纵带。

（2）螺类（腹足类）

① 锈凹螺（*Chlorostoma rusticum*）：腹足纲，前鳃亚纲，原始腹足目，马蹄螺科。

锈凹螺生活在潮间带中下区，退潮后常隐藏在石块下或石缝中，以海藻为食，是海带、紫菜等经济养殖业的敌害。贝壳圆锥形（见图8-8），壳质坚厚；壳口呈马蹄形，外唇薄内唇厚。

② 托氏蜎螺（*Umbonium thomasi*）：腹足纲，前鳃亚纲，原始腹足目，马蹄螺科。

托氏蜎螺生活在潮间带沙滩或泥沙滩上，以中区为多，"常聚集成群，在沙面上爬行，经过处留下一条痕迹，很容易采到。贝壳低圆锥形（见图8-9），壳质结实，壳面通常为淡棕色，带紫红色或紫棕色波状花纹，非常漂亮，可制作工艺品。

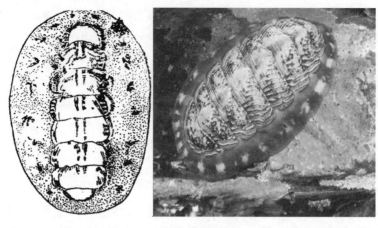

图 8-7 红条毛肤石鳖

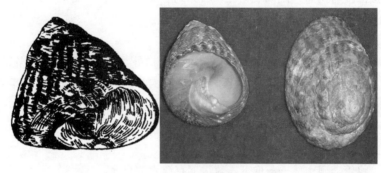

图 8-8 锈凹螺

图 8-9 托氏䗉螺

③ 朝鲜花冠小月螺（*Lunella coronate*）：腹足纲，前鳃亚纲，原始腹足目，蝾螺科。朝鲜花冠小月螺生活在潮间带中区的岩石间，贝壳近似球形，壳质坚固而厚（见图 8-10）。过去称这种螺为蝾螺。

④ 皱纹盘鲍（*Haliotis discus*）：腹足纲，前鳃亚纲，原始腹足目，鲍科。

皱纹盘鲍栖息于潮下带水深 2～10m 左右的地方，用肥大的足吸附在岩礁上。贝壳扁而宽大，椭圆形，较坚厚（见图 8-11）。这种动物以褐藻、红藻为食，也吞食小动物，常昼伏夜出，肉肥味美，是海产中的珍品。其贝壳（又称石决明）可以入药，也可以做工艺品。

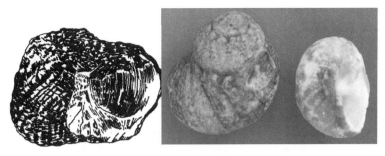

图 8-10　朝鲜花冠小月螺

图 8-11　皱纹盘鲍

⑤ 短滨螺（*Littorina brevicula*）：腹足纲，前鳃亚纲，中腹足目，滨螺科。短滨螺常在高潮线附近的岩石上营群居生活，成群地栖息在藤壶空壳或石缝中，而它自己的空壳又往往为小型寄居蟹所栖息。贝壳小型，呈球状（见图8-12），壳质坚厚，壳顶尖小，常为紫褐色。这种动物能用肺室呼吸，有半陆生和半水生性质。

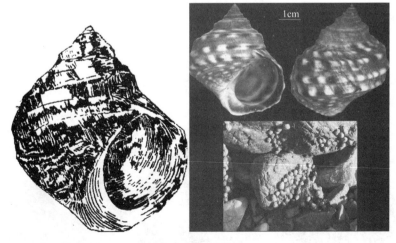

图 8-12　短滨螺

⑥ 古氏滩栖螺（*Batillaria cumingi*）：腹足纲，前鳃亚纲，中腹足目，江螺科。

古氏滩栖螺生活于潮间带高潮线附近的泥沙滩中，退潮后在沿岸有水处爬行。贝壳呈长锥形，壳质坚硬（见图8-13），可供烧石灰用。

图 8-13 古氏滩栖螺

⑦ 扁玉螺（*Neverita didyma*）：腹足纲，前鳃亚纲，中腹足目，玉螺科。扁玉螺生活在潮间带到浅海的沙或泥沙滩上，以发达的足在沙面上爬行，爬过的地方留下一道浅沟。能潜于沙内 7～8cm 处，捕食竹蛏或其它贝类。贝壳为扁椭圆形，壳宽大于壳高。肉可食用，壳为贝雕工艺的原料。

⑧ 脉红螺（*Rapana venose*）：腹足纲，前鳃亚纲，狭舌目，骨螺科。

脉红螺生活在潮下带数米或十余米深的浅海泥沙底，能钻入泥沙中，捕食双壳贝类。贝壳大，略呈梨形（图8-14）。壳质坚厚，壳表面呈黄褐色，具棕褐色斑带。肉味鲜美，可做罐头，但它是肉食性动物，为贝类养殖业的大敌。

图 8-14 脉红螺

⑨ 香螺（*Neptunea cumingii*）：腹足纲，前鳃亚纲，狭舌目，蛾螺科。

香螺生活于潮下带至 78m 深的泥沙质海底，在潮间带内很少发现。贝壳大，近似菱形（见图 8-15），壳质坚厚，壳表面为黄褐色并被有褐色壳皮。贝壳表面常附着苔藓虫、龙介虫、海绵、牡蛎等动物。因其体大而肉肥味美，故有香螺之美称。

图 8-15　香螺

(3) 双贝壳类（瓣鳃类）

① 毛蚶（*Scapharca subcrenata*）：瓣鳃纲，列齿目，蚶科。

毛蚶生活于低潮线以下的浅海，水深为 4～20m 的泥沙质海底、并稍有淡水流入的环境中。贝壳呈卵圆形，两壳不等，右壳稍小（见图 8-16），壳质坚厚而膨胀，壳表面白色，被有棕色带茸毛的壳皮，故名毛蚶。

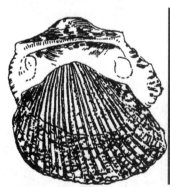

图 8-16　毛蚶

② 魁蚶（*Scapharca broughtonii*）：瓣鳃纲，列齿目。蚶科。

魁蚶生活于潮下带 5 米至数十米浅海的软泥或泥沙质海底，退潮后在沙面上有 2 个似向日葵种子形的孔，长约 1cm，尖端相对。贝壳大型，斜卵形，左右两壳相等（见图 8-17）。壳表面白色，被有棕色壳皮及细毛，极易脱落，魁蚶为经济贝类。

图 8-17 魁蚶

③ 紫贻贝（*Mytilus edulis*）：瓣鳃纲，异柱目，贻贝科。

紫贻贝生活在潮间带中下区以及数米深的浅海，常营群居生活，大量黑紫色的贻贝成群地以足丝固着于岩石缝隙以及其它物体上。贝壳楔形，壳质较薄（见图 8-18），壳顶尖，壳表面呈黑紫色或黑褐色并有珍珠光泽。有时大量紫贻贝附生于工厂冷却水管内和船底下，能造成管道堵塞，影响生产。肉味鲜美，经济价值很高，俗称"海红"。

图 8-18 紫贻贝

④ 栉孔扇贝（*Chlamys farreri*）：瓣鳃纲，异柱目，扇贝科。

栉孔扇贝也称"干贝蛤"，栖息在浅海水流较急的清水中，自低潮线附近至 20 余米深处的海底。以足丝附着在海底岩石或贝壳上，移动时足丝脱落，借两扇贝壳的急剧闭合击水前进。停留后，足丝又很快生出，附着在外物上。扇贝的上壳即左壳表面，常附着一些藤壶、苔藓虫和螺旋虫等小型管栖环虫。贝壳扇形，两壳大小几乎相等（见图 8-19）。两面颜色差异较大，有紫褐色、橙红色、杏黄色或灰白色，有的色泽鲜艳，十分美丽。贝壳可作为工艺品观赏，肉可供食。

⑤ 褶牡蛎（*Aleatryonella plicatula*）：瓣鳃纲，异柱目，牡蛎科。

在潮间带中上区岩石上，褶牡蛎分布最多。贝壳小，多为长三角形（见图 8-20）。左壳较大，较凹；右壳较平，稍小。壳表面多为淡黄色，杂有紫黑色或黑色条纹。左壳表面突起，顶部附着在岩石上，附着面很大。肉味美，可食用。

图 8-19　栉孔扇贝

图 8-20　褶牡蛎

⑥ 中国蛤蜊（*Mactra chinensis*）：瓣鳃纲，真瓣鳃目，异齿亚目，蛤蜊科。

中国蛤蜊生活在潮间带中下区及浅海海底，海水盐度较高、潮流通畅、底质沙清洁的地区。贝壳近似三角形（见图 8-21），腹缘椭圆，壳质坚厚，两壳侧扁。壳表面光滑，有黄褐色壳皮，壳顶处常剥蚀成白色。肉可食用，贝壳可做烧石灰的原料。

图 8-21　中国蛤蜊

⑦ 长竹蛏（*Solen gouldii*）：瓣鳃纲，贫齿亚目，竹蛏科。

长竹蛏在潮间带的泥沙滩中穴居，能潜入沙内约 20～40cm 深处。贝壳狭长，如竹筒形（见图 8-22），壳长约为壳高的 6～7 倍。壳薄脆，表面光滑，壳皮黄褐色，壳顶周围常剥落成白色。肉味鲜美，产量也大，沿海居民常用竹蛏肉包饺子。长竹蛏是我国主要经济海产动物之一。

图 8-22　长竹蛏

2. 采集要点

（1）石鳖

由于石鳖以发达的足部紧紧吸附于岩石上，并且越触及动物本体其附着力越强，因而很不易采下。采集时，要乘其不备，猛地从一侧推动，便可使石鳖与岩石脱离，捉下放入盛有新鲜海水的容器中。

（2）螺类和双贝壳类

在退潮后的石块下、岩石缝里、泥沙滩中仔细寻找，便可以采到螺类和双贝壳类动物。

（3）长竹蛏

退潮后，在泥沙岸上寻找两个紧密相连、大小相等、长约 1cm、呈哑铃形的小孔，受振动后两个小孔下陷成一个较大的椭圆孔，即为竹蛏的穴孔。沿海居民常用 40～50cm 长的铁丝钩钓取，效果既快又好。也可以用铁锹迅速挖取，注意不要惊动竹蛏，挖深在 30～50cm 之间。然后将采到的标本放入塑料袋中。

六、节肢动物标本的采集要点

1. 生活环境及主要形态特点

（1）白脊藤壶（*Balanus albicostatus*）

甲壳纲，蔓足亚纲，围胸目，藤壶科。

白脊藤壶栖息于潮间带并常附着于岩石、贝壳、码头、浮木和船底上。在我国北方，因其能耐受长期干燥，适生于低盐度地区，故与小藤壶一起成为潮间带岩岸的优势种，数量十分可观。壳呈圆锥形或圆筒形（见图 8-23），壳板有许多粗细不等的白色纵肋，由于壳表面常被藻类侵蚀，因此纵肋有时模糊不清。

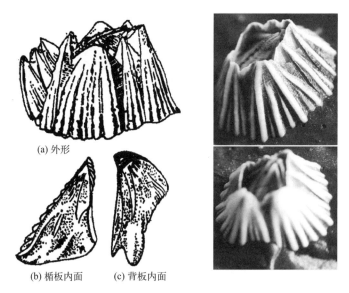

(a) 外形
(b) 楯板内面 (c) 背板内面

图 8-23　白脊藤壶

（2）蛤氏美人虾（*Calianassa harmandi*）

甲壳纲，蔓足亚纲，十足目，爬行亚目，歪尾派，美人虾科。

蛤氏美人虾常穴居在沙底或泥沙底的浅海或河口附近，一般生活在潮间带的中下区。体长约 25～50mm，头胸部圆形，稍侧扁（见图 8-24）。体无色透明，甲壳较厚处呈白色，它的消化腺（黄色）和生殖腺（雌者为粉红色）均可从体外看到。因看上去很美，故有美人虾之称。肉较少，无大的食用价值，一般作为观赏动物。

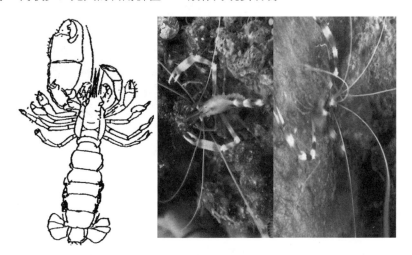

图 8-24　蛤氏美人虾

（3）日本寄居蟹（*Pagurus japonicus*）

甲壳纲，蔓足亚纲，十足目，爬行亚目，歪尾派，寄居蟹科。

这种动物寄居在空的螺壳中，头胸部较扁，柄眼长，腹部柔软（见图 8-25）。躯体与螺壳的腔一样，呈螺旋状。腹足不发达，用尾足及尾节固持身体在壳内。体色多为绿褐色。小型寄居蟹在沿海沙滩上数量极大，也很好采到，所以是中学生物教学理想的生物标本。

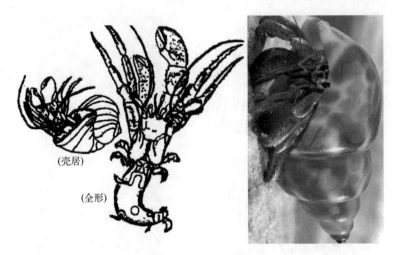

图 8-25　日本寄居蟹

（4）豆形拳蟹（*Philyra pisum*）

甲壳纲，蔓足亚纲，十足目，爬行亚目，短尾派，玉蟹科。

豆形拳蟹生活于浅水或泥质的浅海底，潮间带的平滩上也常能见到。退潮后，多停留于沙岸有水处。爬行迟缓，遇到刺激时螯足张开竖起，用以御敌。头胸甲呈圆球形（见图 8-26），十分坚厚，表面隆起，有颗粒，长度稍大于宽度。体背面呈浅褐色或绿褐色，腹面为黄白色。

图 8-26　豆形拳蟹

（5）三疣梭子蟹（*Portunus rituberculatus*）

甲壳纲，蔓足亚纲，十足目，爬行亚目，短尾派，梭子蟹科。

三疣梭子蟹生活在沙质或泥沙底质的浅海，常隐蔽在一些障碍物边或潜伏在沙下，仅以两眼外露观察情况，在海水中的游泳能力很强。退潮时，在沙滩上留有许多幼小者，一遇刺激即钻入泥沙表层。头胸甲呈梭形（见图 8-27），雌性个本比雄性个体大，螯足发达。生活状态时呈草绿色，头胸甲及步足表面有紫色或白色云状斑纹。肉肥厚，味鲜美，产量高，是经济蟹类。

（6）绒毛近方蟹（*Hemigrapsus penicillatus*）

蔓足亚纲，十足目，爬行亚目，弓蟹科，近方蟹属。

图 8-27　三疣梭子蟹

这种动物生活在海边的岩石下或石缝中,有时在河口泥滩上栖息。在潮间带中,以上中区为多。甲壳略呈方形(见图 8-28),前半部较后半部宽;螯足内外面近两指的基部有一丛绒毛,尤以内面较多而且密,故得名为绒毛近方蟹。

图 8-28　绒毛近方蟹

(7) 宽身大眼蟹 (*Macrophthalmus dilatatum*)

蔓足亚纲,十足目,爬行亚目,短尾派,沙蟹科。

宽身大眼蟹居于泥滩上,喜欢栖息在潮间带接近低潮线的地方。退潮后,常出穴爬行,速度很快,眼柄竖立,眼向各方瞭望,遇敌时急速入穴,穴口长方形。头胸甲也呈长方形(见图 8-29),宽度约为长度的 2.5 倍,前半部明显宽于后半部。生活时,体呈棕绿色,腹面及螯足呈棕黄色。经济价值不大。

图 8-29　宽身大眼蟹

2. 采集要点

(1) 藤壶

藤壶紧紧地与岩石、贝壳等长在一起,为保证动物体完整,采集时要连同附着物一起采下。

(2) 美人虾

退潮后,在泥沙表面常可见到两个圆形小孔,外观比长竹蛏的孔径略大,穴孔间距大于 1cm，这便是美人虾的穴口。采集时，可用铁锹挖至深约 25cm，翻动被挖掘的泥沙，便可找到美人虾，通常是成对（一雌一雄）被挖出。然后将美人虾放入盛有新鲜海水的容器内。

（3）小型虾

用小水网迅速捞取，将捞取到的虾放进盛有新鲜海水的容器里。

（4）蟹类

退潮后，蟹类常常躲藏在石块下或石缝内，采集时需不断地翻动石块，观察石缝，适时采集。

注意：一般不用手捉拿，因为蟹类的蟹肢夹持力很大，会夹伤人的手指，所以最好用大竹镊子迅速夹取，放入坚固的容器中。

七、腕足动物标本的采集要点

1. 生活环境及主要形态特点

海豆芽（*Lingula anatina*）：腕足动物门，无铰纲，海豆芽科。

海豆芽常栖息于潮间带中区低洼处，外形似豆芽，故名。贝壳扁长方形（见图 8-30），壳较薄且略透明，同心生长线明显。壳呈绿褐色，壳周围有由外套膜边缘伸出的刚毛。柄为细长圆柱形，直径越向后端越细，后端部分能分泌黏液，以固着在泥沙中。

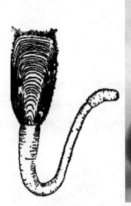

图 8-30　海豆芽

2. 采集要点

退潮后，在集有浅水的沙滩表面可见有并列的三个小孔，孔间距约为 5mm，每孔中由里往外伸出一束刚毛，一经触动即下缩而陷入泥沙中，此时三个小孔变成一条裂缝。这就是海豆芽的穴洞。

采集时，可在距三个小孔 10cm 远处用铁锹挖至 30cm 深，然后扒开挖出的沙土，便可找到海豆芽。也可将一只手的拇指与食指张开，轻轻伸入三孔两侧的泥沙中约 2～3cm，迅速捏住海豆芽背腹的两片壳，适当向上拔，用另一只手沿海豆芽柄部掘挖泥沙 20～30cm 深，即可得到海豆芽。

注意：不论采用什么方法，都不要折断柄部，破坏标本的完整性。

八、棘皮动物标本的采集要点

1. 生活环境及主要形态特点

（1）砂海星（*Luidia quinaria*）

海星纲，显带目，砂海星科。

砂海星栖息在水深 4～50m 的沙、沙泥和沙砾底，体形较大，呈五角星状。腕 5 个，脆而易断。生活状态时，反口面为黄褐到灰绿色，有纵行的灰色带；口面为橘黄色。

（2）海燕（*Asterina pectinifera*）

海星纲，有棘目，海燕科。

海燕常栖息在潮间带的岩礁底，有时生活在沙底。体呈五角星形，腕很短（见图 8-31），通常 5 个，也有 4 个或 6～8 个的。

图 8-31 海燕

体盘很大，体色美丽，反口面为深蓝色或红色，或者两色交错排列；口面为橘黄色。晒干后，可用做肥料或饵料。

（3）陶氏太阳海星（*Solaster dawsoni*）

海星纲，有棘目，太阳海星科。

生活于 25m 以下深水中的泥沙底，渔民出海作业时，常随网捕捞上来。体为多角星形，体盘大而圆。腕基部宽，末端尖，有 10～15 条，多数为 11 条。体色鲜艳，反口面为红褐色，口面为橙黄色或灰黄色。

（4）多棘海盘车（*Asterias amurensis*）

海星纲，钳棘目，海盘车科。

这种动物多生活在潮间带到水深 40m 的沙或岩石底。体扁平，反口面稍隆起；口面很平。体盘宽，腕 5 个，基部较宽，末端逐渐变细，边缘很薄（见图 8-32）。体黄褐色。

（5）马粪海胆（*Hemicentrotus pulcherrimus*）

海星纲，拱齿目，球海胆科。

马粪海胆生活在潮间带到水深 4m 的砂砾底和海藻繁茂的岩礁间，常藏身在石块下和石缝中，以藻类为食，可损害海带幼苗，是养殖藻类的敌害。壳低半球形（见图 8-33），很坚固。

壳表面密生有短而尖的棘。壳呈暗绿色或灰绿色；棘的颜色变化很大，最普通的是暗绿色，有的带紫色、灰红、灰白或褐色。

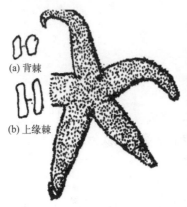 

图 8-32 多棘海盘车

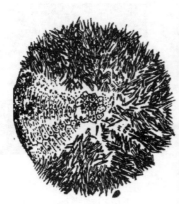 

图 8-33 马粪海胆

（6）刺参（*Apostichopus japonicus*）

海参纲，循手目，刺参科。

刺参生活在波流静稳、无淡水注入、海藻繁茂的岩礁底或细泥沙底。夏天，当水温超过20℃时，便开始夏眠而潜伏在水深处的石块下。刺参的身体呈圆筒形（见图8-34）。体长一般约20cm，背面隆起有4～6行大小不等、排列不规则的肉刺。体色一般为栗褐色或黄褐色，还有绿色或灰白色；腹面颜色较浅。因刺参含有大量蛋白质，所以营养价值很高。

图 8-34 刺参

（7）海棒槌（*Paracaudina chilensis*）

海参纲，芋参目，芋参科。

海棒槌生活在低潮线附近，在沙内穴居，穴道"U"字形，身体横卧于沙内。体呈纺锤形（见图 8-35），后端伸长成尾状，外观似老鼠，所以俗名海老鼠。体柔软，表面光滑，呈肉色或带灰紫色；尾状部分带横皱纹。

图 8-35　海棒槌

2. 采集要点

（1）砂海星

在退潮后泥沙滩的积水处常可采到。砂海星的腕易断，采取时应轻拿轻放，可放入容器中，也可用纱布或棉花包裹好后放进袋里。

（2）海燕

在清澈见底的有海水浸泡的岩石壁上，常常有很多海燕。用手采取时，应注意安全并及时将标本放入容器内。

（3）刺参

因其大多栖息在藻类繁茂的岩礁间或较深的海底，所以可以在退潮后几个人合力翻动大块岩石去寻找，也可利用刺参夏眠的习性在石块下翻寻，会潜水者还可潜入海底去捕捉。但要格外小心，不能给刺参太大的刺激，以防其排出内脏而不能恢复原状。采到后应及时放入盛有新鲜海水的容器内，避免大幅度地提动容器。

（4）海棒槌

在非常平坦的沙滩上，见有高约 3～4cm、直径 15cm 左右的小沙丘，其上有一小孔，这便是海棒槌尾部的穴口，小沙丘是它的排泄物。在距小沙丘 20cm 左右处，有一凹陷小穴，其下便是海棒槌的头部所在地，深约 30～50cm。海棒槌在沙中的生活状态可参见图 8-36。

① 采集方法一　因为海棒槌在沙内行动相当快，所以必须在小穴与小沙丘之间的平行横面上迅速用铁锹挖至 30cm 深以下，才能采得到标本。如果发现有粉红色液体流出，那就说明海棒槌已被铲断，不可再用做标本了。

② 采集方法二　根据渔民的经验，用铁锹和铲子挖掘常常不易得到完整的标本。既快又好的方法是用右手顺着沙丘的小孔即海棒槌洞向下旋入，紧握其躯体不放，直到手腕全部入沙为止，再用左手协助慢慢松动周围沙层，便可轻轻取出一只完整无损的海棒槌。

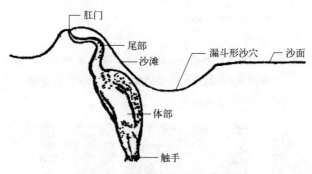

图 8-36 海棒槌生活状态示意图

第五节 沿海无脊椎动物标本制作

一、浸制标本制作法

1. 制作原则

① 麻醉标本前，必须先用海水把容器刷洗干净（切不可用淡水刷洗，否则做出的标本效果不好），同时还需将动物体上的泥沙、碎草等污物杂质用海水洗掉。

② 为使麻醉工作顺利进行，避免动物因受过分刺激、强烈收缩而影响标本的质量，必须做到：

a. 认真、细致、耐心地将采回的标本放在盛有新鲜海水的容器中培养一段时间，使之稳定、安静并表现出正常的自然生活状态。

b. 在麻醉过程中，麻醉剂应分几次慢慢放入，使动物在没有刺激感觉的情况下昏迷过去。如果发现动物体或触手强烈收缩，说明麻醉剂放入过量，可用更换新鲜海水的方法使它恢复自然状态。此法有时见效，有时则无效，所以还是以小心谨慎逐渐麻醉为好。

c. 用于麻醉的容器应放在光线较暗，安全可靠的地方，不要随意乱放，以免因不慎碰撞发生震响，影响动物的麻醉。

2. 制作方法

（1）多孔动物门

① 日本矶海绵　用 5% 或 7% 福尔马林杀死，装瓶保存。此法仅用来制作供观察外形用的标本。

② 毛壶　浸入 70% 乙醇中装瓶保存即可。

（2）腔肠动物门

① 黄海葵　因其反应比较迟钝，触手充分张开后，除遇强刺激外一般收缩不明显，故处理比较容易。处理方法是：海水培养，使触手充分张开；用薄荷脑或硫酸镁（$MgSO_4$）麻醉后放入 5% 福尔马林中固定，取针线穿入黄海葵躯体中部，并绑在玻璃片上；放入盛有 5% 福尔马林的标本瓶中保存。

② 绿疣海葵

方法 1：

a. 在盛有新鲜海水的 1000mL 大烧杯中放入绿疣海葵一个，静置，使触手全部张开呈自然状态。

b. 用 0.05%～0.2% 的氯化锰（$MnCl_2$）溶液慢慢加进烧杯中，麻醉约 40～60min（麻醉用药的浓度及麻醉时间视海葵的大小而定）。

c. 海葵全部麻醉后，用吸管将福尔马林加到海葵的口道部分，至福尔马林浓度达到 7% 时，固定 3～4h。

d. 固定后转入 5% 福尔马林中保存。

方法 2：

a. 海水培养，使海葵触手张开呈自然状态。

b. 将 10mL 乙醇加 10g 薄荷脑配成混合液，滴 3 滴于培养器皿中。之后每隔 15min 滴一次，剂量逐次增加。如此处理约 45min。

c. 用硫酸镁饱和溶液每 15min 滴一次，时间间隔逐次缩短，约 2h 完成。

d. 用 10% 福尔马林注入动物体（根据海英的大小分别注入 5、10、15mL 不等）。

e. 用 5% 福尔马林浸泡固定、保存。

方法 3：

a. 海水培养，使海葵触手张开呈自然状态。

b. 撒一薄层薄荷脑结晶于水面，或用纱布包薄荷脑并用线缠成小球轻轻放在水面上（图 8-37）；向海葵触手基部投入硫酸镁，药量逐渐增加，直至海葵完全麻醉。

c. 取出薄荷脑，注入纯福尔马林液至福尔马林含量达 7% 为止。

d. 3～4h 后，取出海英放入 5% 福尔马林中保存。

上述所有方法都未能解决保持动物体色的问题，这个问题至今还在研究探索之中。

③ 钩手水母

方法 1：

a. 将钩手水母放入盛有海水的烧杯中，静置。待触手全部伸展后，在水面上撒薄薄一层薄荷脑。麻醉时间约 2min。

b. 将动物体转入 70% 福尔马林中固定 20min。

c. 取带有软橡皮塞的小药瓶一个，瓶内存放 5% 福尔马林，供保存标本使用。

d. 取一根细白线，一头固定在瓶盖上，另一头穿过动物躯体正中并打结，尔后将动物放入保存瓶内，盖严瓶塞（图 8-38）。

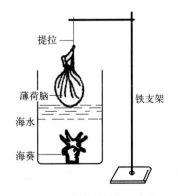

图 8-37 海葵标本制作示意图

图 8-38 钩手水母的保存

方法 2：

a. 将动物放入盛有海水的瓶中，静置，使触手全部伸展。

b. 加入 1% 硫酸镁，麻醉约 10～20min。

c. 转入 7% 福尔马林中杀死动物，约需 24h。

d. 再转入新的 5% 福尔马林中保存。

④ 海月水母

a. 将动物放入盛有海水的瓶中，静置，使触手全部伸展。

b. 如图 8-39 所示，用纱布包裹硫酸镁并置于水面，麻醉 6～8h。

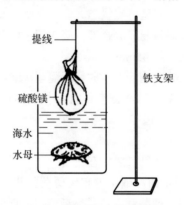

图 8-39　水母标本制作示意图

c. 用滴管向瓶内滴入少量 98% 乙醇，杀死动物。

d. 移入 5% 福尔马林中保存。

⑤ 薮枝螅

a. 将动物（数量不宜过多）放入盛有新鲜海水的容器内静置，使动物身体全部放松成自然状态。

b. 慢慢加入 1% 硫酸镁，麻醉动物。

c. 放进纯福尔马林至浓度达 7%，杀死动物。

d. 移至 5% 福尔马林中装瓶保存。

⑥ 海仙人掌

a. 用大头针弯成小钩，钩住动物的柄端，倒挂在容器内。容器要比动物长 3～4 倍。

b. 放入薄荷脑麻醉 24h。

c. 用 5% 福尔马林杀死，保存。

（3）扁形动物门

平角涡虫

方法 1：

a. 将动物放入盛有新鲜海水的容器内静置，待其完全伸展成自然状态时，在水面撒薄荷脑麻醉，时间约 3h。

b. 移入 7% 福尔马林中杀死动物，时间约需 3～5min。

c. 用毛笔将动物挑在一张湿的滤纸上，放平展开，再盖上一层纸，并放几片载玻片压住。

d. 放进 7% 福尔马林中，约 12h 后去掉纸。

e. 移入 5% 福尔马林中保存。

方法 2：

a. 让涡虫饥饿 24h，使肠内食物全部消化。

b. 取两张玻璃片，在一张玻璃片上放涡虫，用吸管滴上少量水，使涡虫安定。

c. 再用吸管吸取由 10mL 37% 甲醛液、2mL 冰醋酸、30mL 蒸馏水配制的乙酸固定液，滴在涡虫上。

d. 迅速用另一张玻璃片盖住涡虫体，将它夹在两张玻璃片中间。这样得到的涡虫标本将不致发生卷缩现象。

e. 放入 5% 福尔马林中保存。

（4）环节动物门

巢沙蚕、鳞沙蚕、柄袋沙蠋和蛰龙介等环节动物的标本制作方法基本相同。

方法 1：

a. 将动物放入盛有新鲜海水的浅盘中，静置，使动物完全伸展。

b. 用薄荷脑麻醉动物约 3h。

c. 将动物放入 7% 福尔马林中杀死，约 30min 后取出整形。

d. 8h 后移入 5% 福尔马林中保存。

方法 2：

a. 将动物放入盛有新鲜海水的浅盘中，静置，使动物完全伸展。

b. 往容器内加注淡水，注入量为原有水量的一半。以后每过 1h 加进等量的淡水，约需加 3～4 次。

c. 接着每隔 20min 加进一次饱和食盐水，每次加入量为原水量的 5%，约需加 4～5 次。

d. 最后移入 5% 福尔马林中保存。

注意事项：

a. 一些较大的环节动物如沙蠋，被杀死后需向体内注入适量的 10% 福尔马林，以防止体内器官腐烂。

b. 管栖的环节动物如鳞沙蚕、巢沙蚕、蛰龙介等，处理前应使虫体从柄管中露出并与柄管分开，有时连同柄管一起保存于同一标本瓶中。

（5）软体动物门

① 石鳖

石鳖受刺激时躯体常向腹面卷曲，壳板露在外面借以自卫，所以处理标本时，应格外小心。处理方法是：

a. 将动物放入盛有海水的玻璃容器中，静置，使其完全伸展。

b. 用酒精或硫酸镁麻醉 3h。

c. 将动物移入 10% 福尔马林中杀死，时间约半小时。

d. 再将动物取出放在另一玻璃器皿中，使体背伸直并压上几张载玻片，用原先的 10% 福尔马林倒入固定，时间约 8h。

e. 最后移入 7% 福尔马林中保存。

② 腹足类和瓣鳃类

这两类动物标本的制作方法大致相同，现简介如下：

a. 生态标本

（a）将螺类和贝类分别装入玻璃瓶中，加满海水，不留空隙，盖紧瓶盖。

（b）待腹足类头部与足部伸出壳口、瓣鳃类双壳张开并伸出足时（约需 12～24h），立即倒入 10% 福尔马林固定，时间约 20h。

（c）移入盛有 5% 福尔马林的标本瓶中保存。

b. 整体标本

（a）用清水洗净螺类或贝类标本，把贝壳较薄、有光泽的和贝壳较厚、无光泽的分开，前者只能用乙醇杀死固定，后者用乙醇和福尔马林均可达到目的。

（b）用 10% 福尔马林或乙醇杀死固定，时间约 10h。移入 5% 福尔马林或 70% 乙醇中保存。

c. 解剖标本

大型螺类：用温水闷死动物；用 10% 福尔马林固定；移入 5% 福尔马林中保存。

大型双壳贝类：用温水闷死动物，或用薄荷脑、硫酸镁等麻醉 2～3h，待贝壳张开后，往其中夹进一木块以支撑两贝壳，再用 10% 福尔马林杀死动物；向动物内脏中注射固定液［固定液用 9% 酒精 50mL、蒸馏水 40mL、冰醋酸 5mL、甲醛（37%）5mL 配制］；最后保存在 85% 乙醇或 5% 福尔马林中。

（6）节肢动物门

① 藤壶

a. 将藤壶放入盛有新鲜海水的玻璃容器中培养，可见其蔓足不停地上下活动。

b. 在水面加薄荷脑或硫酸镁麻醉，至蔓足停止不动，约需 4h。

c. 将动物放入 7% 福尔马林中杀死固定，约 3h。

d 保存在 70% 乙醇中。

② 虾、蟹等各种节肢动物

一般可直接用 7% 福尔马林杀死固定，半小时后取出整形，然后放入 5% 福尔马林中保存。

（7）腕足动物门——海豆芽

a. 用海水洗净。

b. 用 7% 福尔马林杀死，约 20min。

c. 展直柄部，放入 5% 福尔马林中保存。

（8）棘皮动物门

① 海参

沿用一般处理方法制作海参标本，过程比较复杂、繁琐，时间长，效果也不够理想。经过实践，我们认为下述方法既简便又有效。

a. 将动物放入盛有新鲜海水的容器中，静置，使触手和管足完全伸出。

b. 麻醉时先向水面撒一薄层冰片，30min 和 45～50min 后再分别两次投放冰片，直至冰片盖满水面为止。小型海参麻醉 2h，大、中型海参麻醉 3h，触动其触手和管足时不再收缩。

c. 用竹镊子夹住头部把海参从水中取出，接着放进 50% 醋酸溶液中浸泡，半分钟后取出。

d. 放入 8% 福尔马林中杀死固定，在 1h 内向动物体内注射适量的 8% 福尔马林，使参体恢复到正常饱满状态，然后用小棉团塞住肛门。

e. 保存动物于 5% 福尔马林中。

按上述处理方法得到的海参标本，挺直不软，外观形态自然。一般认为，做好这种海参浸制标本并不难，关键是制作者要注意掌握以下两点：

第一，标本一定要新鲜，不能有腐烂、受损等现象。盛放海参的容器最好要大一些，不要混杂放入其他动物。容器内的海水应干净无杂物。

第二，海参是一种非常喜欢干净和凉爽环境的动物，向水面撒冰片（有时撒得很多）正是为了给海参创造一个清凉的好环境，使它能在这种舒适的环境中慢慢地昏迷过去，以免发生触手和管足缩回的现象。

② 海燕、海星

a. 用 4% 硫酸镁溶液麻醉 2～3h。

由动物的步带沟向水管系统注入适量的 25%～30% 福尔马林，直到每个管足都充满液体竖起为止。

b. 移入 5% 福尔马林中保存。

③ 海胆

a. 用 4% 的硫酸镁溶液麻醉 3h。

b. 由围口膜处向动物体内注入适量的 25%～30% 福尔马林。为使固定液容易注入，可在围口膜的对面另扎一针头，使海胆体液可从此处流出。

c. 移入 5% 福尔马林中保存。

二、干制标本制作法

1. 制作原则

制作标本前，一定要用淡水清洗掉动物身上的盐分，以免出现皲裂，影响标本效果。

2. 制作方法

（1）海绵动物

将用乙醇或福尔马林杀死的动物标本固定 1d 后取出，放在通风处晾干。

（2）软体动物

① 螺类

a. 用开水杀死动物，除去内脏和肉体。

b. 将介壳冲洗干净，而后晾干。

c. 摆放在贴有绒纸的木板盒中，用乳胶逐个粘贴于绒纸上，并分别写上分类地位及名称。

注意：因前鳃类动物的厣是分类学中鉴别种类的特征之一，所以在制作这类动物的介壳标本时，必须用棉花或纸、碎布将空壳填满，然后把厣贴在壳口处，借此将厣与贝壳同时保存起来。

② 双壳贝类

a. 用开水烫动物体时，双壳张开，尽快取出动物体内的肉及内脏。

b. 将两壳洗净，趁壳未干用线将其缠好。

c. 阴干后将线拆除，保存。

软体动物的螺类和贝类的干制标本可以利用各种手段进行艺术加工，使其既不失去生物标本的意义又美观生动，从而加强生物标本的感染力。

（3）棘皮动物

海胆、海星、海燕、海盘车等棘皮动物均可先用淡水洗去动物体上的盐分，然后放在阳光下直晒，使水分迅速蒸发，以防止腐烂。晒干后，动物的干制标本便做成了。根据我们的经验，制作棘皮动物的干制标本时，也可将动物体直接用纱布或棉花包裹好，放在通风处阴干。

棘皮动物的干制标本有一些缺点，例如，海胆的棘极易被碰掉，海燕美丽鲜艳的自然色彩会变得灰蒙蒙的分辨不清，等等。

三、玻片标本制作法

1. 制作原则

凡具有石灰质结构的动物，都不宜用福尔马林杀死固定，一般用乙醇来杀死这类动物。

2. 制作方法

以海绵动物骨针玻片标本的制作为例：用80%～90%的乙醇将矶海绵杀死，存放在70%～80%的乙醇中。在制作骨针玻片标本前，先把矶海绵标本从乙醇中取出，放进5%氢氧化钾溶液烧煮几分钟，海绵骨针便可散开，接着加蒸馏水待骨针下沉，倒去上面的液体即可得到骨针，用70%的乙醇保存。最后用树胶装盖制片，所得的骨针玻片标本即可放到显微镜下观察。

第九章
生物玻片标本制作

第一节 生物玻片标本的主要制作方法

要在显微镜下观察和研究动植物体的内部构造，一般在自然状态下是无法进行的。因为整个动植物体大部分都是不透明的，不能直接在显微镜下观察，一定要经过特殊的手段，把要观察的材料制成玻片标本，使光线能透过去才能作显微镜观察。制作生物玻片标本的方法很多，一般可以归纳为两类，一类是非切片法，另一类是切片法。

一、非切片法

非切片法是指不用切片机、不须经过切片程序，而是用物理或化学的方法将生物体组织制成薄片或分离成单个细胞，或将整个生物体进行封藏而制成玻片标本的方法。这类方法的优点是制片过程简单、速度快，而且组织的各个组成部分不被切断，仍能保持每个单位的完整性。根据材料性质和研究目的以及操作方法的不同，非切片法可以分为整体装片法、涂片法、压片法、分离装片法、伸展法和磨片法等。用这些方法可以把材料制成临时玻片标本，也可以制成永久玻片标本。在永久片的制片过程中，一般要经过固定→冲洗（遇必要时）→染色→脱水→透明→封藏等步骤。

1. 整体装片法

整体装片法是将整个微小的生物体或某部分器官封藏起来制成玻片标本的一种方法。适用这种方法的一般是身体很小或自身为一薄片的生物体或器官，例如单细胞藻类，丝状藻类，菌类，柔嫩的苔藓植物，蕨类植物的原叶体与孢子囊，高等植物的表皮、小花和花粉粒等，原生动物，水螅以及昆虫的翅、触角、足，鸟的羽毛，鱼的鳞片或者鸡的幼胚等都可以用此法制片。

2. 涂片法

涂片法是将动植物的一些呈液体或半流动性材料以及比较疏松的组织细胞均匀地涂布在载玻片上的一种非切片制片方法。这种方法很简便，对单细胞生物、小形群体藻类、细菌、血液、尿液、粪便以及高等动植物较疏松的构造如精巢和花药等很适用。

涂布的方法和顺序因材料的性质不同而有区别。

固体材料如花药、精巢等，可将材料放在清洁的载玻片上，用清洁的保安刀片压在材料上面向一边抹去，将其中的细胞压出来，使之成为一均匀薄层，然后迅速以水平方向放入固定液中固定。

液体材料如血液、尿液、浮游藻类等，可先用滴管吸取一滴材料滴在用左手持平的载玻片的右端近 1/4 处，然后用右手持另一载玻片，将短边置于液滴的前（左）方并使其与液滴接触，液体便沿底边向两侧漫过去。此后以两玻片呈 30°～45°的角度用右手把所持玻片平稳地向前（左）推动，即可推出均匀的涂片。涂好的片子要在空气中迅速晾干再固定。

有的盖玻片从未用过，上面就有许多斑点，影响观察。根据浙江武义市下杨中学徐其升的经验，这样的盖玻片可用稀硫酸处理，能使盖玻片清澈透明，效果较好。盖玻片用稀硫酸处理的方法是先在小烧杯里倒入一点稀硫酸（浓度不限，浓一些的可缩短处理时间，稀一些的则延长处理时间），再在硫酸内投入盖玻片，轻轻振荡搅拌，数分钟后倾去稀硫酸，用清水冲洗干净即可。

上述的各种涂片在固定完毕之后，可先在显微镜下检查，如合适时可按各自的制片目的进行染色、脱水、透明及封藏，或不封藏。

3. 压片法

压片法是将植物或动物的一些比较疏松而柔软的材料，如花药、根尖、水螅、蠕虫的精巢、果蝇（或其他双翅目昆虫）的幼虫唾液腺等，用较小的压力压碎在载玻片上使其成一薄层的一种非切片法。它是细胞学上常用的方法之一。

压片时，有的可用针尖、刀尖直接压在材料上压碎，有的则先把盖玻片盖在材料上，然后再用刀柄、指甲或用未削开的平头铅笔杆轻压盖玻片，将材料压碎。为了使材料不粘在一起而容易分开，事先须在载玻片上加上一些液体如水、林格氏液（Ringer's solution）、醋酸羊红染色剂等。

4. 分离装片法

为了观察和研究在组织或器官里的单个细胞或纤维的形状，必须使细胞之间的间质消除，使细胞分离开来，这样制成玻片标本的方法称为分离装片法。它一般包括解离法和梳离法。

解离法是借助药物的作用，将组织浸软，使组织的各个组成部分之间的某些结合物质被溶化而分离的一种非切片法。此法一般适用于木质化组织，如木材、草本植物茎等。

梳离法是将一些纤维组织，如肌肉、神经等在解离的基础上再采用梳离毛发的方法，使纤维沿着纵轴的方向分离，这种制片法称为梳离法。

5. 磨片法

一些含有矿物质的比较坚硬的动物组织要作成玻片标本时，常把材料直接放在砂石上磨成薄片，此法即为磨片法。珊瑚的骨骼，软体动物的贝壳，脊椎动物的硬骨、角以及牙等都可用本法制成玻片标本。在用硬骨作磨片标本时，一般经过清除肌肉、脱脂、锯材、磨薄、水洗、脱脂、干燥、封藏等步骤。

6. 伸展装片法

伸展装片法是将材料在载玻片上展平制成装片的一种方法。例如肠系膜、膀胱或疏松结缔组织制片均用此法。它的一般过程为：展片、固定、水洗、染色、脱水、封藏等。

二、切片法

切片法即用刀片将材料切成薄片的方法。最简单、最古老的是徒手切片法，其后逐渐改进，出现了许多精密的切片方法，这些都是应用特制的切片机进行切片。在用切片机切片之前，必须设法使组织内渗入某些支持物质，使组织保持一定的硬度，然后才能切。根据支持剂的不同可分为石蜡切片法、火棉胶切片法和冰冻切片法等。

1. 徒手切片法

徒手切片法即不需要什么特殊工具，而是将欲观察的新鲜材料直接持在手里或者将其夹在夹持物中用刀片切成薄片的方法。适于这种方法的一般仅限植物材料。此法虽然比较古老，并有一定的局限性，但由于方法简单，容易掌握，省时方便，因此至今在生物学教学中仍然是观察形态构造的一种基本切片方法。它的一般过程步骤如下。

① 材料持法 应用左手持材料或夹持物（夹有材料的夹持物，如萝卜、莴苣、马铃薯等），夹持在拇指和食指（或其他指）之间。拇指应略低于食指，以免切时伤手。材料要略高于拇指和食指才便于切。

② 持刀法与切片 右手持刀（保安刀或双面刀片），刀身放平，切片的方向应向着切片者。切片时先将材料和刀口蘸上些水，切去材料上端不整齐的一段，然后再正式切。切时要保持在同一水平面上，从左前外方向右内方迅速拉切，不可来回锯式切，动作要迅速敏捷。

③ 取片 切下的片子不要轻易丢弃，目视合乎需要的要立即浸入水中，让其自由落下或用洁净的湿毛笔从刀片上轻轻地抹入培养皿清水中，要多切几片放入。

④ 选片和装片 将切好的薄片用清洁的毛笔从水中轻轻挑起放于载玻片上，在显微镜下检查，选出合适的切片保留在载玻片上，使其保持一定量的水，加上盖玻片，作成临时装片。若需要较长时间保存，则用甘油代替水将材料封藏起来。若需要永久保存，则可按照制片的一般方法，经固定→冲洗→染色→脱水→透明→封藏，制成永久玻片标本。

2. 石蜡切片法

石蜡切片法是一种最常用的切片法。它所使用的支持剂是石蜡，即使组织内部透入石蜡并将组织块包埋进石蜡之中。这种切片法的主要优点是切下的片子薄而匀，还能作连续切片。

一般材料都适宜使用这种切片方法，但制作手续比较复杂。一般包括下列步骤：取材→固定→冲洗（从各种固定液取出后）→脱水（在逐渐加浓的酒精中）→透明→浸蜡透入（使石蜡透入组织的每个细胞）→包埋（用纯石蜡包埋成块）→切片→贴片（黏附切片于载玻片上）→脱蜡→复水（经各级乙醇下降至50%乙醇）→染色→脱水→透明→封藏。

上述步骤中有几个重要环节，需简述其作用和做法。

① 固定的目的 其目的在于保存组织中各细胞的形态结构和生活时相似。欲达此目的，必须对固定液的选择，固定材料的性质、大小和固定的时间以及研究的目的等加以注意，不可轻率从事。

② 冲洗 经过一定时间的固定后就须冲洗。除乙醇外，组织中的固定液必须彻底洗净。冲洗的手续应依固定液的性质而定。例如水溶液常用清水和低浓度乙醇溶液来洗，乙醇溶液则用同等强度的乙醇冲洗。冲洗的时间为12～24h，每隔1～2h换1次，如用水洗，

最好用流水。

③ 脱水　要作永久玻片标本，必须从组织中除去水分，这个手续叫做脱水。特别是材料须包埋在石蜡中，脱水则更为必要，因为石蜡不能与水混合。乙醇是最常用的脱水剂，它和水的亲和力很强。脱水须缓慢进行以保证材料不被过度收缩。因此，可以把乙醇配成不同梯度的浓度分阶进行。

④ 染色　除了很少一部分固定剂可使组织产生视觉上的差异外，大部分材料必须经过染色才能使其各部分显现出不同的颜色，产生不同的折射率以显示它不同的构造。

⑤ 浸蜡　将已透明的材料投入已熔化的石蜡中，即取代透明剂，使组织中的一切空隙为石蜡透入而填满，为了使石蜡更好地浸入到组织中去，就必须注意恒温箱的温度，其温度应适宜。太高，会使材料收缩；太低，石蜡会冻结而无法透入到组织中去。最为适宜的温度是蜡杯中蜡的上半部保持溶解状态，而下半部特别是底部的蜡应该处于冻结的状态。

⑥ 切片　用石蜡包埋块包埋的蜡块，一般使用旋转式切片机进行切片。在切片之前需将蜡块切小，切至材料四周仅留 1～2mm 的石蜡即可，切修时还应将蜡块四周及要切的那一面切平，特别是被切的上下两面需平行，否则会发生弯曲。蜡块修切后须用熔化的蜡粘在木块或金属块上，再沿四周用烧烫的解剖针烫几下，使蜡块粘得更牢固。切片时将木块或金属块装在切片机上，切片刀装在刀架上，使蜡块面与刀口呈平行方向，调整刀口与蜡块的角度，一般以 10°内为宜。角度太大或太小均切不出切片，如图 9-1 所示，切片前，最好将蜡块置于冰箱中冷藏一会，切片时再经常用冰块将蜡块冰冻，这样可增加石蜡的硬度，同时也可减少切片的皱折，使切片能较顺利地切出。

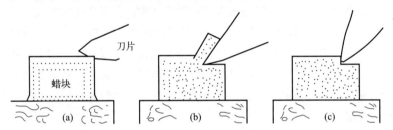

图 9-1　切片刀在切片时的倾斜度
（a）倾斜度不足时，根本不能切出切片；（b）倾斜度适当时，即能切出良好的切片；
（c）倾斜度过大时，也不能切出切片

⑦ 透明　在制作切片标本的过程中，透明在两种情况下进行。第一，透明是在组织脱水后浸蜡前进行的。其目的不在于为了显微镜观察，而是作为从脱水剂进入包埋剂的桥梁。因此，透明剂必须既能与乙醇混合，又能与石蜡融合无间，二甲苯即具此性质，故被选为常用的透明剂。第二，透明是在片子脱水与封藏之间进行的。其目的除了作为从脱水剂进入封藏剂的桥梁外，还有使标本透明以便于观察的作用。

⑧ 封藏　制作玻片标本的最后一步为封藏。常用的封藏剂有树胶和甘油等。封藏的目的在于使切片能永久保存，便于镜检。

3. 火棉胶切片法

火棉胶切片法所使用的支持剂是火棉胶。这种方法的优点是包埋过程不经高温，可以避免组织收缩及变脆，适用于精细材料（如脑）的切片，也因火棉胶有韧性，切片不致有折卷或破裂，适于大块组织及多空洞的组织（如脑、眼球）的切片。

缺点是程序麻烦，费时较久，切片不能切薄（10μm 以上），不能作连续切片。

4. 冰冻切片法

冰冻切片法是将已固定或新鲜的组织块不经脱水和包埋先进行冰冻，然后在切片机上切片的一种方法。这种方法的优点是：①制片速度快，因此常用于临床上的病理手术诊断；②能保存组织内某些易被有机溶剂所溶解的物质，例如脂肪和酶等，同时还可以防止组织块的收缩，保持原形。缺点是所切片子较厚，又不能作连续切片，还有易碎的毛病。

第二节　常见实验种子植物的制片

人类很早就已认识到植物根、茎、叶、花、果实等方面的形态，但对植物结构的观察，则是始于显微镜发明以后。为了观察植物细微的结构，人们将植物按需要制成玻片标本，以便在显微镜下进行观察，于是植物制片技术就应运而生了。迄今，已创造了许多的制片方法和技术，它们可适用于不同的观察目的与特定的植物材料，而且它们还在不断发展。

一、线粒体有丝分裂制片

豌豆幼根线粒体的制片过程如下。

① 取材　选择豌豆刚长出的粗壮平直的幼根，切下 6～8mm 的根尖。

② 固定　入重铬酸钾-福尔马林液（80mL 3% 重铬酸钾水溶液 +20mL 中性福尔马林）中固定 4d，每天更换 1 次新液。

③ 移入　移入 3% 重铬酸钾溶液内 1 周，每天更换新液 1 次，以去净甲醛并兼媒染作用。

④ 浸洗　蒸馏水浸洗 24h。

⑤ 脱水、透明、包埋、切片（厚 5μm 左右）、展片、贴片、烤干、脱蜡、复水　按石蜡切片法常规进行。

⑥ 媒染　40% 铁明矾水溶液媒染 48h。

⑦ 染色　0.5% 苏木精染色液浸染 48h。

⑧ 分色　蒸馏水中浸洗片刻；移入 2% 铁明矾水溶液中 15min 左右。再换几次自来水浸洗 12h 以上，直至细胞核及线粒体均转为蓝黑色或灰黑色。

⑨ 脱水、透明、封固　按常规进行。

线粒体永久制片的方法较多，上述方法制作的切片可见线粒体为线状、杆状及颗粒状的小体，呈蓝黑色或灰黑色，物像非常清晰。其他植物材料如蚕豆、玉米、洋葱等幼根线粒体的制片方法同上。

二、植物根、茎、叶、花、果实的制片

1. 洋葱表皮装片

① 取材　洋葱鳞片叶的内表皮，无色半透明，容易剥取在显微镜下观察。其细胞呈

长方形，边缘整齐，细胞壁界线明显，细胞质和细胞核清晰可见。经过固定、苏本精染色等步骤制成永久玻片标本，能够显示出细胞的立体结构。因此，它是观察细胞基本构造的良好材料。

在选取材料时，应选取新鲜、无病虫害、体形硕大的洋葱头，用刀将其切成两半，自外向内逐层剥下鳞片叶，然后用镊子撕下鳞片叶的内表皮放在清洁的载玻片上。将其叶肉的面朝上展平，使内表皮紧贴载玻片，放在盛有清水的培养皿中，用毛笔沾水洗净附着的叶肉细胞。

② 固定　用低浓度的 Navashin 液固定 6～12h。

③ 浸泡　在蒸馏水中浸洗 6h 以上，每隔半小时换水 1 次。

④ 染色　用 Ehrlich 苏木精液染色 24h。

⑤ 分色　用 0.5% 盐酸乙醇溶液分色半分钟左右，再经自来水蓝化数小时，直至材料带鲜蓝色为止。

⑥ 脱水及透明　经乙醇脱水后，用 1:1 无水乙醇 - 二甲苯液及二甲苯透明。

⑦ 修剪　用表面光滑清洁的纸片把材料从二甲苯中托出，迅速用剪刀将材料连同纸片剪成小方块，放入滴有稀树胶的二甲苯内。

⑧ 封固　用小镊子挑选好材料块放在载玻片中央，滴入树胶封固。

2. 蚕豆根横切片

① 取材与固定　取培养在木屑中的蚕豆根，用水冲洗干净，切成 5mm 长的小段，入 FAA（formalin-aceto-alcohol，甲醛 - 乙酸 - 乙醇）固定液 24h。

② 浸洗　用 70% 乙醇换洗 3 次，每次 2h，最后 1 次可保存过夜。

③ 脱水　经 83% 乙醇和 95% 乙醇各 2h，无水乙醇 2～3h（中间换 1 次）。

④ 透明　入等量无水乙醇、二甲苯液中 2h，二甲苯中 2h（中间换 1 次）。

⑤ 浸蜡　将材料和二甲苯一并倒入包埋用的小杯，然后缓缓倒入溶解的石蜡，直至石蜡在二甲苯的上层发生凝固。把小杯置于 36～40℃恒温箱，让石蜡慢慢熔解到饱和为止，需 1～2d。

⑥ 包埋　先将小杯移入 56～60℃的恒温箱，待石蜡熔解后，倒去含二甲苯的石蜡，换以熔解的纯石蜡，以后每隔 1h 左右换纯蜡 1 次，共换 2～3 次，即可进行包埋。包埋时，先用道林纸折成适当大小的纸盒，放在已加热的金属温台上，然后从温箱中取出盛满石蜡的小杯，迅速把石蜡及材料一并倒入纸盒，再用烤热的解剖针轻轻拨动材料，使之排列整齐。待盒中石蜡凝至材料不再动摇时，将纸盒小心放入冷水中，使它迅速凝固。约半小时后，即可取出储藏备用。

⑦ 切片　先修切所包埋的材料蜡块，仅留下一小部分，不使材料暴露，并成为适当大小的方块，然后用热的解剖刀使蜡块底部的石蜡稍熔化而将蜡块固附在硬质小木块或专门的载蜡器上。用旋转切片机将蜡块切成连续的蜡带（切横切面，厚为 12～18μm）。

⑧ 展片、贴片和烤干　在洁净玻片上，加 1 滴 Mayer 氏蛋白粘贴剂，用洁净钝头玻棒或小指指尖均匀涂布，滴 2～8 滴蒸馏水（聚成一大滴），把蜡片浮于大水滴上。置玻片于 30～35℃的烫板上或在乙醇灯的火焰上通过 1～2 次，待蜡片展平。展平后即置于 40℃左右温箱中干燥。干后可保存在玻片盒中。

⑨ 脱蜡　切片入二甲苯中约 10min，再入等量无水乙醇及二甲苯液 5min，去净石蜡。

⑩ 复水　经无水乙醇、95% 乙醇、70% 乙醇、35% 乙醇及蒸馏水各 5min。
⑪ 染色　番红固绿双重染色。
a. 入 1% 苯胺番红染色液（1g 番红 +100mL 70% 乙醇 +4mL 苯胺）中 1～2h。
b. 经蒸馏水浸洗 3～5min，除去切片上番红的余色。
c. 经 35% 乙醇、70% 乙醇脱水各 20～30s。
d. 0.5% 固绿（95% 乙醇溶液）中 10～30s。
e. 95% 乙醇快速冲洗一下。
⑫ 脱水　经无水乙醇脱水 5min。
⑬ 透明　入等量无水乙醇及二甲苯液、纯二甲苯中各 5min。
⑭ 封固　将切片自二甲苯中取出，用布或纸除去材料周围的二甲苯，在材料上加一滴树胶或其他封固剂，小心加盖盖玻片，并贴上标签入 32℃温箱烘干或室内自干。

蚕豆根材料易得，其横切片可见木质化细胞壁呈光亮的红色，纤维素细胞壁呈绿色，细胞质呈淡绿色。其他各种植物根的构造颇为一致，大都可采用类似的方法制作切片。

3. 南瓜茎横切片

① 取材与固定　当南瓜植株进入花期后，在枝顶以下较老的节间部位，切取髓腔小的、长约 4mm 的茎段入 FAA 液中固定 2d。
② 浸洗　经 50% 乙醇和蒸馏水浸洗，各 3h。
③ 抽气　用抽气装置抽气约 2h，直至水中的材料无气泡逸出为止。
④ 软化　取出材料浸入 15% 氢氟酸中 10～15d，用自来水浸洗 24h，再用蒸馏水洗 2 次。
⑤ 整块染色　1% 番红染色液浸染 2d。
⑥ 脱水　经 50% 乙醇、70% 乙醇、80% 乙醇、90% 乙醇、95% 乙醇及无水乙醇脱水，各经 4h。
⑦ 透明　经四级氯仿透明，各经 2h。再换纯氯仿一次，经 2h。
⑧ 浸蜡和包埋　逐渐加碎蜡于氯仿材料瓶内，置于 35℃恒温箱内浸蜡 2d；再经 50%、70% 的石蜡二甲苯及三次纯石蜡，各 1～2h。然后将材料包埋于石蜡中。
⑨ 切片　切片前把材料切面的石蜡削去，然后将露出的切面向下浸入等量甘油与 50% 乙醇溶液中软化 4～5d，横切，厚 18μm。
⑩ 展片、贴片、烤干、脱蜡和复水　按常规进行。
⑪ 染色　用番红固绿双重染色。
⑫ 脱水、透明、封固　按常规进行。

南瓜茎维管束发达，其横切片可见木质化细胞壁呈亮红色或紫红色，筛板呈蓝紫色，其余部分均呈绿色。其他植物材料如向日葵、棉花、水稻、玉米等茎的横切片可参照上述方法制作。

4. 海桐叶横切片

① 取材与固定　待海桐新叶充分展开后，用刀片在中脉两侧各 5mm 处切去叶片两边，取中央部分切成长约 4mm 的小段，入 FAA 液中固定 1d 以上。
② 浸洗　70% 乙醇浸洗 2 次，各经 6h。
③ 整块染色　用 1% 苯胺番红染色液（70% 乙醇配制）浸染 2d。

④ 脱水　经 70% 乙醇、80% 乙醇、90% 乙醇、95% 乙醇及无水乙醇各 2h。再经无水乙醇 2h。

⑤ 透明　经四级氯仿透明，各经 3h。

⑥ 浸蜡和包埋　透明后的材料换氯仿 1 次，于室温下逐渐加入碎蜡，直至饱和，经 6h 左右，然后按常规进行浸蜡和石蜡包埋。

⑦ 切片　横切，厚 12μm。

⑧ 展片、贴片、烤干、脱蜡和复水　按常规进行。

⑨ 复染　固绿。

⑩ 脱水、透明、封固　按常规进行。

海桐叶具有阳生叶的典型构造，其横切片可见角质层及木质化细胞壁均呈亮红色，其余部分呈绿色。其他植物材料如柚花、天竺葵、松、水稻等叶片的横切片可参照上述方法制作。注意水稻叶横切片制作中需要在染色之前先经 15% 氢氟酸水溶液软化处理 15d 左右。

5. 小麦花药的整体制片

① 取材与固定　按实验所需的不同时间取小麦花药，用 FAA 液固定 1～2h。

② 浸洗　材料经 90% 乙醇、80% 乙醇、50% 乙醇下行至水。

③ 离析　于冷的 1mol/L 盐酸中室温下浸 20min，然后换入 60℃的 1mol/L 盐酸，并在 60℃恒温水浴中水解 12min 左右。

④ 染色　将材料换入 Schiff 试剂，在 10℃左右低温下浸 12h。

⑤ 漂洗　用漂洗液（15mL 1mol/L 盐酸 +10mL 10% 偏重亚硫酸钠水溶液 +100mL 蒸馏水）漂洗 3 次，各 1h。然后流水冲洗 20min。

⑥ 脱水　经 50% 乙醇、70% 乙醇、80% 乙醇、90% 乙醇、95% 乙醇逐渐脱水，至无水乙醇换 3 次，各经 30min。

⑦ 复染　入等量无水乙醇与二甲苯的饱和亮绿溶液的混合液中复染 5～10min。

⑧ 透明　入等量无水乙醇二甲苯液 20min，再在纯二甲苯中浸泡 2 次，各经 10～20min。

⑨ 封固　挑出材料换入稀的加拿大树胶中（用二甲苯稀释至可摇液体），放置 35℃温箱中 1～2d，直至树胶黏稠。逐个取花药在加拿大树胶中整体装片。

小麦花药的体积较小、药壁较薄，特别适于整体制片，其片可显示花粉粒发育的进程（尤其是雄核的发育和变化）。其他禾本科植物如大麦、黑麦等的花药也特别适于上述的整体制片。

6. 小麦颖果纵切片的制作

① 取材与固定　当小麦颖果进入乳熟期，取停止增大而质地较柔软者入铬酸 - 醋酸液中固定 24h。

② 修切　固定后的材料切去胚体两侧的少量果皮，以利制片过程中药液浸透。

③ 浸洗　自来水浸洗 24h，每隔 2～4h 换水 1 次，直至铬酸洗净为止。

④ 脱水、透明、浸蜡、包埋、展片、贴片、烤干、脱蜡和复水　按石蜡切片法常规进行。

⑤ 染色　用番红固绿双重染色。

⑥ 脱水、透明、封固　按常规进行。

小麦颖果形体小，其构造适于制片观察，其纵切片可见胚体染色较深，种皮和果皮次之，胚乳染色较浅，细胞壁及细胞质呈淡蓝色或蓝绿色，细胞核呈蓝紫色，核仁为红色。淀粉粒的淀粉呈白色，脐点为红色或紫红色。

第三节　常见实验孢子植物的制片

一、绿色裸藻装片

绿色裸藻是一种不形成纤维素细胞壁的单细胞藻类，藻体细胞的最表面是原生质膜，细胞内有细胞核、载色体等结构。细胞前端还有一枚红色眼点和一根外伸的鞭毛，能在水中游动。生活于有机质丰富的淡水中，常年都能生长，夏季繁殖尤为迅速，大量繁殖时，可使水面呈现深绿色。取材时，应用广口瓶等容器轻缓地舀取绿色表层水液。用吸管吸取 1 滴水液，制成临时玻片标本用于镜检，当水液中绿色裸藻纯净而量多时，即可进行固定。

① 固定　将含绿色裸藻的水液注入 Schaudinn 固定液中，固定 15min，再换新固定液，继续固定至 1h；或用 Bouin 氏液先固定 15min，以后再重换新液固定 45min。在制作装片的整个过程换液时，均宜用离心沉集法，以减少藻体流失。

② 浸洗　经 Schaudinn 固定液固定的材料，换 50% 乙醇 2～3 次，每次加数滴碘酒，以除去汞。加碘酒后，最初呈淡棕色，如果呈现出白色，则继续加碘酒，直至不呈白色为止，说明汞已经除尽。继而顺序换入 30% 乙醇、10% 乙醇，蒸馏水浸洗，各级浸洗 10min。

③ 染色　常用铁明矾苏木精进行染色。先用 2% 铁明矾水溶液媒染 1h，蒸馏水洗 2 次，每次 3～5min，然后用 0.5% 苏木精染色 1～2h。如果染色过深，可用 1% 铁明矾水溶液分色片刻，至染色适度时为止，再换自来水数次，使材料蓝化，最后经蒸馏水 5min。

④ 脱水及透明　为了防止材料收缩，脱水、透明时应逐渐增加浓度。多经过几次，一般经 10% 乙醇、30% 乙醇、50% 乙醇、60% 乙醇、70% 乙醇、80% 乙醇、90% 乙醇、95% 乙醇各 1 次，无水乙醇 2 次脱水。继经 4/5 无水乙醇 +1/5 二甲苯、3/5 无水乙醇 +2/5 二甲苯、2/5 无水乙醇 +3/5 二甲苯、1/5 无水乙醇 +4/5 二甲苯、二甲苯（2 缸）透明。每次经历时间为 5～10min。

⑤ 封固　吸取多量藻体滴于载玻片上，用滤纸吸取过多的二甲苯。最后，滴 1 滴树胶，盖上盖玻片，从而完成绿色裸藻的装片。

二、念珠藻装片

念珠藻植物体为丝状蓝藻，细胞圆形如珠，单行连接成丝。细胞列中有异形细胞，体外被胶鞘包围，常组成木耳状或发丝状的胶质团块，多生于潮湿土表、草地或荒漠，在春、夏季的雨后，念珠藻植物迅速繁殖，在潮湿土表或草地常易寻到藻体的胶质团块，用清水将胶质团块外面的泥沙污物漂洗干净，固定于 FAA 液中 24h。

① 贴片　将固定的藻体先移入 50% 乙醇，再入蒸馏水中漂洗，各经 0.5h。用尖头小镊子从藻体上撕离约绿豆大小的薄片材料，置于事先涂有蛋白甘油粘贴剂的载玻片的中央，加水压薄倾去多余水分，然后移入 40℃ 左右的恒温箱中，使其干燥。

② 染色　将裱贴好材料的载玻片浸入蒸馏水中，经 4% 铁明矾水溶液媒染 2h。水洗数次，再用 0.5% 苏木精染色 2h，2% 铁明矾水溶液分色片刻，自来水洗 2h，中途换水数次，直至蓝化为止。

③ 脱水、透明及封固　经各级乙醇脱水，二甲苯透明，每级 5～10min，最后滴树胶封固。

三、衣藻装片

衣藻为单细胞游动型绿藻，分布较广，适应性较强，从春季解冻后，直至冬季结冰前，均有生长，早春或晚秋，在有机质丰富的水洼、水沟或池塘的水中，常能找到纯净的衣藻群，用容器采取含衣藻的绿色水样。

① 固定　固定衣藻的不定群体或合子阶段的材料，可用铬酸 - 醋酸液固定 24h。但当衣藻处于游动阶段，为了获得比较理想的鞭毛伸展图像，就宜采用 Schaudinn 固定液。用注射器吸取含藻的水液，注入固定液中，直至含藻的水液与固定液等量时为止，固定 24h。

② 浸洗　用 70% 乙醇浸洗 2～3 次，同时加入数滴碘酒液，以便除去汞，去汞后可保存于 70% 乙醇中。

③ 染色　用 Mayer 苏木精染色液染色，将材料自 70% 乙醇取出后，经 50% 乙醇、30% 乙醇复水至蒸馏水，再用 Mayer 氏苏木精染色 3h。

④ 脱水及透明　从 10% 乙醇开始向上经各级乙醇脱水，再经 3:1 无水乙醇 / 冬青油、1:1 无水乙醇 / 冬青油、1:3 无水乙醇 / 冬青油、纯冬青油透明，各需 15min，最后换入二甲苯溶液中透明，在脱水透明的换液过程中应采用离心沉淀法进行，以免倾去衣藻。

⑤ 透明与切片　将树胶逐步滴入含衣藻的二甲苯溶液中直至适合封藏浓度时为止。用小玻棒蘸 1 滴含衣藻的树胶于载玻片上，加盖盖玻片即可。

四、团藻装片

团藻为数百个以上的衣藻型细胞所组成的球状绿藻，藻体直径约 0.5mm，肉眼可见，团藻多生于水沟、池塘，尤以雨后积水的低洼处最易生长，在天气较热时，繁殖迅速，常使水面呈绿色，但团藻的生活期较短，每经一两周后，便完全消失，所以应及时采集标本。

① 固定　采得的团藻可用碘、福尔马林、冰醋酸混合液进行固定，团藻在此液中固定 24h（混合液配方：碘化钾 2g，碘 1g，福尔马林 24mL，冰醋酸 4mL，蒸馏水 400mL）。

② 浸洗　换蒸馏水多次，共洗 2h，充分洗净碘液。

③ 染色　用靛洋红（indigo carmine）染色液染色可获得良好的效果，材料在此液中染色 24～48h，再用蒸馏水换洗多次，除去余色（染色液配方：靛洋红 0.25g，苦味酸饱和水溶液 100mL）。

④ 脱水　由于团藻容易收缩，故脱水步骤缓慢进行。从 5% 乙醇开始，以 5% 的等差

级数，逐步向上脱水，每级脱水时间为 30min，最后经无水乙醇脱水 2 次。

⑤ 透明　用六级叔丁醇对材料进行透明处理。将材料经 4/5 无水乙醇 +1/5 叔丁醇，3/5 无水乙醇 +2/5 叔丁醇，1/2 无水乙醇 +1/2 叔丁醇，2/5 无水乙醇 +3/5 叔丁醇，1/5 无水乙醇 +4/5 叔丁醇，纯叔丁醇（两瓶）透明，各级透明 20 ～ 30min。

⑥ 透胶及封固　逐步将树胶滴入叔丁醇中，直至适宜的浓度为止，吸取含团藻的树胶 1 滴，滴于干净的载玻片上，盖上盖玻片进行封固。

五、水绵装片

水绵是接合藻中的常见植物，植物体是由一列细胞构成的不分枝的丝状体，通常生活于池沼、湖泊、水沟或稻田中，繁盛期常大片生活于水底或大块漂浮水田中，用手捻摸藻体有黏滑的感觉。其营养时期的标本全年均可采到。在夏、秋季节，则较容易采得水绵接合生殖时期的标本。

① 培养　将取得的水绵材料置于室内进行培养，培养器皿的口面要宽敞，用池水或 Knop 液培养，置于窗口的向光处，但切不可将其置于阳光下直晒，可以用较强的灯光进行照射，当培养缸的水分逐渐减少时，可在缸外用黑纸遮挡，促使海绵进行接合生殖。

② 固定　将水绵营养生殖时期及接合生殖时期的丝状体分别放于培养皿中，用清水漂洗数次后，固定于 Lichent 固定液中，固定 2h，Lichent 固定液又称铬酸 - 醋酸 - 福尔马林，此液既有氧化剂又有还原剂，故需在临用时制备（Lichent 液配方：1% 铬酸 80mL，福尔马林 15mL，冰醋酸 5mL）。

③ 浸洗　以蒸馏水换洗多次，经 12 ～ 24h，接合生殖的材料，其接合管处常积有脏物，不易除去，先用 5% ～ 10% 氢氧化钠水溶液浸洗数小时，再用流水冲洗便可使其干净。

④ 染色　用 4% 铁明矾水溶液媒染 2h，水洗 5min，然后用 0.5% 苏木精液染 2 ～ 4h，再用 2% 铁明矾水溶液分色至适度为止，分色之后，用自来水换洗数次。

⑤ 脱水　经 30% 乙醇、50% 乙醇、60% 乙醇、70% 乙醇、80% 乙醇、90% 乙醇、95% 乙醇至无水乙醇脱水，每级脱水 20min。

⑥ 复染　复染 0.2% 固绿乙醇约 10min。

⑦ 脱水及透明　经六级无水乙醇和叔丁醇混合液，直至纯叔丁醇透明，每级 20 ～ 30min。

⑧ 透胶与封固　将树胶逐滴加入叔丁醇中，直至树胶浓度适度为止。在树胶内将水绵藻丝适当剪断，然后，挑取少量藻丝于载玻片上，再加树胶少许，并用针展开藻丝，避免重叠。经镜检，若材料符合要求，便可盖上盖玻片，从而完成水绵的制片。

六、地钱生殖托纵切片

地钱为雌雄异株，人们肉眼所见的植物体是它的配子体，在春季，植物体行有性生殖，配子体上长出生殖托，雄配子体产生精器托，雌配子体产生颈卵器托，均呈伞状，生殖托由托基和托柄两部分组成。

精器托的托盘初期近圆形，边缘波状浅裂，成熟期体积增大，边缘的裂片向外平展，转为深裂，托盘上表面有许多小孔，每个孔腔内有一精子器，成熟后精子器壁开裂，精子全部逸出。

颈卵器托的托盘初期为圆形帽状，以后边缘逐渐形成指状深裂，在指状裂片之间产生一列顶端朝下的颈卵器，每列颈卵器两侧各有一片薄膜状的蒴苞，每个颈卵器外又有围绕的一鞘状假被。卵细胞受精后，合子在颈卵器内发育成胚，并进一步长成孢子体，孢子体由孢蒴、蒴柄和基足三部分组成，外形呈圆形颗粒状体，用普通放大镜便可观察。

取材时，自生殖托顶部以下 3～5mm 处切取连有托柄的托盘。再沿托柄切去相对两边的托盘边缘，使生殖托的切面成"T"字形，切去托盘边缘部分时，应仔细观察，注意保留精子器、颈卵器或孢子体着生的最佳位置。

将材料经 FPA（formalin-propanoic-alcohole，甲醛-丙酸-乙醇）固定，石蜡切片法制片，将精子器纵切成 5～6μm 厚的切片，幼颈卵器托纵切成 5μm 左右厚的切片，老颈卵器托切成 10～15μm 厚的切片，再用番红固绿双重染色，细胞质和细胞壁呈蓝绿色。

七、藓原丝体装片

藓类的原丝体在路旁、墙角、园圃、山坡及林地的湿润土壤表面经常可以看到。但其幼芽只在早春时才易寻到，要获得藓原丝体的材料也可以用藓类植物的孢子来培养，成熟的孢子生活期可以长达几年，但以当年萌发的最好（培养液配方：硫酸钾 0.5g，硫酸镁 0.5g，硫酸钙 0.5g，硝酸铵 1.0g，磷酸铵 0.5g，硫酸亚铁 0.01g，10% 氢氧化钾水溶液几滴，蒸馏水 100mL）。

培养液放入消毒器内，在 15psi❶ 压力下消毒 30～60min，然后将培养液倾入已消毒的垫有吸水纸的培养皿中，以完全湿润为度。

将成熟的孢蒴表面用灭菌水冲洗干净，切开蒴壁，把其中的孢子均匀地撒布于培养液上，置于光亮处，在 20℃的室温下培养数小时至数天，孢子即萌发出原丝体，并且不长出芽体。

制片时，刮取藓的原丝体放入一小皿内，滴入少许清水后微微振荡，使附着在材料上的泥沙及杂质溶散，换清水数次，至清净时为止。再用 FPA 或 FAA 液固定，Ehrlich 苏木精与固绿双重染色。

经各级酒精脱水，冬青油及二甲苯透明后，用树胶封固。

第四节　常见微生物的制片

一、细菌三型涂片

细菌是微小的单细胞生物，种类很多。其外形常随环境的变化而改变。通常在形态上分为三种类型，即球菌、杆菌和螺旋菌。

① 取材　从小便池、粪坑或含大量有机质的污水坑内捞取浮在表面呈黄色或白色的

---

❶ 1psi=6894.76Pa。

膜和液体，此液内常会有大量的球菌、杆菌和螺旋菌，将含有三种类型细菌的膜液放在室内静置 2～24h，使液内杂质完全沉淀或上浮液面。如果杂质太多，可以用双层绸布过滤。

② 固定　用吸管从菌液上层的液面以下吸取菌液，用显微镜进行检查，若球菌、杆菌和螺旋菌三种细菌的比例适当，便可以加入福尔马林进行固定，加入福尔马林的量以达到 10% 的浓度为准，若这三种菌型的比例不适当，便可和其他处采集的菌液混合调节，也可以加入缺少细菌的那个菌型进行比例调节。

③ 涂片、衬色、封固　用牙签蘸一滴菌液和固定液的混合液滴于载玻片上，然后用小玻璃棒蘸取 3% 黑色素水溶液一滴于上述混合液中，将菌液的混合液和黑色素的水溶液的混合液搅拌混合，均匀涂开，在 35～40℃下烘干。温度不能过高，高则衬色的黑色素会产生裂纹。待涂片干后，不需经过脱水和透明，可直接滴入树胶并盖上盖玻片进行封固。

这样制出的涂片，可以在一张片子上显现多种形状的细菌，这种涂片，细菌本身并未着色，只是用黑色来衬底色，黑色素可以为紫黑色或蓝黑色，所以这种着色不能叫染色，只能称为衬色。

除用黑色素衬底的方法外，也可用龙胆紫对细菌进行染色，将菌液涂片后，把涂片放在酒精灯上或放烘箱内，在 60～70℃下烘干，干燥的涂片用水洗数次，以清除甲醛，再滴加龙胆紫染色液 3～5min（龙胆紫染色液配方：龙胆紫 1g，95% 乙醇 20mL，蒸馏水 80mL，苯胺 3mL）。

染色后，经 95% 乙醇、无水乙醇速洗，再经 1∶6（体积比）石炭酸 - 二甲苯、二甲苯透明后，用树胶封固。

二、酵母菌装片

酵母菌是单细胞的子囊菌，在适宜的条件下，生长繁殖甚为迅速，多存在于富有糖分的基质中，在牛奶、动物的排泄物内、土壤中以及植物营养体中都可以找到。

① 取材、固定　在糯米甜酒液或面粉发酵水中，均可采得大量的酵母菌。也可直接用酒曲或鲜酵母研成粉末，撒入经煮沸后冷却的 5% 蔗糖水溶液中，置于室温 25～30℃处培养 1～2h 后，便可见到芽体长出，24h 后便有大量酵母菌繁殖。固定时取含酵母菌的上层菌液，用铬酸 - 醋酸固定液固定 24h。

② 浸洗、脱水、染色、透明、封固　取 1 滴含酵母菌水液均匀涂抹在清洁的载玻片中央，倾去全部未附着紧贴的水液，经 10min 左右，水分蒸发后，再滴上一薄层 1% 火棉胶液，静置 3min 左右，待涂片干燥，菌体便紧贴于载玻片上，即可进行染色。用等量的 1% 酸性品红水溶液与 1% 甲基绿水溶液的混合液染色 2～3min，以 70% 乙醇、95% 乙醇、无水乙醇各浸洗 1 次，再用叔丁醇浸洗 2 次，脱水透明后滴加树胶封固。

这样所制成的装片，其各部分结构颜色分明，细胞质、细胞壁被染成红色，细胞核呈现出绿色。

三、青霉装片

青霉属的真菌具有发达的菌丝，无性生殖时，产生呈扫帚形排列的分生孢子梗和单列小圆球形的分生孢子，在腐烂的果皮及发霉的食品上常有分布，腐烂柑橘上常见的桔青霉便是制片的良好材料。

① 取材　从呈现出青绿色腐烂的柑橘果皮的表面，挑取部分带菌组织，通过显微镜检查，当确认长有青霉菌后，再经人工接种培养，能获得纯净的青霉以及发展程度适当的材料，进行培养时，可用马铃薯或豆芽等其他材料制成培养基（马铃薯琼脂培养基配方：马铃薯块茎碎片20g，蔗糖2g，琼脂1.5g，水100mL）。

将煮溶的培养基装入小培养皿中，盖好，叠放于高压锅内，经15psi高压消毒半小时。然后取出培养皿，冷凝成固体培养基，用已消毒的培养针把青霉的孢子接种到培养基上，随即盖好，放在25℃温箱内培养，数天后，则出现淡青色的分生孢子，对其进行镜检，如果没有其他菌类即可固定，若菌种不纯，应再分离培养，直至获得纯净青霉时方可固定，固定时的材料不可太成熟，最好在分生孢子微呈淡青色时固定，这样，可以减少在制片过程中分生孢子脱落。

② 固定　将刀片沿培养基的表层切下带有琼脂的青霉，浸入无水乙醇中固定6h以上。

③ 染色　染色前须经95%乙醇、90%乙醇、80%乙醇、70%乙醇、50%乙醇、30%乙醇下行复染至蒸馏水，各级浸20min，用Mayer苏木精液染色2h，随即用自来水蓝化数小时。

④ 脱水、透明、封固　经各级乙醇至无水乙醇脱水，然后用解剖针将培养基表面的青霉菌丝挑取一些，置于另一小器皿中，再经2次无水乙醇脱水，三级二甲苯透明后，将材料挑至载玻片上，滴加树胶封固。

第五节　常见实验动物的制片

一、无脊椎动物的制片

1. 草履虫的装片

① 固定　将草履虫沉积于离心管底，吸去上面的水，加固定液固定1h即可（固定液配方：苦味酸1g，福尔马林60mL，80%乙醇150mL，冰醋酸15mL）。

② 浸洗染色　用70%乙醇浸洗两次，用乙醇洋红染色液染2～6h，再以浓度不拘的苦味酸乙醇溶液（70%乙醇配制）浸染3min，使细胞质染成黄色，再用苏木精染色液染1～2h，经过0.5%～1%盐酸乙醇分色后，经自来水浸泡至核呈蓝色，再用甲基绿染色1h（甲基绿染色液配方：甲基绿0.2～1g，冰醋酸0.5～1mL，蒸馏水100mL）。

③ 脱水透明　染色后，根据染色液的不同，分别用50%乙醇或蒸馏水浸洗，然后逐滴加入95%乙醇，再经过无水乙醇脱水，然后加入冬青油使材料透明。

④ 封固　吸取冬青油，将各种不同染色方法染色的草履虫从离心管中吸出，置于一块小玻璃器中，缓缓加入树胶并搅拌，然后用小玻棒沾一小滴含有草履虫的树胶于载玻片上，加盖盖玻片即可，从而完成草履虫的装片。

2. 水螅的整体装片和横切片

① 整体装片　在一小培养皿中放少量水，将水螅用滴管从培养缸中吸出，放入皿中，

待其慢慢伸展后，再用烧热的 Boon 液固定，一般固定 4～8h，固定液应多一些，倾倒时也要迅速，也用滴管取烧热的 Boon 液注射在水螅体上，注射的方向须从基部至触手端，注射的时间必须极短且不要将固定液滴入水中，以免水螅收缩。

将固定好的水螅浸入 70% 乙醇中，尽可能将标本上用固定液而染上苦味酸的黄色洗去为止，然后用硼砂洋红染色液染 24～48h。

将染色完毕的水螅放入 1% 盐酸乙醇中进行分色，但不能停留过久，一般至分色合适为止，然后经乙醇脱水，冬青油或二甲苯透明，树胶封固，做成水螅的整体装片。

在制作水螅装片时须特别小心，稍不注意就会弄碎或折断触手，在二甲苯透明时更容易弄破或折断，在整个操作过程中，尽可能少用镊子去镊，也不要更换盛器，最好是一器到底。操作时，只须更换溶液，无须更换盛器。

② 切片　水螅切片的操作可以用整块染色方法（只需单染苏木精）。其操作步骤如下：把经过固定浸洗后的材料用蒸馏水稀释了几倍的 Mayer 苏木精染色液染色 6～8h，然后用蒸馏水充分浸洗，至材料不能浸出颜色为止，将已经浸洗的水螅放在载玻片上压碎，加上甘油，置于显微镜下检查染色的程度，如果颜色适当，可用自来水浸泡使材料蓝化，然后按照常规进行石蜡包埋、纵切或横幅切成 6μm 厚的切片，经烤干后，用二甲苯脱脂、透明便可用树胶封固，这样就完成水螅的切片。

3. 真蜗虫的整体装片及切片

① 固定　固定蜗虫最大的困难是虫体会收缩和变形，所以采用直接杀死法，即可将蜗虫直接放入盛有 1% 铬酸水溶液的较大的标本管中，迅速塞紧塞子，并用力摇动标本管，然后将蜗虫取出夹在两玻片之间，浸入 5% 福尔马林中固定。一般固定 2h，然后用流水冲洗 1d。

② 去色素　浸入 10% 的双氧水溶液中漂白，浸 10～20min，然后换蒸馏水冲洗，便可进行染色，也可保存于 10% 乙醇中备用。

③ 染色脱水　用明矾洋红染色 24h 或稍长，也可用 Ehrlich 苏木精单染 1～2d，但经苏木精染色须经过分色和蓝化的步骤，将染色完毕的材料投入乙醇进行脱水。

最后经 1:6 石炭酸二甲苯、二甲苯透明后便可用树胶封固，这样就完成真蜗虫的整体装片。

切片的制作过程、固定浸洗方法同前，按常规进行石蜡包埋，切横切片，8μm 厚。H.E.（苏木精-伊红）染色。

4. 蛔虫横幅切片

① 固定　Bouin 液固定 6～8h。固定前先用刀片将虫体前端和后端切去一部分（约切去虫体全长的 1/2），只要虫体中间的 1/2。固定 4h 后，待虫体变硬，再切成 4mm 左右长的一段，继续固定。

② 浸洗　按常规用 70% 乙醇浸洗。

③ 脱水　从 80% 乙醇开始按常规脱水。

④ 包埋　石蜡包埋，切 8μm 厚。

⑤ 染色　H.E. 双重染色。

⑥ 染色后的处理按常规进行，最后封固。

5. 环毛蚓的横切片

① 麻醉及固定　固定之前需要经过麻醉，如果直接将环毛蚓投入固定液，环毛蚓会

缩短或收缩成一团，所以说要先将环毛蚓浸入自来水中，待其伸展开后，再逐滴加入95%乙醇，不能加得太快，这样环毛蚓会慢慢地麻醉，当用解剖针刺环毛蚓而无反应时，说明其已麻醉，才可将环毛蚓投入Bouin液中固定，一般固定2～4h，然后取环毛蚓中段，并用刀片切成若干长为3～4mm的小段，仍投入Bouin液中固定4～8h。

② 浸洗　用70%乙醇浸洗，至把苦味酸的黄色除去为止，用Mayer苏木精曙红整块染色。

然后按常规进行脱水、透明、浸蜡、石蜡包埋，切横幅切片6～8μm厚。贴片时应注意背腹方向，用苏木精曙红复染，这样就完成全部操作。

6. 昆虫复眼表面装片

① 取材　以牛虻的复眼角膜为材料较好。其他昆虫的复眼也可以。

② 固定　用镊子取下昆虫头部，投入95%乙醇中固定1d至数天。

③ 去色素　用5%～10%氢氧化钠水溶液煮10～15s，除去色素，再浸入50%乙醇中0.5～1h，以洗去碱性。

④ 把角膜撕下，用水浸洗数次，再浸入50%乙醇中。

⑤ 漂白　用氯气漂白（氯气制备：取氯化钾少许放入瓶内，滴4～5mL盐酸，便会产生云雾状的氯气）。把材料连同50%乙醇一同倒入有氯气的瓶内约2s，摇动瓶子，材料稍现黄白色即停止漂白。

⑥ 浸洗　用50%乙醇浸洗数次，并把角膜剪成小块。

⑦ 脱水、透明及封固　按整体装片操作常规进行。

昆虫足、口器的装片可参照上述方法。

二、染色体、细胞分裂的制片

1. 果蝇唾液腺染色体的制片

果蝇属节肢动物门、昆虫纲，其唾液腺染色体为巨型染色体，染色体纹粗且清晰，是实验用的好材料，做染色体的切片，以果蝇四龄幼虫为材料较好，取载玻片置于实体显微镜下滴一滴0.7%的生理盐水。将幼虫置于生理盐水内，两手各持一根解剖针，以一根针按住幼虫尾端1/3处，固定幼虫，将另一根针按住幼虫头部，用力向前拉，使头部与身体分开，即可见1对黄白色、呈袋状的腺体，腺体位于食管两侧，中间夹有神经节，将腺体拉出后，剔除脂肪等组织。

① 压片和固定　取一唾液腺置于载玻片上，滴一滴醋酸洋红染色液，待10～20min后，轻轻盖上盖玻片，再盖1块滤纸，用以吸干盖玻片四周的染色液，用镊子轻压滤纸，盖玻片下面的唾液腺细胞被压破，并均匀地散开。压片时注意不要移动盖玻片，否则染色体纹带会卷缩，掀开滤纸，把载玻片连同盖玻片平放在培养皿中，用醋酸洋红固定12～24h，然后轻轻将载玻片和盖玻片分离，把它们用蒸馏水浸洗后，分别进行染色。

② 染色　将载玻片和盖玻片用下液染色1～2h（染色液配方：焦油紫0.1g，硫堇0.1g，亚甲蓝0.1g，甲苯胺蓝0.1g，蒸馏水100mL）。

③ 浸洗及烤干　将染色后的切片用蒸馏水浸洗数次，然后置于35℃恒温箱中烘干。但恒温箱烘烤时温度不能太高。

④ 封固　可以不经过脱水和透明而直接用树胶封固，载玻片上有材料附着，滴一滴树胶于载玻片上，再盖上盖玻片即可，盖玻片上也有材料附着，则取一块干净的载玻片，滴一滴树胶，然后将有材料一面的盖玻片盖上，因此，每一只唾液腺可做两张玻片标本。

2. 马蛔虫卵的细胞分裂的制片

马蛔虫卵是观察动物细胞有丝分裂的最好材料，马蛔虫属于原腔动物门、线虫纲。取材时应取活的雌马蛔虫，用 0.9% 生理盐水洗去虫体的污物，然后沿虫体背部中线进行解剖，在阴道与子宫连接处以及子宫输卵管连接处用细线各做一结扎，然后把两条子宫连同阴道一并取下，再把子宫分为前后两大段，每大段均用细线结扎成许多约 5mm 长的小段，每小段两端均应有线结扎，结扎的目的是防止虫卵在操作过程中从子宫内脱出，分别用两只广口瓶盛装前段和后段进行固定。

子宫近阴道段是生殖细胞成熟分裂和受精的部分，可直接将子宫上段浸入固定液中固定，子宫的后段需浸入溶液中处理，在此液中能固定子宫壁并能刺激受精卵促使其进行分裂。

固定液配方：福尔马林 5mL，冰醋酸 5mL，95% 乙醇 80mL，甘油 10mL。

子宫后段浸入上液后，置于 30℃下，4h 后虫卵便开始进行细胞分裂，2～4h 分裂 1 次，5～8h 后可提供各个时期细胞分裂的卵，按时分批投入固定液中固定。

① 固定　把大段标本沿其中的结扎线切断成许多小段，使每小段两端均有线结扎，然后浸入下液固定，此液能迅速杀死细胞，是固定细胞分裂的较好固定液，固定液需用时临时配制。

固定液配方：无水乙醇 1 份，冰醋酸 1 份，氯仿 1 份，砷汞加至饱和量。

② 浸洗及脱水　用 95% 乙醇换洗几次，在第一次乙醇中加入数滴碘酒，浸 4～12h 以除去水，然后经两瓶无水乙醇脱水，各瓶约浸 4h。

③ 透明　不用二甲苯作为透明剂，用二甲苯易使材料变脆和收缩，采用氯仿逐滴加入浸有材料的无水乙醇中，逐渐增加氯仿的浓度，最后将材料浸入氯仿中。

④ 包埋及切片　先在室温下将石蜡慢慢加入浸有材料的氯仿中达到饱和，然后在包埋箱中浸蜡 4h 左右，此处用的石蜡均为低熔点。

将已包埋的材料做横切片或纵切片，厚度为 3～6μm，后按常规进行展片、贴片、烤片、脱蜡及染色。染色液 Heidenhain 铁矾苏木精，一般染色 2h 即可，再经过乙醇脱水。1∶1 无水乙醇/二甲苯、二甲苯透明、树胶封固即完成切片制作。

三、常见组织的制片

1. 单层扁平上皮制片

单层扁平上皮分布在心脏和血管等处的内表面，肠系间皮也是单层扁平上皮，一般取蛙的肠系膜为材料，将蛙杀死后，从胃幽门下部剪断，再从直肠下部剪断，再剪断系膜，这样就可把小肠和肠系膜全部取出，沿肠的系膜缘将肠和肠系膜分离，用 0.75% 的生理盐水将肠系膜洗干净，并放在一干净玻片上，用解剖针挑开、展平。

① 染色　加数滴 1% 硝酸银水溶液于肠系膜或腹膜壁上，使整个肠系膜表面皆被染色液浸盖，然后即放在日光或灯光下照射 3～5min，待材料至棕色后，倾去载片上的硝酸银溶液。

② 浸洗　用蒸馏水浸洗数次。
③ 脱水　经各级乙醇脱水。
④ 透明及封固　用二甲苯透明，在二甲苯中用厚纸片托起材料，然后用小刀将材料连同纸片剪成小方块，最后只取剪好的小方块的材料移至载玻片上，加树胶封固。

这样，制成的玻片标本可以看见细胞与细胞间呈黑色锯齿状边缘，细胞核呈棕黄色，细胞质无色。如果需要显示单层扁平上皮的细胞核，可在浸洗后再复染 Harris 苏木精液，经过苏本精复染后须经过分色、蓝化等步骤，手续较繁，所以采用 0.5% 碱性品红溶液复染的方法，这样既方便，效果又好。一般只需染 5~10s 即可。复染后再按上述步骤进行脱水、透明和树胶封固。复染后的细胞核呈艳红色。

2. 疏松结缔组织伸展片

选取小白鼠或幼年大白鼠的皮下结缔组织为材料，用乙醚将动物麻醉致死，然后用剪刀剪取皮下结缔组织少许，但不要剪取过多的脂肪组织。将其放在一载玻片上，左右手各执一解剖针将其扒开，扒得愈薄愈好，再将载玻片置于无尘处晾干，晾干后的材料会牢固地粘贴在载玻片上，若未充分晾干，那么在以后的冲洗及脱水过程中材料会在载玻片上卷起，甚至脱落下来。

① 固定　待材料晾干后，浸入甲醇中固定 15min 以上。
② 染色

a. 弹性纤维的染色。从固定液中取出材料后用 Weigert 弹性纤维染色液处理（染色液配方：碱性品红 1g，间苯二酚 2g，蒸馏水 100mL）。混合上液，加热煮沸数分钟，冷却后过滤。取滤液连同沉淀物置于温箱中烘干，将烘干的沉淀物及滤纸溶于 100mL 95% 乙醇中，隔水加温使沉淀物溶解，除去滤纸，冷却后再滤，然后加入 95% 乙醇至 100mL。最后，加 2mL 盐酸即配制成间苯二酚品红染色液。将伸展片浸入此液中染 1~24h，再用 95% 乙醇分色、镜检，以弹性纤维呈深黑色、底色干净为准，然后用自来水冲洗 10min 以上。

b. 细胞核染色。伸展片经蒸馏水浸洗数次后，浸 Ehrlich 苏木精染色液中染 5~30min，染色后按常规用 1% 盐酸乙醇分色、镜检，以细胞核染色清晰、底色干净为准，再用自来水清洗 15~30min 使其蓝化。

c. 细胞质染色。材料经蒸馏水浸洗后用天青曙红和 Wright 染色液配成稀释液染 3~12h，经镜检，以各种细胞质染色明显为准（染色液配方：0.5% 天青曙红水溶液 5mL，0.13% Wright 染料用甲醇溶液 5mL，蒸馏水 30mL）。

d. 胶原纤维染色。经蒸馏水浸洗后，用 1% 曙红酒 0.2% 偶氮洋红水溶液染色，可在 56℃ 下染胶原纤维，至胶原纤维呈红色或橘红色为宜。

③ 脱水及透明　将材料直接浸入 95% 乙醇中脱水，换 1 次 95% 乙醇溶液，经 2 次无水乙醇后，用二甲苯透明。
④ 树胶封固　这样所做成的玻片，其染色鲜明，易于区别。

3. 心肌切片

一般选取猴、刺猬或狗的心脏作为材料，将其心脏横切成小块，投入固定液中固定。
① 固定　固定时先用生理盐水洗去血液。然后用下液固定 1~2d（固定液配方：硝酸 10mL，无水乙醇 90mL）。
② 复水　经乙醇复水至蒸馏水，多换几次蒸馏水浸洗。

③ 染色 用以下染色液染色 5～6d，在 50℃恒温箱内进行（染色液配方：1% 苏木精水溶液 2mL，1% 硫酸铝铵水溶液 5mL，2% 碘酸钠水溶液 0.2mL，1% 高锰酸钾水溶液 0.5mL，蒸馏水 5mL）。配制上液时先分别加热至溶解，然后再依次混合。

④ 浸洗 先用蒸馏水浸洗，然后浸入自来水中 1d 左右，使其蓝化。

⑤ 按常规进行脱水、透明及石蜡包埋，然后切成 6μm 厚的切片，将切片烤干后，经两缸二甲苯溶蜡并透明，便可用树胶封固，其结果是心肌间盘清晰，呈蓝色至黑色，细胞核呈蓝色或蓝紫色。

4. 脊髓的神经细胞涂片

牛脊髓神经细胞较大，易于观察。所以以牛脊髓作为材料好，从宰牛场中取得牛脊髓后，需用 0.9% 生理盐水浸泡，以防干坏，带回后应立刻进行涂片制作。

① 涂片 用锐利的剃刀从脊髓颈膨大或腰膨大处横断，再用小镊从脊髓腹正中裂处纵向向两侧扒开，暴露灰质，用小镊子取髓腹角处的灰质一小块置于一载玻片上，取另一玻片压在其上，压碎灰质，然后将两玻片扯开，两玻片上则均涂有一薄层灰质，待灰质稍干，即可进行固定。

② 固定 将涂有灰质的载玻片浸入 95% 乙醇中固定 2～12h。

③ 去脂、复水 从 95% 乙醇中取出后浸入无水乙醇 10min 左右，再用体积比 1∶1 的乙醚-无水乙醇浸 0.5～1h。目的在于除去脂肪，有利于染色，然后再经乙醇复水至蒸馏水。

④ 染色 用以下多种染色剂配成的染色液染色 6～12h，染色所制成的玻片，可以保存较长时间（染色液配方：焦油紫 0.01g，硫堇 0.01g，亚甲蓝 0.01g，甲苯胺蓝 0.01g，蒸馏水 100mL）。

⑤ 脱水、透明 封固及制片的结果是细胞核呈蓝紫色，核仁及 Nissl 体也为蓝紫色，但 Nissl 体颜色更深。

5. 血液涂片

欲观察血细胞和血小板的形态，必须将血液制成涂片才可进行观察。

根据需要可以从各种动物或人体采血，在对人体采血时，应揉搓需要采血的部位，使血流旺盛。用乙醇擦洗皮肤以消毒，待干后，以左手拇指及食指夹持采血处。再用消毒过的采血针，迅速深刺，则血液自然流出。如血流不旺，可用手指轻轻挤压，但不宜过重，因为挤压过重，会把组织液挤出，致使血液不纯。

① 涂片 取流出的第二滴血，滴于一干净载玻片的右端，用另一载玻片的末端斜置于第一块载玻片上的血液的左缘，成 30°～40°角，再将第二块载玻片稍稍向后退，使其接触到血滴，血液即向载玻片末端的两边伸展，在斜角中充满，此时再把第二块载玻片向前推进，血液随推片而行，成为血液涂片。

推进时应保持一定的速度和两玻片间的角度，不能中断，否则涂抹不匀。血液涂片的厚薄程度可因血滴大小、推片速度和两片保持角度的大小而异。角度大或推进速度慢则涂片较厚。薄的血液涂片适合于观察红细胞和疟原虫等；厚的血液涂片适合于血细胞的分类计算。因为血细胞比较集中，容易找到各种血细胞。

② 染色 待血液涂片干燥后用 Wright 染色液染色（染色液配方：Wright 染色剂 0.1g、甲醇 50～60mL）。

吸取染色液几滴移于血液涂片上，至血液涂片全部淹没，静置 1min 后，加 1 滴蒸馏水。加好后立即用口轻轻吹气或用牙签轻轻拨动，使染色液与水充分混合均匀，然后再滴加蒸馏水，加至与染色液量相同为止。再静置4min左右，最后用蒸馏水将血液涂片上的染色液洗去，待水干后，便可进行观察。

③ 封固　如需制成永久玻片，则采用香柏油配制的树胶进行封固。这种树胶不大会褪色，可保存较久。不能用二甲苯配制的树胶封固，因为这种树胶会使切片褪色（香柏油树胶配方：香柏油4g，固体树胶1g）。

这样所制成的血液涂片，红细胞的颜色应为粉红色，血细胞的核应呈蓝色，嗜酸性粒细胞颗粒应为红色，嗜碱性粒细胞颗粒呈现紫色。

6. 骨密质磨片

动物或人体陈旧股骨的骨干部密质较厚，选取此处作为材料较好。

① 锯片及磨片　用木工用的细锯将骨干横或纵切成薄片，薄片应尽可能地锯薄些，这样可以节省磨片的时间。然后将锯下的骨片用粗磨刀石或在粗糙的水泥面上加水磨，磨到很薄时，再换细磨刀石磨。

在细磨的过程中，要经常镜检。若骨组织结构已很明显，说明已基本磨成。镜检时需注意将骨片上的泥浆洗去，干燥后再检查。因为湿的骨片容易透光，不能说明问题，一般磨片厚50～80μm即可。磨成的骨片用水洗出泥浆，再用95%乙醇浸洗片刻，取出待干后便可封固。

② 封固　骨磨片可以不经过染色便进行封固，要观察骨磨片的骨组织结构，必须使骨小管及骨陷窝内充满空气而呈黑色，这样在镜下观察时才能显示得清晰，所以封固玻片时不能用液胶。因为树胶中的二甲苯会进入骨小管和骨陷窝而使其透明，结构反而不清晰。

对骨磨片的封固有许多方法，但有些封固效果不佳，所以采用Humason（1979）介绍的一种封固磨片的方法。它既能用液体树胶封固又能保持结构中的空气。此法的主要特点是封固之前，于骨干上"镀"上一层较薄的膜，然后再按常规用液体树胶封固，此膜起着隔绝树胶中二甲苯进入骨组织中的作用。具体操作如下：将火棉胶混合液充分搅拌溶解，气泡逸出后便可使用。将此液滴入载玻片中央，将骨磨片埋入火棉胶液中，置于40～50℃下，数分钟火棉胶即可干固，然后再滴液体树胶，并盖上盖玻片（火棉胶液的配方：火棉胶10～11g，醋酸丁酯或醋酸戊酯100mL）。

③ 染色　骨磨片也可以经过染色后再封固，这样骨磨片的结构能非常清晰地显示出来。染色方法很多，如用茜紫红、酸性品红、大丽紫染色和镀银等。现采用大丽紫染色法对骨磨片进行染色，将已磨薄的骨磨片用大丽紫的95%乙醇饱和溶液进行染色，在50℃下染10～15d，待乙醇挥发干涸后，再加入95%乙醇。染色后再用煤油在细磨石上磨，磨去骨片表面的浮色，用煤油或二甲苯洗净骨片，待干燥后可按Humason所介绍的方法进行封固。

第六节　脊椎动物的石蜡切片和制片

动物石蜡切片和制片，方法繁多。目前常用的方法已达几十种。这里仅介绍最基本的一种——石蜡切片和制片。

一、石蜡切片和制片的准备

1. 石蜡切片的设备和药品

（1）设备

① 旋转式切片机　这种切片机的夹物部分是上下移动前后推进的，而夹刀部分则固定不动（图 9-2）。夹物部分后面也连接着控制切片刀厚度的微动装置。夹刀部在切片机的前面，其切口与夹物部上的组织块垂直，当旋转轮摇转 1 次，夹物部的水平圆柱体也随着上下来回移动 1 次。向下移动经过刀口，组织块即被切去一片，然后向上移动，经过刀口后，就按调好的切片厚度，微动装置以水平方向将组织块向前推进一片的厚度，这样连续的摇转，石蜡就被切成连续的蜡片，最薄的可切成 2μm。

这种切片机最适于作石蜡切片，还配有冷冻切片装置，可作冷冻切片。

② 切片刀　切片刀是装配在切片机上切片用的。一般每台切片机附有 2 把切片刀，有三种类型（图 9-3）。

图 9-2　旋转式切片机

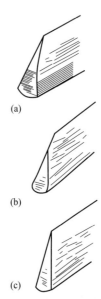

图 9-3　三种切片刀的侧后观
（示刀口的厚薄）

③ 电热温箱　电热温箱是用于电热的，有各种大小的容积。平常可调节温度 25～180℃，误差不超过 ±2℃。有两种隔热方式：一种在箱壁双层中间垫以隔热材料；另一种在双层壁之间灌入适当温度的热水，称为水浴温箱。

制片时需要两个，一大一小，供培养材料和溶蜡浸蜡之用。如果没有条件，也可用简便方法代替。

④ 显微镜　可备一台较简单的作检片之用，另一台稍好的作为最后研究观察之用。

⑤ 电热温台　展平蜡带或烤干制片之用。一般用铁皮自制（图9-4）。台的下面放1盏酒精灯。

图9-4　温台（包埋台）

⑥ 磨刀石　通用的青石或黄石（即理发师磨刀用的磨刀石）。最好有一块是细的磨刀石，一块是较粗的磨刀石。

⑦ 荡刀布　即理发师所用的荡刀布，也可自己用帆布制作。

⑧ 天平　普通小天平即可。

⑨ 玻璃器皿

a. 载玻片：普通的为 25mm×75mm，厚度为 1.1～1.7mm。

b. 盖玻片：有正方形、长方形、圆形等多种规格，常用的为 18mm 或 22mm 见方。

c. 染色缸：有立式或卧式两种。立式的有大小之分。小的一次装 5 片，大的一次装 10 片。卧式的一次可装 10 片，但口面大，盖不严密，费药液较多。

d. 酒精灯：不论任何酒精灯都应有能盖灭火焰的盖子，以保安全。

e. 培养皿：有各种直径和高度不同的规格。平常可按需要备有 100mm×15mm 的数套及直径较小的数套，视情况选用。

f. 量筒：一般应有 25mL、100mL、1000mL 三种。

g. 漏斗：可各有上口直径 55mm 和 100mm 两种。

h. 小酒杯：浸蜡用，通常用瓷制的，口径在 4cm 左右最为合适。

i. 烧杯：可备 25mL、50mL、100mL、200mL、500mL、1000mL 等几种，较为方便。

j. 广口瓶和细口瓶：应备各种容积的（30～1000mL）若干。

k. 树胶瓶：常用高 70mm、直径 30mm 左右，有密封外盖。这种树胶瓶如放置太久，容易胶住外盖，难以打开。

（2）常用药品

石蜡切片应用试剂与染料甚多，例证如下：

试剂：95% 乙醇（工业用）、无水乙醇、福尔马林（37% 甲醛）、冰醋酸、二甲苯、石炭酸、铁明矾、丙酮等。

染料：苏木精、钾矾（硫酸铝钾）、曙红、番红、纯晶紫或龙胆紫、洋红等。

其他：阿拉伯树胶、明胶、石蜡、加拿大树胶等。

2. 制作切片应注意的事项

① 开始工作之前，应该先仔细阅读操作过程，了解一般情况。

② 实验室中的各项物品，要力求保持清洁、干燥。

③ 每项仪器或零星用具及药品等，要放置在一定的地方，切忌将各种药品杂乱地堆

放在桌子上或药柜内。

④ 每个盛装药品的瓶子必须贴上清楚的标签，或用有色油漆漆上名称。红色表示酸性，蓝色表示碱性，黑色表示中性。剧毒药品应特别标明。

⑤ 不要凭记忆和猜想取用药品。无标签的药品，应特别小心开放。不明来历的药品，绝对不能动用，否则，会造成严重的后果。

⑥ 装有溶液的瓶塞，用后立即盖上，不要张冠李戴。溶液已经倒出，不能倒回去。

⑦ 装药品的瓶子，应该盖严，否则，有的易挥发而引起火灾或中毒；有的易引起药品潮解，造成药品失效。

⑧ 配制药品完毕后，用过的玻璃器皿，应立即在流水中冲洗干净。

⑨ 稀释或配制酸类时，尤其是几种强酸，如硝酸、硫酸及盐酸，开瓶时需要严格注意。如果猛力拉出瓶盖，容易溅到身上引起损害。或者喷出强烈的气体刺激眼鼻。比较妥当的办法是用一张废纸蒙住瓶口，然后拧开瓶塞。稀释时，应将酸徐徐倒入水中，不断用玻棒搅动，否则，会发生危险。

不要抛弃杂物入水槽，尤其是带有黏性的物质，如树胶、石蜡、棉纱布等容易阻塞水槽。强酸或强碱，必须另作妥善的处理，不能倒入水槽。

⑩ 常用滴管要标明用途，如乙醇、二甲苯及各种染料等。特别是酸类、碱类及油类等滴管，更要标明清楚，不能混用。

⑪ 取材固定时，必须事先大致了解材料的性质，然后选择固定液。目前所用固定液的穿透力都不如想象的那么大，所以应避免固定大块的材料，以小为宜。

⑫ 取得材料后，应立即固定，若不及时处理，细胞容易变质，会得到不正确的结果。

⑬ 小心使用切片机及切片刀，必须细心操作，防止工伤发生，用后必须擦净机片。

⑭ 有些用过的药品要保存。如 70% 以上的乙醇，用完后保留下来，还可用作酒精灯的燃料。用过的纯石蜡与含有二甲苯的石蜡也应分别保存。旧的石蜡经过过滤后可以重用，并比新蜡好用。

⑮ 整个切片过程都应考虑有计划的进行，例如，何时固定，何时脱水，何时浸蜡等，这样才可以正确安排作息时间。

3. 石蜡切片的原理与过程

石蜡切片的操作过程包括：固定→洗净→脱水→透明→浸蜡及包埋→切片→粘片→溶蜡→染色→去水→封固。这一过程的先后次序是不能颠倒的。

二、青蛙或蟾蜍小肠的石蜡切片和制片

1. 青蛙或蟾蜍小肠的采集

将活的青蛙或蟾蜍麻醉后，将最大的血管切断，使体内血液流完为止。打开腹腔，取出小肠并切成长约 8mm 的小段。

2. 固定液的配制与小肠的固定

（1）固定液的配制

固定的目的在于保持组织细胞的形态、结构及其组成，与其生活状态时相同。因此，在材料切断之后，不仅要使生物体立即死亡，而且还要使每个细胞差不多同时停止生命活

动，这样才能达到上述目的。在固定后还必须考虑材料的某些性质，如使组织变硬，增强内含物的折光程度以及使某些组织或细胞内的某些部分易于染色等。由此可见固定液的配制是很重要的。

海利氏液（Helly's Fluid）配制如下：

甲液：氯化汞 5g、重铬酸钾 2.5g、硫酸钠 1.0g、蒸馏水 100mL。

乙液：中性福尔马林溶液 5mL。

配制：将甲、乙两液混合。

（2）小肠的固定

① 固定　将切好的小肠直接投入海利氏固定液中，固定 24h。

② 冲洗　把材料放入小烧杯中，用纱布扎口放入适当的水槽或玻璃缸中，用小流量的自来水冲洗 24h。

③ 脱水和脱水剂　石蜡切片是要将材料包埋在石蜡中便于切片，如果材料中尚有水分，石蜡就无法渗进细胞。所以脱水是制片中的一个关键性问题，是决定制片的成败问题，必须认真对待。常用的脱水剂是 95% 的乙醇，应用乙醇脱水时，应逐步进行，不可太快，否则会使细胞收缩。所以脱水时一般先用浓度较低的乙醇，然后逐渐增加浓度，最后用纯乙醇。用海利氏液固定，要经过下列各级乙醇：50% → 70% → 85% → 95% → 100% 各半小时，在经 70% 乙醇时，加碘去汞，直至乙醇不变色为止。到纯乙醇时，需更换 2 次。

在脱水时应注意下列几点：

a. 在低度乙醇中，每级停留时间不宜太长，否则易使组织变软。

b. 在纯乙醇中，停留时间也不宜太长，否则可使组织变脆，影响切片。

c. 脱水要彻底干净，否则与二甲苯混合后，将呈乳白色浑浊，虽可倒回重脱，但影响效果。

d. 如需过夜，应停在 70% 的乙醇中。

3. 石蜡切片和制片的主要步骤

（1）透明

透明的主要目的，在于使组织中的乙醇被透明剂所替代，使石蜡能顺利地进入组织，便于切片，增强组织的折光系数，并能和封藏剂混合进行封藏。最常用的透明剂是二甲苯，但由于二甲苯不溶于水，透明力强，不可停留过久，否则容易收缩变形变硬，引起不良后果。为避免组织收缩，在纯乙醇/二甲苯等量混合液中停留 15min，再浸入二甲苯中半小时，并更换 1 次。

（2）浸蜡

浸蜡过程是使石蜡慢慢溶于浸有材料的透明剂中，然后以石蜡完全代替透明干净剂进入材料的组织中。具体做法是把材料浸入二甲苯和石蜡液中（两者之比为 1∶1），置于 37℃恒温箱中 10min。换入纯石蜡并置于较石蜡熔点高 2℃的恒温箱中，换 2 次，每次 15min。

（3）包埋

用光滑而坚韧的道林纸，折成适当大小的纸盒，折叠方法如下（图 9-5）。

纸盒折好后，将熔化的石蜡连同材料一并倒入此盒内。然后将镊子或解剖针在酒精灯上烧热，迅速把材料按需要的切面及材料之间的间隔排列整齐（图 9-6）。然后频频放进冷水中，使其很快凝固。包埋的过程要尽量迅速，如果石蜡凝固太慢会发生结晶，已结晶的石蜡是不能切片的。一般在冷水中放置约 1h 取出，将纸盒拆除。先用小刀在材料四周切成一适当的深沟，用手将蜡块分裂，使每一小蜡块中包含一个材料，并进行修整，使材料位于蜡块正中（图 9-7）。另外，将准备的方形小木块划上条纹，一端浸制熔化的废蜡，然后将修好的蜡块粘上，用烧热的解剖针烫去熔蜡与木块的接合处，使其牢固，冷凝后再用解剖刀或刀片将材料四周多余的蜡修去。

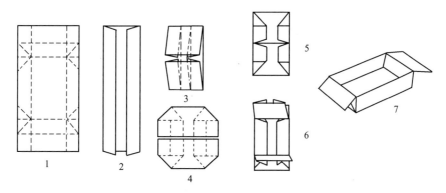

图 9-5　折叠包埋石蜡制片材料纸盒的各步骤（1~7）

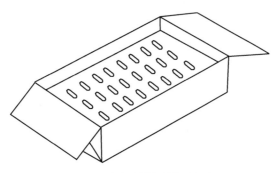

图 9-6　包埋材料的排列方式

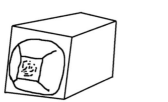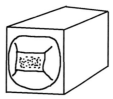

图 9-7　材料粘在蜡块中的位置

（4）切片

将带有材料的小方木蜡块装进夹物台，用手摇转切片机进行切片。由于切片时摩擦生热，使切下的蜡片粘成一条蜡带，用左手拿毛笔把蜡带轻轻托住。切片的厚度以 7μm 为宜。

（5）粘片

蜡片切好以后，要粘在载玻片上，这一步骤称粘片。粘片的做法如下：

① 烫板 为石蜡切片伸展器，有现成出售的电热烫板，一般用一块 40cm×30cm 的白铁皮，四角填起，底下放一盏酒精灯即可。

② 准备清洁的载玻片、盖玻片及蒸馏水。

③ 配蛋白甘油粘片剂或称梅氏蛋白。将鸡蛋一个打入杯中，去掉蛋黄，充分搅拌，用双层纱布过滤（约需数小时）。滤出的透明蛋白液加入等量甘油，使其混合，最后加入麝香-草酚（质量比 1:100）作防腐剂。

④ 粘片方法 在载玻片上滴 1 小滴粘贴剂于载玻片中央，用洁净的小指加以稍稍涂抹，其范围以粘好蜡片为宜，再把分划的蜡片用毛笔尖粘 1 片放到载玻片上，随手滴上 1 滴蒸馏水，平放于烫板上，蜡片受热伸展摊平。

（6）染色

埃利希氏（Ehrlich's）苏木精

① 配方：苏木精 1g，纯乙醇（或 95% 乙醇）50mL，冰醋酸 5mL，甘油 50mL，钾矾（硫酸铝钾）5g，蒸馏水 50mL。

② 配法

a. 将苏木精溶于约 15mL 的纯乙醇中，再加冰醋酸后搅拌，以加速溶解过程。

b. 当苏木精溶解后，即将甘油倒入并摇动容器，同时加入其余乙醇。

c. 将钾矾在研钵中研碎并加热，然后将它溶解于水。

d. 将温热的钾矾溶液一滴一滴地加入上述染色剂中，并随时搅动。

e. 此液混合完毕，将瓶口用棉塞塞起来，放在暗处通风的地方，成熟时间需 2～4 周。若加入 0.2g 碘酸钠，可立刻成熟。

贴在玻片上的蜡片还要放进溶蜡的二甲苯中，使石蜡完全溶解，约 10min。接着再放进等量纯乙醇/二甲苯溶液中 5min。再经纯乙醇→95% 乙醇→70% 乙醇→35% 乙醇及蒸馏水各 5min（染色顺序如下）。

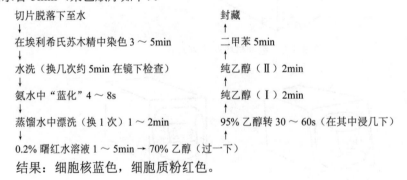

结果：细胞核蓝色，细胞质粉红色。

第十章
特殊生物标本制作应用

第一节　作物病虫害标本制作

作物病虫害的标本是对其症状的最直观的记载和描述。所以，在进行作物病虫害的教学或研究过程中，作物病虫害标本的采集和制作是首要的工作。在作物病虫害标本的采集和制作过程中，应对症状的变化情况给以特殊的注意。例如，症状可能表现为典型症状，也可能表现为非典型症状，在采集时均应加以注意。一种病虫害，在同一种作物上，可以同时表现出多种不同类型的症状；在作物生长发育的不同时期，也可以先后表现出多种不同类型的症状，如谷子白发病。

标本采集之后，除去需要及时分离和鉴定的标本外，其余的一般都要经过制作之后保存起来，以备需要时进行分离和鉴定；或者是在教学和研究时，供观察和识别；或者是供相关人员间进行交流。标本一般都用干燥法或浸制法保存，要求是能尽量保持原来的性状。

室外采集标本是获取作物病虫害标本的重要途径，也是熟悉作物病虫害的症状、了解作物病虫害发病情况的最好方式。作物病虫害的发病时期与作物的生育期及当地的气候条件和生产条件有着密切的关系，所以在采集标本前应对某种作物病虫害的发病条件有着比较清楚的了解。首先，应明确在当地的气候条件和生产条件下，某种作物病虫害的始发期和盛发期；其次，了解某种作物病虫害主要在作物的哪一个生育期间发病，以及某种作物病虫害主要发生在哪些作物上等等。

标本的制作是为了日后能较为方便地观察作物病虫害的症状，并能及时提供研究的材料。稳妥的保存方法可为教学及相关的科研工作提供可靠的保障。无论是用干燥制作法保存标本，还是用浸制制作法保存标本，都是为了尽量减缓所保存标本变质的速度或不使其腐烂霉变。同时，也是为了尽量使标本保持原色，以延长标本的使用时间和提高标本的保存质量。

一、采集和制作标本用具

1. 采集标本的用具

采集标本的主要用具有采集夹、标本夹、标本纸、标本箱（筒）、剪刀、修枝剪、高枝剪、手锯、手铲、纸袋、标签、手持放大镜及采集记录本、海拔仪等。

(1) 采集夹

在野外临时收存新采标本的轻便夹子。一般由两个对称的用一些木条按适当的间距平行排列的栅状板组成（亦有用胶合板或硬纸板组成的），其上附有背带，在接近四个角落的地方，设有长短可以调整的活动固定带或弹簧，以适应采集过程中标本逐渐增多的需要。

(2) 采集箱

用于临时收存新采集的果实等柔软多汁的标本。采集箱一般是由铁皮制成的扁圆箱，内侧较平，外侧较鼓，箱门设在外侧，箱上设有背带。

(3) 标本夹

标本夹是用来翻晒、压制标本的木夹。由两个对称的一些平行排列的栅状板组成。每块栅状板在接近上下端处钉一根厚实的方木条，木条端部向外突出约 5cm 长，以便于用绳捆绑标本夹。标本夹上应附有约 6m 长的一条绳子。

(4) 标本纸

主要用来吸收标本的水分，使标本逐渐干燥。一般用草纸或麻纸作标本纸，它们的吸水性较好。旧报纸也可代替，但因其上有油墨，吸水性较差。

(5) 修枝剪

主要用于剪取较硬或韧性较强的枝条，高处的枝条要使用高枝剪，难于折断的枝干则要借助于手锯。手铲用来挖掘地下患病的作物器官（如根、块根、块茎等）。

2. 制作标本用具及试剂

制作标本用具主要有剪刀、标签、标本瓶、玻璃瓶、玻璃板、塑料绳、水浴锅（或简单的加热装置）等。常用试剂主要有水、硫酸铜、明胶、石蜡等。

二、室外采集

1. 病叶的采集

用剪刀剪取发病农作物植株上的发病叶片。如小麦锈病的病叶、水稻稻瘟病的病叶、玉米弯孢菌叶斑病的病叶、大豆霜霉病的病叶、马铃薯晚疫病的病叶、丁香白粉病的病叶及梨黑星病的病叶等，装入采集夹中。叶片采集时，尽量剪取整个一致的。

2. 病穗的采集

用剪刀剪取发病作物植株上的病穗，如玉米丝黑穗病的病穗、高粱丝黑穗病的病穗及谷子白发病的病穗等，装入采集筒中。对于黑粉类的病穗，每种病穗要及时放入小的采集袋中，同时注意隔离，以防黑粉散落和不同病穗间相互混杂。

3. 病果的采集

直接用剪刀剪取已经发病的作物果实，如茄子褐纹病的病果、番茄溃疡病的病果、辣椒炭疽病的病果以及梨黑星病的病果等，装入采集筒中。对于此类标本，特别是对于像番茄一类多汁的病果，要特别加以注意，应先以标本纸分别包裹后，置于采集筒（箱）中，以防相互挤压而变形。

4. 病根的采集

用铁铲挖取发病的作物病根，如大豆胞囊线虫病的病根以及葡萄根癌病的病根等，装入采集筒中。在挖取此类病害的标本时，要注意挖取点的范围要相对大一些，以保证取得整个根部。同时，对于像大豆胞囊线虫病害一类的病根，在除去根须上的泥土时，操作要谨慎，保证其根须上的胞囊不散落。

一般情况下，各种病害的标本最好采集 10 份。对于较薄的较易失水的叶片，如小麦和水稻的叶片，在采集时应随时携带吸水纸或废旧的书，随采随压，以免叶片迅速打卷而不易展开。

注意：在采集病斑类的叶片标本时，一个叶片上应只有一种类型的病斑。尤其是在各种病害混合发生时采集标本，更需进行仔细的选择；对于真菌病害，标本应带有子实体，无子实体的在回到室内后，鉴定将非常困难。

三、采集记录

采集时，要随时作标记。临时标签上一般应记录如下项目。

寄主名称：俗名和学名都有时，应同时记下。

采集时间：一般应记录年、月、日。

采集地点：一般记录到省、市、区（县）即可，需要时也可记录到镇（乡）等。

海拔高度：按海拔仪指示记录。

生态环境：按照山坡地、平坦地、沼泽地，沙质土、肥沃土等记录。

采集序号：一般按照采集时间的先后顺序记录。

注意：寄主名称如有不清楚的，能及时向当地人问明更好；如一时不能问清楚，应记下采集地的位置以及寄主的一些主要性状，以备鉴定时参考。必要时还应将寄主的花、果实以及其他部位的标本一起采集，以便凭借寄主的标本对该寄主进行分类鉴定。

四、标本的携带

田间采集后，茎或叶片类的标本装入采集袋中，每一种病叶放入一个小袋内之后，最好再放入一个大一点的采集袋内；对于根或果实类的标本，各种标本在装入采集筒之前应分别用小采集袋装好密封或用纸包裹好，然后，再装入采集筒中。对于黑粉类的标本（如玉米丝黑穗的病穗），或腐烂类的标本（如茄子褐纹病病果）等，要特别注意，标本间不要相互接触沾污，否则，对于病原的鉴定和病害的诊断会有影响。

五、标本的整理

在完成田间采集的过程之后，首先要在室内进行标本的取舍和初步的整理。对于同一种病害的标本，应尽量保留带有典型症状的标本。同时，对于真菌性病害，在发病部位应带有子实体，叶片或果实要保持完整。在整理时，应使其形状尽量恢复自然状态。对于采集到的比较稀少的标本，如症状不典型，或暂时观察不到子实体，也不要舍弃，应该同样制作成标本，以备日后采取措施进行鉴定。如果外出采集，每天晚上都要将当天采集的标本进行整理、压制，第二天及时换纸或晾晒，防止霉变。

六、干燥标本的制作

1. 含水量小的标本的压制

对于叶片比较薄的作物，像水稻和小麦等，它们的叶片病害标本，需要经过整理后，立即进行压制。对于此类标本，在压制时，标本间的标本纸最好要多放几层，一般每层至少用 3～5 张标本纸，以利于标本中水分的快速散失。

2. 含水量大的标本的压制

对于比较厚、不易失水的叶片，像甘蓝、大白菜、马铃薯等，最好经过一段时间（1～2d），让其水分自然散失一些后，再进行压制。水分自然散失的时间不宜过长。在具体操作时，最好是在叶片将要卷曲但还未卷曲时进行，这与具体作物和所在地的环境条件有关。

3. 附临时标签

在压制时，每份标本都要附上临时标签，即将临时标签随着标本压在吸水纸之间。临时标签上的项目不必记载过多，一般只需记录病害（寄主）名称和顺序号即可，以防标本间相互混杂。写临时标签时，应使用铅笔记录，以防受潮后字迹模糊，影响识别。

4. 标本整理

在第 1 次换纸前，要对标本进行形状的整理，尽量使其舒展自然。在整理时，要十分小心。对于特别柔嫩的作物标本，更应多加注意，以免破损。

5. 换纸

一般情况下，标本压制过程中前 1 周的时间里要每天换干燥的吸水纸 1 次。以后视情况而定，可隔天换纸，直至标本完全干燥为止（在正常的晴好天气条件下，一般经过 10d 左右的时间，即可完全干燥）。在换纸时，注意不要遗失临时标签；要特别注意不要混用已经污染了的纸张；对于完全干燥的标本，移动时要特别小心，以防破碎。

6. 果穗及比较粗大根茎的标本的干燥

对于这类标本应置于朝阳（但应避免强光直射）通风处，置于吸水纸上，进行自然干燥。同时，也要定期进行翻动，使其整体较为均匀地干燥。对于此类标本的干燥，开始时，就要选择在比较宽敞的空间内进行，以免其整个形状被挤压而发生变形。

7. 装袋保存

用重磅道林纸（也可用牛皮纸，不用于交流的标本也可用报纸代替）折成纸袋包装保存（纸袋的大小可根据标本的大小而定），其折叠方式可根据标本的不同形状而作适当的改进与调整。在装袋时，要随时贴上正式标签。

七、浸制标本的制作

浸制的标本易保持标本原来的形态和色泽，但保存的时间有限，且需占用比较大的空间。一般用于制作教学和示范标本。

1. 常用的浸制液

（1）防腐漂白浸制液

此种浸制液是由亚硫酸饱和溶液、乙醇和水按照一定比例配制而成的。亚硫酸饱和溶液，即指二氧化硫的饱和水溶液。

（2）保存绿色的浸制液

常用的有如下几种：

① 醋酸铜浸制液　反复使用多次后保色能力会逐渐减弱，需定期补加适量的醋酸铜。

② 硫酸铜亚硫酸浸制液　用于保存绿色作物组织的效果很好，但应注意密封容器，必要时每年换 1 次亚硫酸浸制液。此种方法也是实验室较为常用的液浸标本的保存方法。

③ 瓦查（Vacha）浸制液　由亚硫酸、硫酸铜、乙醇、乙酰水杨酸、甲醛、香油和水等成分按比例配制而成。适于保存叶片和果实的绿色，也可保存梨和苹果等的黄色。

④ 保存黄色和橘红色标本的浸制液　配制方法是将亚硫酸（含二氧化硫 5%～6%）配成 4%～10% 的水溶液（二氧化硫 0.2%～0.5%）。可保存如杏、梨、柿、黄苹果、柑橘和红辣椒等标本。

⑤ 保存红色的浸制液　此种浸制液分两部分：浸制液 1 的主要成分为硝酸亚钴、甲醛、氯化锡等；浸制液 2 的主要成分为甲醛、亚硫酸、乙醇等。将标本洗净后，在浸制液 1 中浸 2 周，然后在浸制液 2 中保存。可用于保存草莓、辣椒、马铃薯以及其他红色的作物组织，是一种效果比较好的浸制液。

2. 浸制标本的保存

浸制标本一般保存在标本瓶、玻璃瓶或试管中。浸制标本最好置于暗处，以减缓药液的氧化速度，或防止气温过高时瓶口碎裂。瓶口一般需要密封。临时性封口时，可用蜂蜡、松香和凡士林配成的混剂封口；永久性封口时，可用酪胶和消石灰配成的混剂封口；也可用明胶、重铬酸钾和熟石膏调制而成的混剂进行永久性的封口。

（1）配制硫酸铜溶液

根据需要，一般配制 1000mL 5% 的硫酸铜水溶液，在适当的玻璃容器中。配制溶液前，要考虑到所浸标本的大小，保证所浸标本全部位于液面下。

（2）预浸病果

从室外采来新鲜的辣椒炭疽病的病果，在盛有 5% 的硫酸铜溶液的玻璃瓶中浸 24h。浸制病果时，需临时将病果用塑料绳缚在玻璃板上，一起放入溶液中。否则，病果易浮在液面上，特别是对于像辣椒这样的空心的果实，更易漂浮在液面上。

（3）漂洗病果

从 5% 的硫酸铜溶液中取出病果，用清水漂洗 6h。可固定在水龙头下，打开水闸用流水进行冲洗。在冲洗时，水流不宜太急，否则，易破损标本，或将子实体冲刷掉。

（4）配制亚硫酸溶液

在标本瓶中将含 5%～6% 二氧化硫的亚硫酸溶液 15mL 加水 1000mL（也可用如下方法配制，即将浓硫酸 20mL，稀释在 1000 倍水中，然后加亚硫酸钠 16g）。

注意：配制溶液时，要记住，将浓硫酸沿瓶壁缓缓倒入水中，切记不可将水倒入浓硫酸中，以防发生事故。

（5）固定病果

将冲洗后的病果用塑料绳将其缚在玻璃板上，一起浸入配制好的亚硫酸溶液中。固定时，要小心操作，尽量不要损坏标本，保持其完整。

（6）封口

先配制封口剂，具体方法是：取明胶 200g，石蜡 50g（此两试剂的量可根据需要量而定，一般按照明胶:石蜡=4:1取量）。将明胶置于玻璃瓶中，用水浸6h，滤去水分。之后，在水浴锅中加热熔化；再加入石蜡，熔化后即可成为胶状物，趁热进行涂抹封口。

注意：封口剂配制好后，要趁热及时涂抹封口。否则影响封闭效果。

八、贴标签

无论是装干标本的纸袋，还是装液浸标本的玻璃瓶，都需在其适当的位置贴上正式标签。对于纸袋，应贴在其右上角的位置；对于玻璃瓶，应贴在瓶体的中央位置。标签的大小和位置，应根据具体的纸袋的大小和玻璃瓶的大小而定。同时，要兼顾标本袋或标本瓶的整体协调性和美观性。

第二节　鸟卵和鸟类胚胎标本制作

鸟卵是研究鸟类生态和鸟类繁殖习性以及鸟类地理分布等方面的重要材料和依据，鸟卵标本能作为研究保护、招引益鸟和防治、消除害鸟方面的宝贵资料。因此，制作鸟卵标本也是中学生物课外科技活动的重要内容之一。

一、工具、器材和药品

1. 常用工具与器材

鸟卵和鸟类胚胎标本的制作的常用工具与器材主要有天平、分规、尺、绘图笔墨、注射器及针头、玻璃片条、大标本瓶、白线、标签。

2. 常用药品

鸟卵和鸟类胚胎标本的制作的常用药品主要有福尔马林、70% 乙醇溶液。

二、标本的选择和处理

鸟卵采得后首先要根据它的形态特征鉴定其种类，对于野外标志不明显，一时很难确定的种类，应设法将其亲鸟种类观察清楚，同时要根据需要选择未孵化过的鸟卵或孵化过的鸟卵。检查鸟卵是否已经开始孵化的常用方法是将被检查的鸟卵放入水中。如果漂浮于水面表明是已经开始孵化的卵，如果下沉则表明是未孵化过的。选择好鸟卵后，应及时检查，并尽快决定是制成干制标本还是浸制标本，然后迅速进行处理，以免内容物干涸，致使标本损坏。

三、测量和记录

称取鸟卵的重量，再测量其长度（纵轴距离）和宽度（两侧最宽处的直线距离），并把重量、量度（长度×宽度）以及鸟卵的形状、色泽、花纹（斑点和斑纹）、采集地和采集日期记录下来。

四、制作方法

1. 未曾孵化过的鸟卵标本制作

在鸟卵的侧面钻一小孔，用金属丝插入孔中，将卵黄捣碎，然后把注射器套上针头，抽入空气后插入卵壳中，逐渐地推进把蛋黄和蛋白排出。再用注射器吸取清水注入卵壳中，反复清洗2～4次，直至卵中彻底冲洗干净。最后用70%乙醇注入消毒，晾至完全干燥时，用绘图笔墨在卵壳上注明编号、采集日期和地址等，然后将鸟卵标本放置于铺上棉花的标本盒内，使钻孔朝下，置于标本橱中陈列。

2. 孵化过的鸟卵标本制作

用绘图笔墨在卵壳上注明编号、采集日期和地址等以后，用注射器套上针头吸满10%福尔马林或70%乙醇溶液，注入卵中。或直接将孵化卵浸入上述液中保存。

3. 鸟的胚胎发育标本制作

将已孵过的鸟卵，浸在30%～40%福尔马林内，1周时间即可凝固。然后将卵壳轻轻地去掉一半（小心操作，注意使胚胎露在正面），再浸入20%福尔马林里定形，约1周时间取出，然后将凝固的不同胚胎发育时期的卵去壳（图10-1），顺发育次序用白丝线或白尼龙线穿系到玻璃片上固定，最好装入盛有15%福尔马林的大玻璃标本瓶中，加盖盖紧，并用白蜡封口贴上标签。鸟类胚胎发育标本亦可用50%乙醇固定，在80%乙醇中浸藏保存，浸液中应加1%甘油。

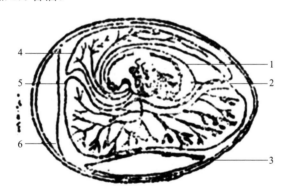

图10-1 鸟胚胎在蛋内发育（孵化9d）
1—胚胎；2—羊膜；3—蛋白；4—尿囊；5—卵黄囊；6—气室

4. 鸟巢中鸟卵的标本制作

采集到小型鸟巢及鸟卵，可制成标本，采集到的鸟卵放置于铝制饭盒中带回。将采集的鸟巢喷射敌敌畏农药后放在通风处晾干，再加些樟脑，放到标本盒中，然后再在处理过的鸟巢中放上固定过的鸟卵，再贴上标签即成。如果野外采集的是大型鸟巢和鸟卵，须先在野外测量及摄影，把鸟巢的巢高、巢深、巢的内径、巢位及采集日期、地址记录下来，然后取少量典型巢材，按原巢形状用绳扎系好，放置于标本盒内保存，巢中放置处理过的鸟卵即成（图10-2）。

图 10-2 鸟巢标本

第十一章
生物标本的保管和维护

生物标本制好后要长期保存，就要有标本陈列室、仓库等。这些地方要求干燥、通风，最好要有对穿窗或门。切忌设在底楼，以免受潮。

第一节　标本室、橱和柜

标本室是陈列、存放标本的场所，宜保持干燥、通风、整洁，为避免标本褪色，应挂双层窗帘（外黑里红）。最好装有排气扇，以调节室内空气。浸制标本和剥制标本不宜同室存放。

存放动物标本一般宜用玻璃橱，三面玻璃、一面木板，一般高240cm、宽120～150cm、深60～75cm。橱中最好用6mm厚的玻璃做搁板，以便灵活调节高低，橱内装日光灯，便于观察和查找标本。存放腊叶植物标本一般宜用木橱，两扇门，里面分左、中、右三格，每格宽约30cm，内有活动横板约12个。标本橱内要放置樟脑精块或樟脑丸，并定期更换。

标本柜主要用作存放研究用的标本，柜门须严密，门缝须嵌有毛毡条以密封。柜高180cm，宽100cm，深60～80cm。柜内两侧装有抽屉搁条，可调节抽屉的高度，以存放不同大小的标本。每柜配备15只抽屉（图11-1）。

图 11-1　动物标本柜

昆虫标本可放在标本盒内入柜保藏。

第二节　消毒

从野外采集的动物标本，经过整理后，不能直接存放入柜橱，必须先进行消毒，可用敌敌畏烟熏消毒。市售的拜高、灭害灵杀虫剂喷洒也很有效。

腊叶植物标本有条件的可用砷汞消毒，用 95% 乙醇溶液，配制成（1～2）/1000 的砷汞溶液，将干燥的标本浸泡在药液中 5～10min。消毒不宜用金属容器，最好用塑料盆或瓷盘。因为砷汞有剧毒，操作时要小心，以免发生中毒。还可用福尔马林熏蒸。

第三节　保养

一、防虫

一般每年需对标本室进行 1 次全面消毒，关闭窗户，打开柜门、橱门，可用烟熏 1d，还可用甲醇溶液熏蒸。

二、防霉

柜橱内可放置适量硅胶作吸水剂。梅雨季节切忌打开门窗，以防潮气侵入。有条件的可在标本室内设置去湿机 1 台，遇上梅雨季节，每日开动 1～2h，以驱除湿气。

三、其他

浸制标本的玻璃瓶易碎，搬动须小心，发现保存液浑浊发黄，要及时更换新液，并用石蜡封口。剥制标本要轻拿轻放，不能拉扯羽毛和四肢。

损坏或缺损标签的标本应及时补上。

第四节　管理

标本采到后，对不熟悉的种类需要进行鉴定，以确定其学名。标本室应设置标本总登记簿和分类登记簿，标本采集后，按采集前后的顺序进行编号登记，便于查对。

标本存放原则上应按照分类系统顺序排列，也就是按目、群、种集中存放一处。腊叶植物标本入柜后为了减少摩擦损坏，要用较厚的纸做科、属、种分夹层。剥制动物标本中的姿态标本陈列在玻璃橱中，研究标本入柜，柜中抽屉里应铺一薄层棉花或纱布，以保护标本不受摩擦损伤。

第十二章
组织培养与常用实验动物饲养

第一节 组织培养技术

组织培养是在离体的人为环境下，使生物有机体的细胞、组织或器官能够在这种条件下继续不断地生长、繁殖和传代，从而观察、研究其生长、发育等生命的现象。所以，组织培养是生物科学、医学等学科进行科学研究的一种有力的技术方法。

组织培养的突出优点在于它可以脱离有机体，不受机体复杂环境因素的影响，而是在比较简单、容易直接观察，可以人为控制各种因素的条件下，对细胞、组织或器官进行多方面的研究。但是，事物是一分为二的，其缺点在于其局限性，即在人工培养条件下观察到的结果难以正确反映细胞或组织在机体内部的状况。这一点是人们在应用此技术进行研究时应该注意的。

尽管如此，由于细胞培养技术的优点是其他实验方法和技术所不能比拟的，所以近年来，组织培养技术在分子生物学、细胞生物学、胚胎学、病毒学、遗传学、免疫学、细菌学、寄生虫学、肿瘤学和药物学等领域得到了广泛的应用，并取得了很多重大的成果。

一、动物组织的培养

（一）器皿与用具的清洗和消毒

组织培养是在离体的条件下，要求细胞、组织或器官能够较正常地生活，由此所使用的器皿及用具必须极为洁净，无菌。这是动植物组织培养技术中的重要环节。所以在组织培养之前，必须先做好器皿及用具的清洗和消毒工作。

1. 清洗

未经使用过的玻璃器皿须先浸入清水洗净后，再用肥皂水煮沸，然后用刷子刷洗，刷后用流水冲洗，直至器皿壁上不挂水珠，否则对细胞有毒，再用蒸馏水浸洗，烘干以备消毒。

新的载片、盖片及云母片要煮沸洗涤，煮沸后加酒精少许，冷却后再洗，最后用麻布擦干，保存于带盖的小玻皿内，以便包装消毒。

经培养使用过的玻璃器皿，使用后应立即浸入清水内，避免蛋白质等干后黏附于玻璃上，以致难以洗净。清洗时先用肥皂水涮洗，然后用清水冲净，再置于洗涤液内浸制1～3d。洗涤液分为强液及弱液（强液：重铬酸钾 120g，蒸馏水 1000mL，加温溶化，冷却后缓缓注入浓硫酸 160mL；弱液：重铬酸钾 50g，蒸馏水 1000mL，加温溶化，冷却后缓缓注入浓硫酸 90mL），可视需要而选用。玻璃器皿用洗涤液浸制后，须用流水冲洗，至洗涤液全部冲净为止，然后再将它们置入氢氧化钾稀液内浸 1d，取出后用流水和蒸馏水冲洗，最后取出烘干以备消毒。

2. 消毒

玻璃器皿和金属用具的灭菌一般采用蒸汽高压灭菌，灭菌的温度和时间因细菌的种类而异，细菌外有油脂者抵抗力最强。灭菌效果取决于温度高低和时间长短，并与是否用蒸汽或干燥灭菌有关。干燥灭菌需时间长些，温度高些。蒸汽灭菌又与液体的多少有关，20～50mL 灭菌时，用 121℃和 15min 即可。1000mL 灭菌时间就得延长到 30min。高温干燥灭菌的温度是 160℃，时间是 1～2h。接种临时连续用的小器械灭菌，可先在 70%～80% 乙醇中一蘸，然后在酒精灯上一烧，时间愈短愈好，免得用时烫伤组织。

橡胶塞、橡胶垫、橡胶管、消毒衣、帽、口罩、台布、消毒巾等也用蒸汽高压消毒，通常用 120℃和 1.5atm❶，20～30min。

进行培养操作前，操作室的桌面、地面先用水擦净，再用 5% 石炭酸喷射全室，最后用紫外线照射 30min。工作人员进工作室之前用肥皂洗双手，然后穿上消毒衣，戴上帽子和口罩，换固定干净的拖鞋方可进入工作室。操作前用 70% 乙醇棉花擦手。

（二）培养基

1. 天然培养基

最常用的天然培养基有作凝固剂用的血浆，生物性液体的血清和组织浸液，虽然天然培养基仍应用于多方面，尤其是培养新从器官分离出来的组织细胞，更有一定的实用价值。但是这种培养基有明显的缺点，即其中的成分不清楚且有差异，不能保证每次的实验结果相一致。目前在动物细胞培养中，常用的血浆是鸡血浆，血清是人胎盘血清、小牛血清和马血清。

2. 综合培养基（合成培养基或人工培养基）

综合培养基是用已知的成分配成的，培养的条件一致，可避免天然培养基的生物性差异，应用综合培养基可以精密地测定培养细胞与培养基内的物质变化情况。由于综合培养基较天然培养基有更多的优点。所以它成为组织培养工作中的一个重要的研究方向。

综合培养基一般所含的主要成分有氨基酸、糖类、矿物质、维生素、辅酶、嘌呤、嘧啶、核苷酸、脂溶性化合物、代谢中间产物和辅助生长的物质等。综合培养基的种类很多，有的可以使细胞长时期维持生长，有的可使细胞迅速增殖。因此，根据不同的要求，可以选择最为适用的培养基。常用的培养基有：199、Eagle、BME、DME、MEM、E-10、F-12、McCoy's 5A 等。近年来，由于无血清培养研究工作的进展，一些专用于无血清培养基已有商品供应，较著名的有 SFREI99-1、SFREI199-2、NCTC135、MCDB151、MCDB201、MCDB302 等。

---

❶ 1atm=101325Pa。

（三）培养方法

1. 组织块培养法

组织块培养法是细胞培养技术中最简单和最常用的方法。将欲进行体外培养的瘤块或组织先用培养液漂洗，弃去不健康和坏死后的部分，用剪刀或组织解剖刀将材料剖成 2mm×2mm 的组织块，用移液管将这些组织块移至培养瓶（通常用玻璃或塑料制的培养瓶，密闭式培养瓶用橡胶塞封口，开放式培养瓶用金属螺纹帽封口）的平底上添加培养液后，翻转培养瓶使组织块脱离培养液 10～15min（37℃），以使组织块能贴附于容器的底面上，然后再翻转过来静置培养，待由迁移细胞组成的生长晕足够大的时候，可用物理的方法（如冲洗、刮取等）或化学的方法（如用 0.25% 胰酶的方法）将细胞取下移至另一培养瓶中试以传代。

2. 细胞悬液培养法

待培养的组织或瘤块经漂洗和挑选后，用刀剖碎。再将这些碎片放置在无钙、无镁（此种情况下细胞间的黏附力会下降）但含有蛋白酶（如胰酶、胶原酶、蛋白酶）或螯合剂的溶液中温育，使之分散成细胞悬液、酶或接合物的工作时间、工作浓度及温度等因组织而异。由此所得的细胞经洗涤后，用培养液稀释成一定的细胞浓度，然后分装到培养瓶或培养皿中，置于 37℃ 的二氧化碳培养箱中培养。这一过程称为原代培养。原代培养获得成功的细胞为原代细胞。随着细胞的生长和增殖，需要定期地将培养瓶中的细胞用胰酶消化下来，制成细胞悬浮液，再分装到两个或两个以上的培养瓶中培养，这就是传代培养或细胞传代。原代细胞经首次传代成功后，即成细胞系。它一般可传到 30～50 代，细胞的染色体仍保持二倍体状态。如果通过选择法或克隆形成法从原代培养物或细胞系中获得具有特殊标志的培养物，则称为细胞株。细胞株的标志在整个培养期间始终存在。动物细胞培养技术日益完善，现在已经能够用新颖的微载体等系统对细胞进行大量培养或无血清培养，从而为工业上利用动物细胞培养技术生产疫苗、干扰素、激素及其他免疫试剂等开辟了一条新路。

3. 器官培养法

器官培养法是研究组织生长分化过程的一种组织培养方法。组织在器官培养中呈有组织性的生长，即细胞不是从组织块边缘无规则地向四周伸展，而是整个组织块内部的细胞按正常体内的生长和分化的规律进行生长。因此，器官培养不是观察细胞形成生长晕的过程，而主要是观察组织块本身的分化过程。如鸡胚的肺，在 6～7d 时，支气管刚出现，培养几天以后，就可观察到支气管分支逐渐增多。由于器官培养具有这些特点，所以应用的价值很大，可以用来研究胚胎性组织的发育过程、各种组织受致癌物质后的癌变过程、某些内分泌腺体的生理功能和协助临床病理学家进行鉴别诊断等。

二、植物组织的培养

植物组织培养一般是在无菌条件下，将植物的器官、组织、细胞或原生质体放在一定条件下培养，使其能够进行细胞分裂、生长、发育、重新分化，再生成植株。与动物组织培养不同的是植物细胞具有"全能性"，即指植物的单个细胞在特殊条件下，具有发育成完整植株的能力，正是由于这种"全能性"，从而使植物组织培养技术在遗传育种、保持优良品质、加速植物的无性繁殖及培育和保持无病毒品系等的应用上，取得了越来越多的成功。

植物组织培养包括如下几种类型：①植物培养，为幼苗及较大植株的培养；②器官、组织培养，离体培养多种器官、组织或经过脱分化形成愈伤组织，再诱导分化形成再生植株或直接形成植株；③细胞培养，培养离体细胞或小的细胞聚集体；④原生质体培养和融合（细胞杂交），将去掉细胞壁后的原生质体离体培养，使之再生出新的细胞壁，进而分裂并长成完整的植株，还可以将两个种的原生质体融合，得到体细胞杂种。下面就植物组织培养的一般技术作简要介绍。

（一）植物材料的灭菌

植物材料的内部除可能带病毒外，一般是没有微生物的。所以植物材料的灭菌主要是外部灭菌。大的植物材料如胡萝卜、马铃薯等，先将外部洗净，再用杀菌剂处理，最后用无菌水冲洗，即可切取内部组织。还有些材料如处于休眠状态的种子，外面有种皮保护，灭菌时内部组织也不易受到伤害。但是有些材料如花粉，就必须在花尚未开放时灭菌，再剥出花药或花粉进行培养。还有一个常用的方法是将灭菌的种子放在无菌的条件下萌发，长成小苗，再取其任何部分转移培养。

目前常用的杀菌剂是乙醇、次氯酸钙、次氯酸钠、过氧化氢、溴水、硝酸银和抗生素等。它们的使用浓度、处理时间和效果列于表 12-1。

表 12-1　各种杀菌剂的使用浓度、处理时间和效果

杀菌剂	浓度	时间 /min	效果
次氯酸钙	9%～10%	5～30	很好
次氯酸钠	2%	5～30	很好
过氧化氢	10%～12%	5～15	好
溴水	1%～2%	2～10	很好
硝酸银	1%	5～30	好
氯化汞	0.1%～1%	2～10	满意
抗生素	4～50mg/L	30～60	尚好

（二）培养基

组织培养在大多数情况下是异养生长，所以除植物必需的矿质营养物外，还必须供给作为能源的糖类以及微量的维生素和激素。此外，有时还需要某些有机氮化合物、有机酸和复杂的天然物。植物组织培养的培养基的组成成分是决定组织培养成功与否的关键因素。不同的植物要求的培养基不同。同时，适于诱导愈伤组织的培养基不一定适于器官分化。培养基的种类很多，常用的培养基有 White、MS、B5 三种，它们的成分列于表 12-2。

表 12-2 White、MS 和 B5 三种培养基的成分   mg/L

成分	试剂	White	MS	B5
大量成分	KCl	65		
	NH$_4$NO$_3$		1650	
	KNO$_3$	80	1900	2500
	Ca(NO$_3$)$_2$·2H$_2$O	300		
	CaCl$_2$·2H$_2$O		440	150
	MgSO$_4$·7H$_2$O	720	370	250
	Na$_2$SO$_4$	200		
	KH$_2$PO$_4$		170	
	(NH$_4$)$_2$SO$_4$			134
	NaH$_2$PO$_4$			150
	NaH$_2$PO$_4$·H$_2$O	16.5		
微量成分	KI	0.75	0.83	0.75
	H$_3$BO$_4$	1.5	6.2	3
	MnSO$_4$·4H$_2$O	7	22.3	
	ZnSO$_4$·7H$_2$O	3	8.6	2
	MnMoO$_4$·2H$_2$O			10
	Na$_2$MoO$_4$·H$_2$O		0.25	0.25
	CuSO$_4$·5H$_2$O		0.025	0.025
	CoCl$_2$·6H$_2$O		0.025	0.025
	Fe$_2$(SO$_4$)$_3$	2.5	13	
	Fe·EDTA			43
维生素、氨基酸、激素	肌醇		100	100
	烟酸	0.5	0.5	1
	吡哆醇	0.1	0.5	1
	甲硫胺酸	1.1	0.1	10
	甘氨酸	3		
	半胱氨酸	1		
	泛酸钙	1		
	吲哚乙酸		1～30	
	2,4-D			0.1～2
	激动素		0.04～10	0.1
蔗糖		20000	30000	30000

（三）接种和培养

接种是指已消毒好的材料在无菌条件下切成小块（外植体）并放入培养基中的过程。通常在超净工作台或简易接种箱内进行。使用超净工作台接种，需要提前 15min 开机抽滤空气。如用简易接种箱接种，事先要用福尔马林和高锰酸钾熏蒸（在福尔马林内加入高锰酸钾，使甲醛剧烈挥发）灭菌，或用紫外线灯照射 20min。接种前需用 70% 乙醇喷雾降尘及用 70% 乙醇擦净操作台表面。

接种前的各种用具（培养皿、待接种的外植体、酒精灯、盛培养基的三角瓶等），事先放在适当的位置。为了减少污染，操作人员要换上干净的衣服或工作服，用肥皂水洗双手，再用70%乙醇棉擦手。同时，还需将接种的用具（包括镊子、剪刀、解剖刀、接种针等）都放入盛有70%乙醇的广口瓶内，进行初步灭菌，或用70%乙醇棉将用具表面擦一遍。接种时，用具在酒精灯上晃动、烘烤、放凉备用。

植物组织培养的方法可分为固体培养和液体培养两大类。固体培养的培养基是由培养中加入一定的凝固剂配制而成的。最常用的凝固剂是琼脂，使用浓度为 6～10g/L。偶尔也用明胶、硅胶、丙烯酰胺或泡沫塑料作为凝固剂。固体培养的最大优点是简便，实验设备要求简单，一般只要具备一间小的培养室及接种箱等简陋的条件即可开展工作。因此，它是一种重要的、采用较为普遍的组织培养方法。液体培养可分为静止液体培养和振荡液体培养。常用的是振荡液体培养，其优点是使培养的组织有最大的气相表面，通气条件较好，不会造成培养基中的营养物质的浓度差异，使组织均匀地生长。通常使液体培养基振荡的有磁力搅拌器、复式摇床和旋转式摇床等。

（四）培养条件

1. 温度

植物组织在20℃以上就能生长，一般保持在23～28℃之间。温度过低，会使植物组织的生长停顿；温度过高，通常使愈伤组织老化，对培养的生长不利。但有些植物，有时有特殊的温度要求，如在烟草的组织培养中，从愈伤组织产生芽，在18℃培养条件上的效果最佳，而33℃时则太高，12℃又太低。对具球茎及鳞茎植物的组织培养中，在获得再生植株以后，必须有一个低温处理，才能使它们在移栽后正常生长、形成健壮植株。

2. 光照

组织培养基本上是异养生长，所以光照不是绝对必需的，特别是对细胞和愈伤组织的培养尤其如此。但是用叶或茎进行形态实验时，照光可能有良好的作用。照光强度在300～10000lx之间，一般用1000lx，光照时间可根据实验的目的而定，连续照光或周期性照光均可，光质最好是接近日光。

3. 通气

组织培养在固体培养基上，正常空气成分就很合适。但用液体培养基时，就需注意通气。特别是细胞悬浮培养。一般用振荡法通气，振荡速度为 100～150r/min。有时也可用定时自动旋转机，使组织能间歇地在液体培养基中生长，既有利于通气，又不致缺水。

第二节　菌种培养方法

一、制种的主要设备及使用方法

1. 高压锅和土蒸锅

高压蒸汽锅主要用于母种、原种培养基的灭菌。为了确保灭菌效果，应尽力把锅内冷空气排净，以免造成假升压现象。将锅加热产生蒸汽，从排气孔排气10～15min，再关闭排气阀。压力达到规定水平时，开始计时，达到灭菌时间，停止加热，待压力指针降到零位时，打开锅盖，稍留一条缝更好，让蒸汽逸出，并利用余热烘干棉塞，10～15min 后，取出灭菌物品。一般琼脂培养基灭菌，在 121℃，1kgf/cm²❶ 压力下，维持 20～30min。木屑、棉皮等固体培养基，在 128℃，1.5kgf/cm² 压力下，维持 1～1.5h，谷粒菌种要适当延长到 2～3h。土蒸锅是农村大批量生产原种、栽培种的必需设备。在 100℃下，维持 6～10h，停火后再焖一夜。或采用间歇灭菌法。当蒸锅内温度上升到 100℃时，维持 1～2h，24h 后再重蒸 1 次，为更彻底灭菌，可重蒸第 3 次灭菌。

2. 接种箱和接种室

使用前，应先消毒。把需消毒的物品放入接种箱（室）内，用紫外线灯照射，或用福尔马林熏蒸，或用 5% 的石炭酸、3% 的煤酚皂喷雾，20～30min 后，才能进行无菌操作。

3. 培养箱和培养室

要求清洁、干燥，有保温、保湿和良好的换气装置。消毒药品除上述介绍外，还可用硫黄燃烧、漂白粉、石灰等消毒，注意交替用药，以免杂菌产生抗药性。

4. 接种工具

包括接种铲、接种刀、接种环、接种钩等，它们均可自制。

二、母种的培养

（一）母种培养基的制备方法

母种培养基是多种多样的，为防止菌种退化，可以交替使用。

1. 配方

① 马铃薯葡萄糖琼脂培养基（PDA） 去皮马铃薯 200g、葡萄糖 20g、琼脂 20g、水 1000mL。适于培养各种菇类，但草菇、猴头在此培养基上生长不良。若在基本组分外另加黄豆粉 10g、磷酸二氢钾 1g、硫酸钙 0.5g，适于培养木耳、猴头；若另加蛋白胨 10g，适于培养、保藏各种菇类。

② 马铃薯综合培养基 去皮马铃薯 200g、葡萄糖 20g、磷酸二氢钾 3g、硫酸镁 1.5g、维生素 B_1 5～10mg 或酵母膏 0.5～1g、琼脂 18～20g、水 1000mL，适于培养草菇、灵芝、猴头、茯苓等。

③ 马铃薯木屑煮汁培养基 马铃薯 200g、栓皮栎木屑 20g、蔗糖 20g、麦芽糖 10g、琼脂 20g、水 1000mL，适于培养香菇、木耳、猴头、金针菇、灵芝和竹荪。

④ 玉米粉葡萄糖琼脂培养基 玉米粉 100g、葡萄糖 10～20g、琼脂 18～20g、水 1000mL，适于培养蘑菇、香菇、木耳、猴头。

⑤ 无琼脂培养基 大米粉 350g（面粉 400g，木薯粉 600g），加入 800mL 冷水搅匀，加入溶有 20g 葡萄糖、3g 磷酸二氢钾、1g 硫酸镁和 10mg 维生素 B_1 的 200mL 溶液中，搅匀，分装试管，灭菌即可，适于培养香菇、灵芝、猴头、竹荪等。

2. 配制方法

将马铃薯、木屑等固体物质加水 1000mL，煮 20～30min，过滤，取其滤液，加入琼

---

❶ 1kgf/cm²=98.0665kPa。

脂，用玻璃棒不断搅拌，至琼脂全部溶化，加入葡萄糖等可溶性物质，最后补足水分至 1000mL，分装试管，装入量占试管的 1/5 左右。塞上棉塞，塞入试管的长度约为棉塞的 2/3，松紧适度。把若干支试管捆好，高压灭菌 30min。待温度下降到 50℃时，再摆成斜面，斜面长不要超过试管长的 3/5。将灭菌后的培养基置于 25～28℃下空白培养 2～3d，培养基表面仍光滑，说明灭菌彻底，可供接种用。

（二）母种的分离方法

1. 孢子分离

可分为单孢分离和多孢分离。后者简便易行，有很强的实用价值，它包括孢弹射法、褶片贴附法、钩悬法、空中捕捉法等。下面重点介绍褶片贴附法。

褶片贴附法适用于平菇、香菇、针菇等伞菌，灵芝等多孔菌，猴头的菌种分离，对农村菇农、初学者有很大的实用价值。取一小片经消毒的成熟耳片，或取一小块 1.5cm 的菌盖，涂上胶水，贴在培养皿盖内的一侧，再盖到培养皿上，注意产孢面或菌褶面朝下，在适宜的温度下培养，一般 6h 后，将有孢子释放，按顺时针旋转 30°以上，每隔 4h 按同样方向转若干度，直到最后回复原位，移去褶片，将培养皿放在培养箱内，适温下培养，在平板上会出现不同密度的菌落，挑选分散性好、并符合性状要求的菌落，转接到试管内培养即可。此法还能及时发现杂菌（图 12-1）。

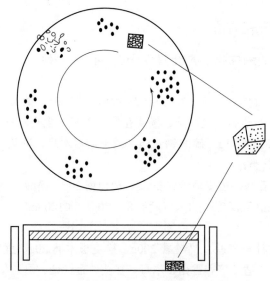

图 12-1　褶片贴附法（图中方块表示褶片）

2. 组织分离法

该法是利用菇体组织，通过无性培养来分离纯种。在组织分离前，首先对菇体表面消毒。一般用 70% 乙醇或 0.1% 升汞（氯化汞）消毒。不同的食用菌所切取的组织有所不同。平菇以切取菌柄上部组织为佳；香菇、金针菇以取菌盖与菌柄交界处的髓部组织为佳；草菇以切取幼嫩的菌褶为佳；猴头以切取子实体中央组织为宜；灵芝应选用未形成菌盖的幼蕾，取生长前端浅黄色组织，或选用菌盖前端浅黄色组织。所切取的组织以绿豆大小为宜。进行无菌操作，将组织小块移至培养基上培养，转管纯化。

3. 母种的接种与培养

将分离选育的母种或引进的母种进行扩大繁殖。接种前,应先开紫外线灯或用福尔马林熏蒸消毒 30～45min,即可在接种箱内操作。用乙醇棉球涂擦试管外壁管口,拔下棉塞,夹在右手指缝间,左手执试管,右手执接种工具,管口不得离开酒精灯火焰形成的无菌区,将已灭菌的接种钩伸入母种试管,将母种划成许多小块,挑取一小块,接到另一试管的培养基上。一般一支母种可转接 30～40 支试管。立即贴上标鉴,放入温度适宜的培养箱(室)内培养。不同的食用菌,长满管的时间不同。平菇 6～8d,草菇 12～14d,木耳、金针菇 10d,灵芝 7～16d。若不急于使用,需在长至斜面的 4/5 时,及时移入 4～10℃的温度下保藏。

三、原种、栽培种的培养技术

原种由母种繁殖而成,主要用于繁殖栽培种,但也可直接用于栽培生产。一般生产程序:配料→装瓶(袋)→灭菌→接种→培养。

1. 配方及配制方法

适合食用菌的配方很多,而且任何一个配方都有待于进一步发展、创新,每一个栽培者都可成为某一配方的发明者。因此,栽培者应在尊重理论的前提下,善于通过实验发现和发展原有的配方,为优质高产奠定基础。

① 木屑米糠培养基 适于平菇、香菇、木耳、银耳、猴头、金针菇、灵芝等多数食用菌。木屑 78%,米糠(麸皮)20%,糖 1%,石膏或碳酸钙 1%,料水比(质量比)为 1:(1.2～1.45)。

② 棉壳培养基 适合大多数食用菌。a. 棉壳 78%,麸皮 20%,糖 1%,石膏 1%。b. 棉壳 90%,麸皮 9%,石膏 1%,含水量 65%～70%。原种的含水量应低些,栽培种的含水量稍高些。

③ 谷粒培养基 适用于大多数食用菌。谷粒包括大麦、小麦、玉米、高粱等。以谷粒为主料,另加 1%～2% 的石膏或碳酸钙或石灰粉。将谷粒浸泡 4～8h,煮 20～30min,捞出、捏干水分,再拌入石膏等。小麦 48%(煮熟),麦麸 19%,木屑 29%,碳酸钙 1%,石膏 3%。

2. 装瓶、封口技术

将拌匀的培养料装入瓶内,用手或捣木略加压实,瓶下部要稍松些,上部稍紧些。原种的培养料占瓶深的 3/4;栽培种的培养料以和肩瓶平齐为宜。再用锥形木棍向下插一小洞,直达瓶底。装袋应做到袋壁四周紧,中间松,并用木棍在中央打洞,一定不要扎破袋。用干净的纱布或棉团擦净瓶(袋)内外附着的料,塞上棉塞,用牛皮纸包好瓶口。最好采用如下方式:用木工扁凿子(宽 1.5～2cm)在 50～100 片薄膜中心凿个"十"字口,取一片带有"十"字口的薄膜,上覆一层牛皮纸,用绳扎紧,接种时,只需揭开牛皮纸一角,从"十"字孔中接种,接完后,"十"字口马上恢复原状。此法污染率只有千分之一。

3. 灭菌、接种技术

在 $1.5kgf/cm^2$ 压力下维持 1.5～2h。灭菌后将袋放入接种箱内,进行严格消毒,尽可能达无菌状态。接种时,用乙醇棉球擦拭母种试管的外壁,并灼烧试管口,拔去棉塞,用火焰封住管口。同时灼烧接种工具，放入试管内侧冷却，迅速从试管中挑取 2.5cm^2 的菌种块，通过火焰上方放入原种的洞中，可放入 1～2 块，快速封口，若有湿棉塞，立即更换已灭菌的备用棉塞。一般一支母管可接 3～6 瓶。

栽培种接种基本与原种操作相同。用灼烧过的接种匙，挖取原种，接于接种穴的内外，最好表面再撒一层菌种，并迅速封口。塑料袋最好采用二人接种法。1 瓶原种可接 50～80 瓶栽培种（图 12-2）。

4. 原种、栽培种的培养

搞好培养室内外卫生，严格消毒，注意交替用药。培养初期，先将瓶（袋）竖直放置，以利于发菌定植。定植后改为横卧、叠放，注意转动瓶，使水分分布均匀。加强室内通风，控制空气相对湿度在 60% 左右，在弱光下培养，利于菌丝生长。一定要注意调节培养温度，主要靠调节室内温度，及时翻堆，从而使料温维持在适温下。

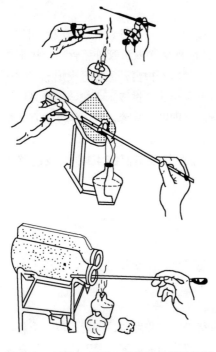

图 12-2　母种、原种、栽培种的接种方法

在高温季节，应加大瓶（袋）间距、转瓶、翻堆、通风等措施；低温季节，采用堆积培养，注意堆内外交换，以利于菌丝适温生长。发现杂菌及时拣出、隔离。培养完毕以后，应及时使用。原种在长满后的 7～10d 使用为最佳时期。培养时间过长，菌种活力下降，抗污染能力降低。

第三节　常见实验动物的饲养方法

一、常见无脊椎实验动物的培养方法

（一）草履虫

草履虫属于原生动物门纤毛纲。常见的为大草履虫，又称尾草履虫。因为草履虫的个体较大，结构典型，繁殖快，观察方便，容易采集培养，因此用它作为原生动物中重要的实验材料。

1. 采集

草履虫喜生活在有机质较丰富的水沟或池塘中，常在水面浮游，因此，可以选择有枯草腐烂的水域，进行舀水采集。但舀水采集的水样和培养液中，常混有其他种类的原生动物和水生动物，所以，如需取大量纯系草履虫，应进一步分离、培养。

2. 培养

稻草液培养草履虫：用稻草 10g，剪成 3cm 左右长的小段，加 1000mL 河水，煮沸半小时后，倾出培养液，保存于加盖容器中，待 24h 后，即可用于培养。草履虫喜微碱性的环境，若培养液呈酸性，用 1%NaHCO$_3$ 调到微碱（但 pH 值不能大于 7.5），然后向每毫升培养液中移入 2～3 个草履虫。移草履虫方法：取野外采得水样少许放于小表面皿内，置于解剖镜下，用微吸管吸出分离，将吸出的草履虫注入稻草培养液中即可。上述稻草煮液中也可加入麦粒或乳粉，制成各种培养液。方法是：每 1000mL 煮沸液中加入煮沸 10min 的麦粒 32 粒备用，或 1g 乳粉加 10mL 蒸馏水，煮沸、搅拌、冷却，以 1∶10 加入稻草液中备用。

草履虫的培养需放在有阳光的温暖的地方，其水温可以控制在 20～25℃的范围内。一般经 1 周培养可得大量草履虫。一旦虫体繁殖过多，培养液中的营养减少以及虫体排出的代谢产物累积，往往引起草履虫数量减少，以致全部死亡。因此，在培养过程中，每隔 2～3d 用吸管及时吸去底部培养液及沉淀物，然后加等量的新鲜培养液，若增殖过多，应扩大培养。

（二）水螅

水螅，属腔肠动物门螅虫纲。水螅身体呈细管状，长约 0.5cm，小型肉眼可见，伸展时有 1～2cm（触手除外），体下端为基盘，用以附着在它物上。水螅有强大的再生能力，被切成数段后在适宜的条件下再生成几个完整的水螅。

1. 采集

水螅在春秋两季数量多，较易采到，冬天沉入水底极难采到。具体采集方法有如下两种。

① 如果发现水草上附有灰白色或赭黄色的颗粒状小体，这就是短小的水螅体，可采集这些水草放入盛有池水的培养缸中，放在阳光处，到第 2 天观察，看有无水螅附着在向着光一面的缸壁上。如果没有，应需重新寻找采集。

② 用一个大试管或广口瓶，就地观察后采集。把可能附有水螅的水生植物，如金鱼藻，静置片刻，对着光线进行观察，如有水螅附着在水生植物上，它很快就会伸展，肉眼即可见，这样重复检查几次，就可以大概知道此处是否有水螅、它的数量如何，然后进行采集。这种方法比较可靠。采到水螅后，放入盛有池水的广口瓶内，让水螅附着在瓶壁上，再捞取少量的水蚤投入瓶内供水螅取食。每天换 1 次池水，投一些水蚤，几天后水螅繁殖至几个或几十个个体时，即转送室内或室外培养。

2. 培养

水螅在采回实验室进行培养前，还应该进行种类选择，检查和清除体外寄生动物，然后放入培养容器内。单个培养可用数毫升至 50mL 的烧杯，水内以不放水生植物为宜，这样更利于水质稳定和计数。大量培养可采用大的玻璃缸或水族箱。缸内应放些水草，并将培养缸放在有阳光处。培养时，以塘水或池水为宜，城市缺少塘水或池水，用自来水，在其中放些水草置阳光下养水 3～4d 后也可应用。水螅适宜的 pH 值为 7.4～8，应有一定的水量，水温一般控制在 15～20℃，不能过高或过低。冬天可以用恒温箱或电灯泡控温，温度不宜低于 0℃或高于 30℃。水螅多吸附在缸壁四周，所以投饵应沿缸壁而下。刚采回的水蚤，先用天然水稀释再用吸管沿缸壁投饵。投放饵料或肉屑要讲究质量和适量，不可投放死的水蚤和过多的肉屑，那样会使水质变坏，从而引起水螅萎缩解体而死亡。通常仍用换水的方法来保证良好的水质。但如果全部换水，由于生长环境的剧变和不稳定，也会抑制水螅的正常生活，导致水螅死亡。所以平时应少量换水。一般见培养缸底下有一定程度的排泄废物及其他废物时，换掉其中很少量的水，同时将容器底部的沉淀物全部虹吸出来。若培养中需要观察时，则不需换水，以确保水螅芽体长得多，长得快，方便观察。

水螅在适宜条件下繁殖很快，到了一定数量后应分缸饲养。室内饲养的水螅一般在5月上旬、10月中旬和12月下旬都会发生有性生殖。如欲使水螅繁殖快，每天应喂2次。如果只图不死，几天喂1次也可。冬天水螅代谢慢，可以不要喂食。水螅的胚胎发育到一定阶段后脱离母体，沉入水底，这种现象在冬天尤为多见。所以有时缸内看不到水螅，不要把水倒掉，只要保持良好的水质，一定时间后仍有水螅出现。

（三）蜗虫

蜗虫，属于扁形动物门蜗虫纲、三肠目、淡水亚目、真蜗虫属。由于它的再生能力很强，故常作为教学再生实验动物。

1. 采集

采集蜗虫，要首先了解它的习性。将溪水底部的石块、树叶捞取翻转，常可找到蜗虫。采集时，需连同水域中的附着物、隐蔽物一起采到洁净透明的大口径玻璃瓶内带回。此外，还可用鱼鳃、鱼肠或新鲜的猪肝等食物投入水中作诱饵，或用石块将诱饵压在蜗虫生活的溪流中，过几小时或半天后，诱饵上可以引诱到集群的蜗虫，这时取出诱饵，用毛笔将诱饵上的蜗虫刷至盛水的玻璃瓶中，再将诱饵重新压在石块底下继续诱捕。

2. 培养

将采回的蜗虫混合放养在玻璃缸中，缸底放几块卵石块，水量以大半缸为宜。饲养用水最好是井水或泉水，水的pH值为7.2左右，若用放置2～3d的自来水，则器皿上最好有绿藻着生或放些绿色水生植物，这对调节水中气体及净化水质有重要作用。敞开缸口，不要加任何覆盖物，放置在室内阴凉、朝阳处饲养。冬天室内温度不低于0℃，5月中旬以后应移到不直射阳光但通风良好的环境中。在饲养中只需加水，发现水面上有一层细菌繁殖所致的藻膜时，可用纸从水面拖过将其吸除。

蜗虫开始饲养的食料是水丝蚓、水蚤等。据报道也可用苍蝇作食料，此外可用煮熟的蛋黄、猪肝、猪肉、螺肉等。每星期喂食2次。喂食时，将食物投入缸中，经半天后取出剩余的食料，然后调换新鲜的饲水，在换水时应进行饲养器皿的洗涤，保持饲水清洁。蜗虫生长良好、繁殖快。小寒以后，气温明显下降，此时蜗虫隐居到石块下，由于代谢降低，可停止换水与投食。因为冬季水质不会腐败，故只需不时掠去水面浮尘即可，尽可能保持一个较好、较稳定的越冬小生态环境。一般在3℃左右蜗虫就能安然越冬，到翌年惊蛰后，气温升到8℃以上时，它们又恢复正常的生活状态，此时再行换水、投食等步骤。夏季蜗虫需清水单养。

（四）蚯蚓

蚯蚓一般指陆居寡毛类，通称"地龙"，俗称"曲蟮"。属于环节动物门、毛足纲、寡毛目陆栖无脊椎动物。蚯蚓的种类很多，常见的如环毛蚓，我国各地均有，它们不仅能改良土壤，中药上全虫入药，亦可作家禽的蛋白饲料。它是环节动物门的代表动物。

1. 采集

采集蚯蚓在春、夏、秋三季进行。采集方法很多，主要有以下几种。

① 灌水捕捉法　蚯蚓怕积水，可向蚯蚓生活的地穴内灌水，使蚯蚓出穴。采集少量蚯蚓可用铁器在阴湿松软的表土层中挖掘。

② 堆料诱捕法　这种方法适用于大量采集。将已经发酵熟透的饲料，加 50% 泥土混合发酵后作为饲料，堆放在田边或菜园等蚯蚓群居的地方，一般堆置 3～5d 后，就有蚯蚓聚集，这种诱捕方法的效果很好。

③ 刺激捕捉法　洒药液或其他刺激物促使蚯蚓爬到地面即可大量采集。常用浓度 15% 高锰酸钾溶液（每平方米用 7L 左右）或用浓度为 0.55% 的福尔马林（每平方米用量为 13.7L），将其洒于要采集蚯蚓的地方，采集时极为方便。

2. 饲养管理

饲养蚯蚓方法简便，占地少，投资也少。如果是少量并且饲养供给实验使用的，可用家庭的破缸、破坛或木箱等用具，其中加放些潮湿松土如菜园土等，置于室内即可饲养蚯蚓。若要大量繁殖，先要选择遮光、安静的地方建蚓池，池深 30～50cm，宽和长根据需要确定。夏季要防日晒和雨水，冬季要有保温设施。蚯蚓池的温度控制在 10～30℃ 时，蚯蚓可以繁殖，15～20℃ 时最适于繁殖。池内要求放些潮湿肥土，湿度控制在 40%，酸碱度调节到 pH 值为 7。蚯蚓池土要经常疏松通气。如果蚯蚓池内土壤肥质差，池内可放 15cm 厚的粪草混合饲料（60% 的腐熟禽畜粪 +40% 稻草或玉米秆）喂养，如单纯饲粪则以牛粪最佳，鸡粪次之。蚯蚓的食性广，以食大量纤维素有机质为主。在人工饲料中，平时应根据情况随时添加一些烂菜叶、瓜果等有机垃圾。无论添加何种饲料，都必须充分发酵，其标准为色泽呈黑褐色，无异味，略有土香味，质地松软不黏滞。据报道，用造纸污泥或其他产业废物作饲料，其中掺一定比例的稻草和牛粪，制成堆肥，或掺进活性污泥（40%）或木屑（20%），都可达到良好的饲养效果。此外，饲养密度最好控制在每平方米 1000 条左右。在室外饲养，冬天池上盖上塑料棚保湿，使蚯蚓越冬能保持体大、生命力强。当蚯蚓饲养 90～120d，放养密度超过 5000 条 /m³ 时，可取少量蚯蚓供用。同时，还能调节养殖密度。若不及时采收，就会出现大蚯蚓萎缩，产卵停止，卵包被蚯蚓争食的现象。

（五）河蚌

河蚌，也称"无齿蚌"，属软体动物门、瓣鳃纲、珠蚌科。

1. 采集

选择 3～6 龄的形状端正、壳色光亮、体壮无病、怀卵量大的雌蚌作为亲蚌。雌蚌个体比同龄雄蚌要大，贝壳略宽，略厚，环纹较稀。从生殖腺来看，生殖细胞成熟时，雄蚌的精巢一般为白色，雌蚌的卵巢一般为黄色。如用开壳器将蚌壳打开仔细观察，鳃丝细窄的为雌蚌，鳃丝宽大的则为雄蚌（雄蚌比雌蚌鳃丝宽 2～3 倍）。雌蚌成熟后，其外鳃略有膨大，鳃色变深，育卵囊呈浅黄色或橘黄色，也有棕色或桑椹色。如果用一根细针刺破育卵囊后，会带出钩介幼虫，黏丝较长，黏丝能粘住细针带出蚌体外。这表明此蚌已完全成熟。采苗时间可在傍晚，把雌蚌提出水面 20min 左右，然后放入水中，人工造成微流水条件，同时放入采苗鱼，数小时后雌蚌排出钩介幼虫，寄生于鱼体上，钩介幼虫成小蚌后，便自行脱离鱼体。河蚌钩介幼虫的寄生鱼可以选择性情温顺的 5～6cm 的鲢、鳙、草、鲤鱼等作种鱼。每只蚌采苗时需9cm规格的健康鱼种300～500尾。采苗前可将寄生鱼收集暂养，暂养期间要求池水氧气充足，池水微动，定时投放饵料。水温高一些可缩短寄生期。在寄生钩介幼虫之后，水质恶化，可适量投饵。

2. 饲养管理

培养幼蚌需修建1个长方形的水池，水深1～25cm，水温在30℃以下，池底每平方米铺沙1kg左右。池水要保持微流状态。每平方米可以放养幼蚌1万～1.2万只。在幼蚌脱落前2d，先用网兜于池底上，再将寄生鱼移入，让幼蚌自行脱落于池底，然后将寄生鱼提出，以保池水无毒。在鱼蚌混养池中，生物量和排污量增多，要注意经常清池，鱼蚌混养的肥料要先发酵后施入，避免直接施在蚌的周围。养蚌池的水应肥而活，以黄绿色为好。

（六）果蝇

果蝇，又名"黄果蝇"，属于昆虫纲、双翅目、果蝇科的一种小型蝇类，其种类甚多。由于果蝇有生活周期短、繁殖率高、容易饲养、唾液腺染色体大、突变性状多等特点，所以它是遗传学教学和研究的重要实验材料。

1. 采集

仅用以观察染色体的果蝇，可在实验前进行诱捕。在温暖季节，尤其在初秋，在果皮或腐烂水果堆积处常可见到成群的果蝇。用瓶内放置适量果皮的广口瓶置于窗台或室墙边蔽荫处。不长时间瓶内就会有果蝇飞入。此时用硬纸片盖住瓶口带回室内，用麻醉法将捕获的果蝇麻醉，倒出鉴定性别后，然后移入培养瓶进行培养。简单的麻醉方法是将一个滴有2～3滴乙醚的脱脂棉花球，用线悬挂在瓶塞上，将瓶塞塞好，此时棉球悬在瓶中。果蝇麻醉要适度，以轻度麻醉为宜。如果果蝇翅膀外展45°角表示已死亡。当看到瓶内果蝇全部跌落不动，就可将瓶塞打开，倒出果蝇于白纸上检查，可就其体色、眼色及翅色和长短等鉴别辨认。

2. 饲养管理

（1）培养基的配制

用于培养果蝇的培养基有多种，常用的有玉米粉培养基和小麦粉培养基。玉米粉配养基的配制比例为玉米粉10g、蔗糖13.5g、琼脂1.5g、水75mL和10%的苯酚溶液0.5mL（1g苯酚溶解于10mL 95%乙醇）。配制时先用水将玉米粉调成糊状，将多余的水放入烧杯，加入剪碎的琼脂加热煮沸，待琼脂全部溶解后，把玉米粉糊缓缓倒入烧杯，糖浆可同时加入，边加边搅拌。加料完毕后继续煮沸5min左右。苯酚是一种对霉菌有较好效力的抑制剂，为了防止培养中霉菌生长，可滴入5mL 10%的苯酚溶液。在培养基尚未完全冷却前，细心地将培养基倒入培养瓶，勿使培养基沾污瓶壁，瓶内培养基的厚度约3cm。待冷却后，每瓶再加入鲜酵母液8滴，瓶壁如有水珠可用吸水纸吸干，以免打湿果蝇翅膀而引起死亡。用消毒过的滤纸对折成宽约3cm的长条斜插在瓶中。作为幼虫化蝇时的干燥场所。将培养基放在25℃恒温箱中12h，如培养基中无霉菌生长即可将果蝇引入。

（2）培养

培养果蝇用的饲养瓶，常用无色透明的广口瓶，也可用牛奶瓶、大中型指管。用纱布包裹的棉花球作瓶塞，可用蒸汽消毒，饲养瓶先洗净晾干消毒，然后倒入饲料（2cm厚即可）。待饲料冷却后用乙醇棉球擦瓶壁，然后滴入酵母菌数滴，再插入消毒过的吸水纸作幼虫化蛹时的干燥场所。

① 果蝇幼虫的土法培养　在实验前 15d，将香蕉和烂梨装入玻璃瓶内，不要封口，置于温暖潮湿处，以其为培养基，进行自然接种，自行繁殖幼虫。一般在春夏和秋初季节在袋中装入培养基，进行幼虫培养。

② 原种培养　在做新的留种培养时，事先检查一下果蝇有没有混杂，以防原种丢失。亲本的数目一般为每瓶 5～6 对，移入新培养瓶时，须将瓶横卧，然后将果蝇挑入，待果蝇清醒过来后，再把培养瓶竖起，以防止果蝇粘在培养基上。引入瓶内的果蝇会自行交配，并很快产卵。果蝇培养的最适宜温度在 20～25℃，一般 10～14d 可繁殖一代。果蝇生活周期的长短与温度的关系很密切。果蝇卵在 20℃时 8d 可以孵化成幼虫，63d 幼虫发育成成虫，卵在 25℃时 5d 可以孵化成幼虫，42d 幼虫即能发育成成蝇。原种培养温度可控制在 10～15℃，培养时避免日光直射。30℃的温度能使果蝇不育和死亡，低温则使它的生活周期延长，同时生活力减低。

果蝇在培养过程中，一般每 3～4 周需要换 1 次培养基。原种培养 2～4 周换 1 次培养基（依温度而定），每一原种培养至少保留两套。培养瓶标签上要写明名称、培养日期等。当子蝇即将孵化出来以前，倒出亲本，以免和子代混淆。

二、常见脊椎实验动物的饲养方法

（一）青蛙

1. 蝌蚪的培育

刚孵出的蝌蚪个体小、体质嫩弱，对外界环境和敌害的抵抗能力差，因此，必须加强蝌蚪阶段的精养细管，以利于提高成活率。刚孵出的蝌蚪可利用卵黄囊中的卵黄，不必喂食，经 2～3d 后腹部的卵黄囊消失，开始喂食。开口饵料可用熟蛋黄和豆浆，每 4000 只蝌蚪每次喂蛋黄 1 只，每天 2 次。15d 后可喂水生小动物、昆虫幼虫、动物尸体碎屑等天然饲料，逐渐投喂人工配合饲料。投饵量约为蝌蚪自身重量的 10% 左右，并随蝌蚪的生长而逐渐增加。投饵时，饵料可直接撒于水面。池内放水浮莲等水生植物。放养密度要合理，放养量随蝌蚪的不断长大而减少，需要经分级分流稀疏。一般孵出后 10d 的蝌蚪每平方米水面可放养 800～1000 尾，15d 后的蝌蚪每平方米水面放养 600～800 尾。1 月龄左右每平方米放养 500 尾，以后逐步递减。蝌蚪饲养阶段应坚持早晚巡池，经常清除野蛙、水蛇、野杂鱼和鸟类等天敌动物食害，并随时加注新水，保护蝌蚪安全生长。当饵料充足、营养好、水温在 19～21℃时，蝌蚪经 40～60d 饲养逐渐长出四肢，至 70 余天变态成幼蛙，可行水陆两栖生活。

2. 幼蛙的饲养管理

幼蛙由水生变为水陆两栖，移入幼蛙池饲养。幼蛙池水深 50～60cm，幼蛙的养殖密度一般 6 月龄内每平方米 30 尾；6 月龄以上每平方米 20 尾，1 年龄以上每平方米 10 尾。刚变态的幼蛙可投喂水蚯蚓、蝇蛆、红虫等鲜活饵料，也可适当混入配合饲料进行投喂。每天早、晚各喂 1 次。还可以在水面上装诱蛾灯，夜晚诱蛾作为蛙饵。幼蛙的日食量为其体重的 3%～5%。幼蛙养殖过程中要坚持巡池，清除蛇、鼠等敌害动物。随着蛙体的长大，跳跃能力增强，放养密度要逐渐减小，不断移入成蛙池中饲养。

3. 成蛙的饲养管理

成蛙池每平方米水面放蛙 10～20 只，水深 0.5～1m，池内放水浮莲等水生植物供栖息、产卵。冬季池上采用搭建塑料棚、草棚或坡地挖些洞，池面盖板，保暖以利于蛙栖息过冬。池边种葡萄、搭瓜棚、种树等遮阴。商品蛙要给足饵料。要经常清除池中的杂物、泥土和残饵，疏通进出水口，保持水质良好，清凉无污染。棘胸蛙是以动物性饵料为主要摄食对象的大型蛙类。在成蛙饲养过程中，饵料鲜活、充足，则生长快，饲养周期短，商品率高。棘胸蛙的天然饵料主要是各种活动的小动物，如昆虫、飞蛾、蚯蚓等。人工养殖夜晚可用黑光灯诱虫用作蛙的食物。还需要投喂加工成虫条状的浮性复合饵料。此外，也可以投喂鲜活的蝇蛆、黄粉虫及小鱼虾等。在成蛙养殖阶段，必须保证足够的蝇蛆、蚯蚓和昆虫等供食。投饵量视季节和蛙的大小而定，春末夏初以及秋凉时节，蛙的食量大，投饵量一般为体重的 10%～15%。盛夏至初秋，蛙食量减少，可适当少投。投喂活饵料的大小应以蛙能吞食为宜，每天投喂 1 次，下午 5～6 时投喂。饵料应投在固定的食台上。食台可用木板制成，一般长 1.5m，宽 1m，放在池中，水深不超过食台为宜。每半月进行 1 次食台消毒。当水温低于 10℃时棘胸蛙进入冬眠状态。成蛙和亲蛙可在池中用石块或砖建成洞穴，洞穴内铺上细沙，保持池水深度 20～30cm，蛙伏在沙上越冬。也可将蛙放在室内水池中设置双层木板或上下板相距 25cm，连接池中水面，上板作覆盖，蛙伏在下板上越冬。

从蝌蚪变态成幼蛙开始，饲养 5～6 个月，体重可达 250～300g，饲养 8～10 个月，最大体重可达 450～500g。

（二）蟾蜍

蟾蜍，俗称癞蛤蟆，属于两栖纲，无尾目，蟾蜍科。它比蛙更能耐干旱，利于饲养成活，它是我国最普通的两栖类，教学和科研中常作为一种实验动物。

1. 采集

蟾蜍每年在 3～4 月间产卵，卵多呈双排列在长条状胶质卵带内，卵缠绕在水生植物间，卵数可达 6000 枚，受精卵两周后孵化。采集卵带，可于蟾蜍的繁殖季节，即春末夏初季节在大雨之后到稻田、池塘、水沟搜寻。捕捉蟾蜍则在夏至秋季进行。在蟾蜍早、晚或雨后出来活动时捕捉。冬季和早春蟾蜍则多集沉于池塘内或沟渠等水底泥沙中越冬，可用小型拖网在水底捕捞。

2. 饲养管理

捕捉来的种蟾蜍一般可按每平方米 1～2 对放养在饲养池或稻田中。如有温室，也可头年秋季捕来于温室中越冬，等到春暖后繁殖。以采集卵带作种的，应将采来的卵带放在水田或饲养池中进行人工孵化，孵化时应注意换水和调节光照，以保持水温在 10～30℃。可随水温及气候的变化调节水深；也可用塑料薄膜保温。

刚从卵中孵化出来的蝌蚪，在 2～3d 内开始进食。先是以卵膜为食，以后吃一些动植物碎屑或水生浮游生物。蝌蚪生长发育的最适温度为 16～28℃。饲养蝌蚪的水质必须新鲜，但也应适量放入腐熟了的有机肥料作食料。

蝌蚪主要捕食水中的浮游生物、微生物、腐殖质，也可适当喂些猪牛粪、人粪尿、麦（糠）皮、蔬菜屑、嫩草、鱼肠、猪血及厨房废弃食物等。根据蝌蚪的食性，1d 喂 1～2

次。池水要保持 0.2～0.4m 深，以防蝌蚪被晒死。雨后要注意及时排水，经常更换清水。经过 2 个月后，蝌蚪长大，主要食蜗牛、蚂蚁、蛞蝓、蝗虫、蟋蟀、蚊子、无毛幼虫、蚯蚓及其他昆虫。饲养池（田）四周要有围墙，以防止家禽及其他动物进入场内，严防农药和有毒物品进入场内，同时池中及池周还要有一定密度的杂草或草坪、草地，以利于蟾蜍捕食昆虫和栖息。如有条件可在池中设置诱蛾灯，以引诱虫类供其捕食。

（三）蜥蜴

蜥蜴，属爬行纲、有鳞目、蜥蜴科，通称蜥蜴，其种类较多。我国华中地区常见的是草蜥，华北常见的是麻蜥，亦称麻蛇子。在教学中蜥蜴常作为爬行纲的实验代表动物。

1. 采集

寻找蜥蜴可到光秃、朝南的山坡中的草丛、茶树或路旁的石堆缝中。4～11 月份为它的活动期，上午 10 时以后下午 4 时以前是它的活动高峰，很容易找到它。炎热夏季的中午 12 时到下午 2 时常潜伏于洞内避暑，它们在夏季出来活动时行动比较迅速，不易捕捉，5 月天气凉时极易捕捉。我国产的蜥蜴均无毒，故一般可用一些简易的工具捕捉。切勿捉住尾部，以免尾部脱落下来，而使蜥蜴躯体逃脱。捕捉蜥蜴通常可采用以下几种方法。

① 软树条或细竹梢扑打　在蜥蜴活动区域，待看准蜥蜴后，采用柔软树枝迅速扑打蜥蜴头部或体躯背部，就能把它击晕，使其暂时受震不能活动，随即可用手捕捉，放入容器内。在沙地或平地上，可用带叶枝条扑打，因其枝叶表面积大，易于打中，却又不易损坏鳞片或体躯，切勿打在尾部，以免使尾部损伤或受震而断掉。

② 活套法　用 1 根长约 2m 的竹竿（或两根竹竿连接起来），其末端以尼龙丝结一活套。当在树上活动的蜥蜴抬头时，趁机将竹竿伸出去，套住它的颈部，立刻拉回，或摆动尼龙丝套，挑逗蜥蜴，待其仰头时，迅速将活套对准蜥蜴头部扣下，然后提起拉回。

③ 用蝇拍追捕或用小网扣捕　此法主要适于捕捉小型蜥蜴种类。捕到的蜥蜴可装入铁丝编织的有细网孔的网箱中喂养。

2. 饲养管理

蜥蜴可用较大的玻璃水族箱或大木箱饲养。箱底铺放 10cm 左右的松土，一侧栽植杂草。其内放置供饮水用的器皿，箱盖以铁纱网或尼龙纱网罩，以防蜥蜴外逃。根据蜥蜴的生活习性来保持箱内适当的温度和湿度，并给光照和饲养昆虫。

（四）蛇类的饲养

养蛇必须依据蛇野生生活习性，模拟蛇在自然界中的生活方式进行人工饲养管理，为蛇的活动、觅食、栖息、冬眠和繁殖创造良好的条件。放养时必须将毒蛇和无毒蛇、不同种类和大小的蛇分开饲养，可将规格大小相同的同种蛇类放养在一起，以便按照蛇的不同生长阶段和繁殖期，采取不同的方法进行饲养，并防止大蛇吃小蛇的现象。

1. 仔蛇、幼蛇的饲养管理

刚孵出的仔蛇需要暂养于蛇箱中，并保持适宜的温度和湿度，以使其在适宜的环境下顺利蜕皮，仔蛇出生后 7～10d 内，一般不进食只饮水，仔蛇卵黄耗尽以后，需要保证供应优质易消化的饲料，在蛇箱内投喂一些小昆虫和小动物，对采食能力弱或不采食的仔蛇可适当填喂一些流体食料，幼蛇每次投食10～20g，每5～7d喂1次，以保证其生长发育的营养需要。仔蛇的生活能力逐渐增加，1个月体重可增长2倍，这时需要对仔蛇进行驯化，拓宽食性，待幼蛇生长到一定阶段后，投喂方法和成蛇一样。同时，要注意观察仔（幼）蛇的采食活动情况、生长发育速度等，选择食性广、食欲旺盛、适应性强、抗逆性强的个体作后备蛇。蛇是变温动物，温度过高、过低对蛇的生长都不利，尽量缩短冬眠时间，延长生长期，缩短养殖和生产周期。每年春、秋两季结合出蛰、入蛰进行种蛇的选择。刚从外捕的幼蛇只有在基础驯化的前提下才能适应人工养殖的环境条件，幼蛇长到50cm后应雌雄分开饲养。

2. 成蛇的饲养管理

蛇场一般每平方米可饲养体重1kg左右的蛇10条，小蛇可适当多放养一些。饲料丰盛是喂养好蛇的关键。但蛇的食物基本都是鱼、黄鳝、泥鳅、蛙、蜥蜴、鸟、鼠等。蛇的品种不同，所摄取的食物也不同。人工养蛇投放饲养的活体动物饲料，如活体的大小白鼠、青蛙、蟾蜍、泥鳅或小鱼类。为了保证大规模养蛇的需要，人工可养殖蚯蚓、黄粉虫、地鳖虫等昆虫，投食要广谱多样化才能保证蛇的健康和成长。北方的蛇类出蛰时间在3月中、下旬。刚出蛰的蛇，开始半个月基本不进食，至4月份少量进食，可少量投喂，同时应备好夏季饵料。每周投饵1次，对已腐烂变质的食物应及时清除，以防食后中毒。蛇在冬眠至春末活动期体力消耗大，这时应多提供些小动物给蛇采食。一般每月投食2次即可。盛夏和秋季，是蛇捕食、活动和生长旺盛的季节。因此，要定期投放充足的食料，要求保证饲料干净，蛇能吃饱喝好，这样才能使蛇健康地生长繁殖。在蛇的活动季节，每周要投料1次，每月投食次数要增加到4～5次。入冬前必须供应充足的食物，每只蛇的投喂量为其体重的455%，以提供足够的热量过冬。蛇在冬眠期间停止摄食。在入蛰前或出蛰后15～20d基本不进食，产卵后7d内食量最大。天气炎热时蛇类的食欲减退。

3. 蛇场的四季管理

蛇是变温动物，其体温能随环境温度的变化而变化。温度过高或过低都对蛇的生活不利。它们活动最适宜的温度为20～30℃。清明前后，温度范围在12～20℃时蛇类大都在暖和天气的中午出洞晒太阳取暖，初春的晚上气温仍然较低，蛇窝内必须保暖。初夏天气晴朗，气温15～18℃时，蛇在中午也喜欢出来短时间晒晒太阳。在白天出洞活动的多是公蛇或体质较差的蛇、有病的蛇。夏天暴雨之后的晚上，蛇几乎全部出洞活动。但遇阴雨闷热天气，气温超过30℃、相对湿度在80%以上时，蛇在白天也偶尔出来活动或栖于洞口处乘凉。为解除盛夏酷热作准备，春季可在蛇园内种植花草、灌木或夏季搭盖遮阴棚为蛇遮阴，炎夏中午气温超过35℃时，应采取洒水降温措施。冬季寒冷时，蛇类等变温动物为了避开暂时的季节性恶劣条件，会随着气温下降而进行冬眠，此时蛇体进入麻痹状态，其心跳和血液循环减慢，呼吸次数减少，肾脏浓缩尿液以保持水分，从而不至于危及生命。为了使养蛇安全过冬，越冬的蛇窝要建在向阳、通风、利于排水之处，北方寒冷地区要根据冻土层的厚度来安排蛇窝的保温土层厚度或加草保温，室内地面上可铺几层塑料薄膜，让蛇栖息其上或夹层中，使蛇窝内温度保持在5～10℃。空气干燥会影响蛇的生活，空气中的湿度应保持在50%以上。在冬眠前，应供足食物以增加蛇体的营养储备，为安全越冬创造良好的条件。

(1) 蛇安全越冬

① 容器越冬法　在木箱里铺一层 20cm 厚的细沙。把蛰眠蛇放一层在沙上，再铺细沙 20cm，再放 1 层蛇，如此反复，直到木箱装满盖好，然后把木箱置于 0～2℃ 的窖内。第 2 年春暖时，把蛇箱搬入养殖地，让蛇爬出。

② 钻孔修巢越冬法　在饲养场地，用铁杆钻深孔，让蝮蛇爬进洞内越冬，然后将洞口盖土 20cm。来年春暖除去覆土，让蛇自然爬出。

③ 挖坑堆石越冬法　在饲养场内，挖深 1.5～2m 的坑，内堆乱石、杂草等，待蛇爬进石缝冬眠后，再覆土 20cm，待到春暖后清除覆土，蛇会自然爬出活动。

④ 室内养殖幼蛇越冬法　室内安装几盏 60W 的电灯泡，用膜包住或用电暖器控温。

冬眠后的蛇类体质较弱，活动能力差，容易患病，应给予营养饲养，加强对病弱蛇的人工护理，使越冬后的蛇类体质尽快复壮。此外，蛇场内应有一套完整的管理制度，例如蛇场、蛇窝需要经常打扫，进行清理、检查，及时清除粪便、换土、消毒，要注意养蛇场、养蛇室和蛇箱的卫生，清除动物尸体及食物残渣。发现病蛇应及时治疗或淘汰，发现死蛇应立即清除。蛇的天敌很多，应防止其进入蛇场危害。

(2) 蛇场不同季节管理工作要点

① 春季管理工作（2～4 月）　清明前后由于气候较寒未暖，正是野外捕捉或收购养殖蛇种的大好时机，不仅易于捕捉和运输，而且养殖后不久便可进入产卵、产仔期。新养的蛇应注意观察其食量大小、运动情况和体质等。发现异常者应查明原因，及时隔离单养治疗，以免扩散传染。

在把蛇放入蛇场前，蛇场内应事先打扫清洁；饲料池、水池要进行彻底洗刷消毒。

4 月份气温回升，但早晚气温仍然很低，出蛰的蛇 2～3 周内开始不食少动，蛇体较弱，因此，蛇窝应注意保温，此时不宜取毒，如春季取毒会导致蛇死亡。刚出蛰时遇到春干，蛇体水分散失较多，不利于蜕皮，蛇场要经常喷洒些水以调节湿度，水池中要保证水质清洁、充足。

蛇类大多在春末、夏初季节进行繁殖，应观察了解蛇的活动，及时记录蛇的捕食、饮水、蜕皮、交配、繁殖、病虫害和死亡等情况。

人工蛇园春季就要在蛇场种上藤本植物和瓜，以便在夏季气温高时蛇园有树荫、草丛遮阴，使蛇不受长时间的阳光曝晒。

② 夏季管理工作（5～7 月）　夏季是大多数蛇类产卵或产仔的时期，蛇类的摄食量明显增加。夏季饲养管理的好坏，直接关系到养蛇的成败。因此，要加强对繁殖种蛇，特别是怀孕母蛇的饲养管理。

母蛇在繁殖期为了避免干扰，公、母蛇交配后要分开饲养。供应充足的新鲜优质饲料，禁喂霉烂变质的饲料。对投喂后吃不完的饵料应及时取出，防止腐败后污染蛇场。同时要注意收集蛇卵，做好人工孵化幼蛇的工作。

夏季雷雨期暴雨多，蛇场内积水，蛇窝应及时排水，梅雨期应保持蛇窝干燥清洁，经常更换垫物（忌放稻草，因稻草易发霉），可铺土、砖等物，防止口腔溃疡，体表长霉。酷暑要做好蛇窝降温通风工作，若蛇窝中蛇多，可安装排风扇使空气对流。发现病蛇应及时将其隔离治疗或淘汰。

暑天应给蛇供应清洁卫生的饮水，防止饮入有农药污染的水而损害蛇体的健康，甚至造成死亡。蛇窝内注意防暑降温和通风，以减少蛇病的发生。

毒蛇在此季可以取毒，但必须25～30d取毒1次，切不可连续不断地盲目多取，以免损害毒蛇的健康。

③ 秋季管理工作（8～10月） 秋季气温适宜，蛇的摄食量增大，蛇摄取的营养物质大多用于长膘，主要以脂肪形式储备起来供越冬，因此，秋季的饲料要质优量大，充分满足其需求，使蛇增加肥度，以保证蛇在冬眠期及来年出洞初期的消耗。所以俗语说"秋风起三蛇肥"。对个别蛇食欲不振可人工灌喂流汁的配合肉类饲料，使其安全过冬。对摄食量小、体重不易增加反而掉膘的蛇，应作仔细观察和检查病因隔离治疗。同时秋季还要建好越冬的蛇窝，供蛇能安全越冬。

④ 冬季管理工作（11月至翌年1月） 蛇的安全越冬是人工养蛇的关键时期。每年冬季当气温降至10℃左右时，大多数蛇类停止活动和不食，开始入蛰进入冬眠状态，冬眠前蛇体的健壮程度也影响着蛇能否顺利越冬，因为蛇冬眠体内营养过量消耗，机体代谢失调，容易导致死亡，没有死亡的蛇翌年出蛰时体质也较弱，对种蛇的影响更大。取过毒或体质较弱的蛇，越冬期间容易死亡，而肥满个大、身体强壮的蛇，越冬存活率大。由于蛇在越冬期不食，蛇体能量损耗较大，因此在蛇越冬前应让蛇吃足喝饱。冬季蛇类的食物比较缺乏，一般投喂人工养殖的鼠类、鹌鹑等，冬季可用网捕麻雀、泥鳅、雏鸡和杂鱼等。饲料要新鲜、优质且多样化。同时，越冬场所要求为合适、结构合理的蛇窝。幼蛇和体质较弱的成蛇，临近越冬期时，应做好其越冬室的保温工作，在蛇窝内垫上干草、纸屑或棉絮，或加盖塑料薄膜，提高温度，等其体质较强壮时，再停止喂食，逐步降低温度，让其入眠。此外，蛇的越冬场所要用漂白粉之类的消毒药消毒。蛇房在天气暖和的中午应适当通风换气，以保持空气的流通和清新。

休眠和半休眠的蛇，失去了对敌害的防御能力，因此，要加强蛇越冬期的管理，防止鼠类及其他敌害的袭击。当气温回升，蛇开始出洞时，必须保持蛇场内有充足的阳光取暖。若蛇体发热而体温上升，会消耗体内的营养物质，减弱体质，难以安眠。在此期内应加强观察，并尽可能提供蛇爱吃的多种食物或是人工灌喂足够的、易消化的食物，一般需要每天投料1次，最好在傍晚出洞前投放。冬眠期在室内冬眠也需要放置水盆，一方面调节温湿度，另一方面气温高时可供蛇饮用。当温度太高时，及时去掉稻草，防止草发霉而污染空气，引起某些疾病，甚至死亡。

（五）乌龟的饲养

1. 乌龟的形态与生活习性

乌龟头顶前端平滑，后部呈细粒鳞状，头侧有黄色线粒斑纹，眼大，外鼻孔小，与吻连近一处；背甲稍扁平呈卵形，背面青褐色，背面与侧面同样有许多线条斑纹。背甲长10～12cm，大者达18cm，宽达15cm，有3条纵行的隆起，中央较左右两侧明显，中央甲板共5块，侧板8块，顶骨板1块，臀板2块，缘板22块。雄龟个体较小，壳深黑，躯干部长而薄，尾较长而尾柄细，有特殊的臭味；雌龟个体较大，壳棕黄色，尾较短而尾柄粗，无异臭。背腹甲固定不能活动。腹甲12块带黄色，缘甲腹面，中央有黑褐色团圆形斑纹，四肢扁平，指（趾）间有蹼，除后肢第五趾外，指（趾）间末端都有爪（图12-3）。

乌龟有半水栖习性，用肺呼吸，常栖于湖泊、江河或池塘中，龟适应在水中活动和摄食。这是因为龟类泄殖腔壁突出两个副膀胱，壁上分布有丰富的毛细血管，可在水中进行气体交换，但有时浮到水面上呼吸空气或爬到稻田和潮湿的陆地上活动。乌龟的食性较广，以蠕虫、虾、小鱼、植物茎瓜菜等为食。乌龟生命力强，数月断食也不会饿死。乌龟是冷血动物，其体温随着外

图 12-3 乌龟

界温度的升降而变化，但略高于外界。摄食时间也随着季节而不同，4 月初气温 15℃后开始摄食，最适生长水温为 23~31℃，6~8 月为摄食旺盛期，10 月开始摄食下降。春秋两季气温较低，乌龟早晚不活动，一般中午前后摄食，当气温下降至 10℃以下时，乌龟静卧于池底淤泥中或钻在覆盖有稻草等物的松土中，不食不动，蛰伏于水底淤泥中冬眠。当气温回升又开始活动摄食，交配繁殖。

雌龟体重一般达 250g 以上性已成熟。雌雄龟交配时间一般在 4 月底，交配多在晴天傍晚 5~6 时或黄昏进行。乌龟发情时，先在水面浮动划水，陆地上爬行兴奋、灵活，且雄龟比雌龟明显主动。往往 1 个雌龟后面有 1~3 个雄龟在追逐，追至雌龟周围打转，有的用头贴近雌龟头旁或用头触雌龟头部；也有用前肢抓雌龟阻挠其爬行等。交配时雄龟爬到雌龟背上，交配时间只有几分钟。当年交配，隔年受精生殖。雌龟多在 5 月开始产卵，8 月结束。每年产卵分 3~4 次完成。雌龟多在黄昏或黎明时分进行，产卵前雌龟爬到岸上，用后肢在池塘边的松软斜坡或隐蔽处交替掘土挖穴，卵穴口径 8~12cm，深约 10cm。卵产在穴内，每穴产卵 5~7 枚，雌龟卵产完后用后肢再将土扒下覆盖卵上，最后用腹甲把土压平，上面留下一个小孔，以便孵出来的幼龟爬出来，然后离开。龟卵呈长椭圆形，卵壳灰白色，卵径（27~28）mm×（13~30）mm。在自然条件下 50~80d 孵出幼龟。

乌龟分布较广，主要分布在我国长江流域及山东、河北、河南、陕西、甘肃、云南、广东、广西等地。

2. 幼龟的饲养管理

稚龟经过 1 个月的饲养，对外界环境的适应能力增强即可移入幼龟池中饲养培育。放养幼龟的密度为每只体重 50~100g 幼龟每平方米放养 15~20 只，每只体重 100~200g 幼龟每平方米放养 10~15 只，每只体重 200~300g 每平方米放养 8~10 只。每年 4 月上旬当水温达到 15℃左右时开始摄食，幼龟应按不同规格分级饲养，将个体大小一致的幼龟放入同一池饲养，以免出现弱肉强食，也抑制较小幼龟的摄食与生长。饲料投喂以动物饲料为主（占 70%），如小鱼、蝇蛆、昆虫、蚕蛹、蚌肉、螺蛳肉及动物内脏等剁碎后投喂。植物性饲料（占 30%），如瓜皮、甘薯、稻谷、嫩叶、浮萍、玉米、豆饼等可直接投喂；人工配合饲料应按幼龟的营养生理和生长需要进行配制，一般粗蛋白要求 30%~40%。适温时每天上午 8~9 时和下午 4~5 时各投喂 1 次；非适温季节不是摄食旺季，每日上午 10 时投饲 1 次，投饵点应长期固定。幼龟饲养期应加强饲养管理，要求保持水质清新，水呈黄绿色，透明度 25~35cm，因幼龟池小，水质容易变坏，尤其在夏季龟摄食量大，排泄物多，极易造成水质污染。因此，每 10d 左右排掉水体 1/3 的底层水，

再加注新清水。每20d左右按每亩❶水深1m计算，用15kg生石灰化浆全池泼洒，以改良水质，另外，高温季节，室外池的上方需搭盖凉棚遮阴，并注意做好幼龟的防逃和防治敌害动物如老鼠、蛇等工作。一般2～3龄旱龟可放到室外果园饲养。

3. 成龟的饲养管理

（1）投饲

果林中昆虫多，是龟的高蛋白饲料，晚上可在果园里挂几盏灯，引诱昆虫扑灯，可把果园中产卵的昆虫引到灯光下，任龟自己捕食，这不仅减少大部分果园害虫的危害，而且减少果园施农药的次数，既节约农药成本，又减少龟的人工饲料投放量的30%～50%，因昆虫属于上等高蛋白饲料，从而节约饲料成本，同时减少对环境的污染，一举两得。如遇阴雨天或早春、初冬季节，诱虫量不多，每天可投喂占龟体重3%～4%的新鲜而富有营养的人工饲料，如蚯蚓、猪内脏、米饭、蔬菜、鱼、昆虫等。如是晴好天气和夏季，夜晚用黑光灯放在果园里，诱虫量多，可减少人工饲料投放量，一般可投入占龟体重的1%～3%，还要视当天晚上诱得虫量的多少，于第2天上午看情况适当补入些饲料。饲喂时间，春秋两季可在上午10时左右投料，冬眠期停止投喂。

（2）管理

亲龟、成龟、幼龟应分池饲养，以免互相残害。同时要经常巡查防逃设施，以防龟逃跑。果园要经常保持清静。由于龟行动迟缓，防御敌害能力弱，所以还要巡查防止田鼠、黄鼬、蛇、鹰等敌害动物的侵害。

（六）家鸽的饲养

1. 家鸽的生活习性

家鸽是由野鸽经过长期人工驯养培育而来的，家鸽的食物是植物，采食量大，耐粗食，对饲料的要求不高，主要是谷类和豆类种子，如谷麦、玉米、豌豆、绿豆等，也食昆虫。鸽有很强的飞行能力，喜结群飞翔，视力敏锐。鸽有多种辨别方向的本领，它两眼间突起处能在长途飞行中测量地球磁场的变化。晴天时它利用太阳光导航。鸽体内的生物钟可对太阳的移动进行校正选择方向，阴天则利用磁场导航。鸽子的体形小，抵御天敌的能力差，反应机敏，容易受惊扰，鸽子在日常生活中有较高的警觉性，在家养情况下，在饲养管理上要注意保持鸽舍周围环境的宁静，防止鸽笼舍受到外来动物的侵扰而引起鸽群惊恐混飞造成夜晚不回巢。家鸽要求清洁、干燥、通风的环境和适宜的温度，因此，鸽笼舍应干燥向阳、通风良好，夏季能防暑，冬季能防寒。

鸽子对配偶有选择性，情感专一，"一夫一妻"制，繁殖时，幼鸽养到4.5～5个月龄达性成熟开始发情，但此时还未达到体成熟，宜在6个月龄后进行交配繁殖。交配前雄鸽开始追逐雌鸽，并对雌鸽昂首挺胸，颈上气囊膨胀，背羽耸起，尾羽张开，频频点头，并发出咕咕叫声。雌鸽在雄鸽发情动作的刺激下会逐步接近雄鸽交配，彼此触抚后进行交配，群养肉鸽如雄多雌少，雄鸽会发生争斗，能使受精失败。鸽交配后7～9d雌鸽开始产蛋，每月产蛋1次，每次产2枚蛋后孵化。鸽的孵化能力很强，由雄、雌"双亲"鸽轮流孵蛋，雄鸽通常白天上午10时至下午4时左右孵蛋，雌鸽一般在下午5时至第2天上

---

❶ 1亩=666.7m²。

午 9 时左右孵蛋。在孵蛋期间，如有抱窝雄亲鸽偶尔离巢，雌鸽就会主动去接替抱窝。鸽的孵化期为 18d 左右，1 年可孵 8～9 窝。

雏鸽出壳后，亲鸽的嗉囊在脑下垂体激素的作用下分泌一种呈乳白状的液体叫做鸽乳，用于哺育雏鸽。亲鸽和雏鸽嘴对嘴喂食，以后逐渐改用食进嗉囊中已软化的饲料灌喂，直到幼鸽独立生活为止。雏鸽从出壳到自己逐渐开始啄食需要 25～30d，一般雏鸽养到 30 多天才离窝，但也有当乳鸽长到 13～15d 时，早熟高产品种的亲鸽又会重新产蛋。雏鸽应与亲鸽分开单独自成一群人工喂养。

2. 家鸽的饲料

家鸽的饲料是饲养鸽子的物质基础。肉鸽比其他家禽耗料少，饲料报酬高。鸽对营养物质的要求目前尚无统一标准。鸽子的饲料从鸽子生长发育所必需的营养物质来分类可大致分为能量饲料、蛋白饲料、维生素饲料和矿物饲料四类，其中前三类又可分为主食、副食和添加剂。沿用传统的喂养方法，配以保健砂，分别放入能自由选食的饲槽内，让其采食。

主食蛋白饲料常用的有豆类，如豌豆、大豆、绿豆等是肉鸽蛋白质的重要来源，必须保证供给其蛋白质含量一般占 21%～48%；其他营养成分主要是谷物类，如玉米、碎米、米糠、大麦、小麦、高粱、豆饼、鱼粉、血粉、骨粉、贝壳粉、粟、荞麦等，糖类占 34%～65%，粗纤维占 5.2%～8.3%。此外，还需增加微量元素添加剂。8～10 月份，一般为鸽子的换羽时期，这时另喂 5% 的火麻仁或油菜籽（芝麻）等，以及一些石膏或少量的硫黄粉，不仅能增加肉鸽羽毛的光泽度，同时对鸽子的换羽有良好的作用。

副食主要是蔬菜（如菠菜、青菜等）和各种水生饲料（如水浮莲、红萍等）。这些饲料含有丰富的胡萝卜素及各种维生素，是鸽子必需的各种营养元素，一般饲料中也含有矿物元素，但不能充分满足鸽子的需要，起不到促进肉鸽发育、预防疾病的作用，故需在饲料中补给。常用的矿物饲料有贝壳粉、蛋壳粉、骨粉、鱼粉、木炭末、红土、沙砾和食盐等，一般是混合制成"保健砂"，让鸽子自由采食。另外，还应酌情添加适量的生长促进剂。

3. 家鸽的饲养管理

（1）乳鸽的饲养管理

乳鸽又称雏鸽，是指 1 月龄以内的雏鸽。鸽是晚成鸟，雏鸽孵出后，乳鸽体重为 18g 左右，眼未睁开，身带胎毛，不能行走和自由采食，斜卧于亲鸟的腹下，亲鸽用喙含住乳鸽的喙慢慢吐出鸽乳在嘴中，让乳鸽吸吮。若出壳后 1 对乳鸽中死去 1 只，则剩下的 1 只往往喂得过饱，引起嗉囊积食而造成消化不良，可以并入日龄相近的其他单雏，窝内双雏乳鸽两两合并可以减少亲鸽的喂量。刚并窝时要注意观察亲鸽有无拒喂和啄打新并入乳鸽的现象。有少数亲鸽产蛋孵化后无心喂养乳鸽或亲鸽死亡需要给乳鸽进行人工哺乳，即可用人工合成的饲料进行人工喂养。根据甘肃省畜牧学校李颖芳的乳鸽饲料配方，乳鸽 1～3 日龄时用新鲜消毒牛奶、葡萄糖、维生素及消化酶等，配制成全半稠状流质饲喂；7～10 日龄，亲鸽哺乳鸽由全浆料逐渐转喂全粒料，可在稀饭中加入米；11～14 日龄时用米粥、豆粉、葡萄糖、麦片、奶粉及酵母片制成半稠状流质片等混合成流质状料饲喂；15～20 日龄可用玉米、高粱、小麦、豌豆、绿豆、蚕豆等磨碎后加入奶粉及酵母片，配成半流质状的料饲喂；20～30 日龄可将上述原料磨成较大的颗粒料，再用开水制成浆状饲喂；30 日龄后可将玉米、高粱、豌豆等原料倒入盆中，用开水浸泡 30～60min，待饲料软化后成为流质状或胶状，使乳鸽容易消化吸收。在喂食的同时，应注意防止发生乳鸽消化不良及嗉囊炎。如乳鸽发生消化不良及嗉囊炎等疾病，可适当减少喂量，每天可给乳鸽半小片酵母片类健胃药物，并要供给鸽充足的洁净饮水。饲喂应定时定量。

由于乳鸽不能自行采食，几乎全靠亲鸽喷喂嗉乳和饲料。此时应增加亲鸽日粮中的蛋白质含量（哺乳鸽比未哺乳鸽饲料中蛋白质应多1倍左右），并给予一定的保健砂。有些亲鸽在乳鸽长到15d左右时又重新产蛋，这时可将乳鸽放到网上饲养。这些亲鸽有的会继续灌喂乳鸽，但有少数亲鸽产蛋后，无心喂养乳鸽或亲鸽死亡需要给乳鸽进行人工喂养，这样既保证乳鸽成活，又能使亲鸽提早10～20d产下一窝蛋，从而提高亲鸽的生产性能。但是乳鸽在15日龄前太小，人工喂养有困难，15日龄后人工灌喂成活率较高。人工灌喂乳鸽有以下2种方法。

① 管喷灌喂法　灌喂前也要检查鸽子的口腔是否有病，然后消毒。灌喂时将破碎浸泡后的饲料与水含入口中，取一口径为8mm的塑料管一端含入口中，另一端插入乳鸽的食管中，将饲料、水吹入乳鸽食管嗉囊中，使用管喷灌喂法请注意两点：a. 喷灌时不要送气过多，以免影响喷灌饲料量和影响乳鸽消化；b. 塑料管一定要插入乳鸽的食管，切勿插入气管，否则容易造成乳鸽死亡。

② 喷灌器灌喂法　将填鸭使用的喷灌器稍加改装即可喷灌乳鸽。灌喂时将破碎后的饲料用水浸泡后，与水一起放入喷灌器的漏斗中，再把乳鸽的嘴与管头衔接好后，用脚踩踏板，注意一次喷灌完成。1台喷灌器可喷灌300只乳鸽。

乳鸽20～25日龄时会在笼中四处活动，但还不能自己啄食，仍然依靠亲鸽哺育，这时亲鸽会开始不照料乳鸽强迫其独立生活。在饲养上应增加高蛋白质饲料的供应，但每次喂量不能太多。另外要保持鸽笼及巢窝干燥、洁净，乳鸽长到22～24日龄时可上市出售。作种用鸽可继续留在亲鸽的身边，待长到1月龄左右时捉离亲鸽独立生活，减少产鸽的负担，为下一窝蛋的生产做好休养、繁殖的准备。

（2）留种童鸽的饲养管理

留作种用的乳鸽在离巢群养到性成熟配对前为童鸽，这个时期童鸽正处于从哺育生活进入独立生活的转折时期，从巢房转移到地面，环境和饲养条件都发生较大的变化，童鸽对新环境需要有一个适应的过程，此时童鸽的身体机能也会发生较大的变化，情绪不稳定，不思饮食，如果饲养管理不善，很容易使其生长受阻或生病死亡，因此必须加强饲养管理。最初几天应放在育种床上饲养，这样比较干爽温暖，也易于观察和管理。若大批留种，育种床数量不足，也可在平地铺上竹垫或木板饲养，不能让童鸽站在地面上过夜，这样容易受凉、下痢。冬天较冷，晚上要注意关好门窗，最好能开电灯保温。夏天闷热应注意通风透气及防蚊。

肉鸽在尚未达到性成熟以前可以用一般的平房、农舍饲养。要求每间面积15～20m^2，通风良好，光线充足，地面终年干燥，四边沿墙从地面20cm高处开始，直至2.5m处设栖架，这样一间可养200～300只。在室外设大于舍内2倍以上的运动场和飞翔空间，用铁丝或塑料网围成，以防飞失。

童鸽转出半个月后对环境有了一定的适应能力，这时可按童鸽的饲料及保健砂的配方供给食物。以细颗粒饲料为宜。童鸽的胃肠消化机能尚未完善，消化能力较弱，因此，大颗粒饲料最好先磨碎成小粒，再与其他小粒饲料一起用冷开水或清水泡软晾干后饲喂。一般今天泡明天喂，吃多少泡多少，泡水后的饲料当天吃不完会变霉。喂鸽时应注意观察，个别不会采食的童鸽要捉出来放在食槽边，让它们学习采食。饲料槽及水槽的位置不能太高。这时应加喂能量饲料如玉米、小麦、火麻仁等，使童鸽体内多产生热能，以促进羽毛的更新。鸽舍和运动场每天清扫两次，每月定期消毒1～2次。雨天要将鸽赶入舍内，避免雨淋、感冒。患病鸽要及时发现并进行治疗。此外，也可将鸽子赶到运动场活动和晒太阳，以增强其体质。鸽子每隔3～4d就得洗澡1次，如在水中加入2%的盐，可清除体外寄生虫。具体方法如下。在鸽子运动场置木盆1只，倒入淡盐水，水深以15cm为宜。为了训练鸽子洗澡，可在小雨初下时，将盆中盛水置于运动场让它们自动入浴。待鸽子洗浴完后将水倒掉，以免其饮污水致病。鸽舍周围要经常清除杂草、异物，减少蚊、蝇、蛇、鼠的危害。

肉鸽剪翅饲养可使增重加快。剪翅宜在幼鸽出壳后的3d内进行，出壳当天和第2天为宜，迟了则不利。当天出壳的肉鸽可在出壳后4～5h进行剪翅。用锋利的剪刀，于幼鸽翅膀基部0.5cm处剪断，并迅速用烫红的烙铁对伤口处烙烫止血，然后再放回笼中饲养。要保持安静，避免惊吓。经过几天的饲养就可看出剪翅增重的效果。如剪翅有困难，可用结实的尼龙线在幼鸽翅膀基部0.5cm处扎紧，至不出血为止，这样也可起到增重的作用。据有关资料介绍，在相同的饲养管理条件下，出壳后就剪翅饲养的幼鸽，28d后每只平均重750g，最重者可达940g，已达到成年肉鸽的最大体重；而出壳后未剪翅的肉鸽每只平均体重600g，最重为720g，分别比剪翅饲养的肉鸽少150g和220g。

（3）青年鸽的饲养管理

童鸽一般长到2月龄时已长成青年鸽，并开始换羽。此时，饲料配方中需适当增加能量饲料，如玉米、小麦用量等占85%～90%、火麻仁用量增为5%～6%，以促进羽毛的更新。3月龄第二性征有所表现，鸽子的活动能力及适应性增强，这时需要选优去劣。雌鸽、雄鸽应分开饲养。注意饲料的供给量，饲养肉鸽应增加饲料的营养水平和食量，促其肥育和早熟。种鸽要适当控制饲料的营养水平和食量，以防止鸽体太肥和早熟，每天供料以2～3次为宜，每次供料也不宜太多，以半小时吃完为宜。青年鸽的保健砂供给应充足，每天供给1～2次，每只鸽每天3～4g。

（4）产鸽的饲养管理

青年鸽一般长到5～6个月，鸽子的主翼大部分更换到最后1支，这时已经性成熟成为成鸽，可以进行配对。开产初期无精蛋数量多，应检查鸽的配对是否合理。配对前进行2次选优去劣及驱虫工作，也可选优、配对、驱虫三者同时进行。这样既省时省力，又可减少对鸽群的惊扰。如果实行笼养，选优驱虫后即可按雄雌成对放进鸽笼，通过笼养强制配对。这样既省时省力，又可减少对鸽群的骚扰。为了避免近亲交配，可进行人工选配。具体方法如下：将选好的1对鸽放入中间有栅栏相隔的笼中，使它们同饮一盆水，同吃一盆食，经过几天的培养，当雄鸽"咕咕"鸣叫，雌鸽频频点头时，可以拔去中间栅栏，让它们走近，当它们不时地亲吻，双双频频点头时，便可将它们放入繁殖笼中。配好对的生产鸽10d左右生1对蛋，第1枚蛋和第2枚蛋相隔36～48h。如果配对以后几十天不生蛋或只生下4枚蛋，应及时重新组合。繁殖笼太拥挤不能饲养出好种鸽，每一种鸽的活动空间不可少于80cm³。笼外挂上装有食、水、保健砂的3个盆子，让其自由采食。

种鸽一般在夏末秋初换羽1次，长达2个月左右，此时，大多数种鸽停止下蛋，故应降低饲料的质量并减少数量，使其营养水平下降，加快换羽，缩短换羽期。在换羽期可调整鸽群，淘汰生产性能较差、体弱多病及老龄少产的种鸽，补充优良的种鸽。换羽后要及时提高饲料的营养水平，促进种鸽尽快产蛋。当种鸽育雏时应添加新鲜蛋白质的豆类或花生和矿物质（尤其是磷和钙）分批饲喂。同时全面清洁消毒鸽舍内外、笼具及巢盆，使其体质迅速增强，让种群换羽后在卫生通风、透光、清新舒适的环境中再生产。

肉鸽有洗澡的生活习性，水浴、沙浴均可。冬季宜以沙浴为主，水浴为辅。可用浅盆盛水供鸽洗浴，水浴的次数原则上每月 2~3 次即可，水浴要选择晴天较温暖的上午 11~12 时进行。无论是沙浴还是水浴都必须投放消毒杀虫药物，如放 1%~2% 来苏尔稀释液、10%~20% 石灰乳或 0.1% 高锰酸钾（即 PP 粉）溶液等。冬季要防寒保暖，要杜绝鸽屋漏雪、漏雨和冷风贼风袭击，在管理上应选择保暖性能好的柔软的垫料，如 13~20cm 长的稻草等，确保鸽子安全过冬。

（七）大白鼠

大白鼠即实验用大鼠，属哺乳纲、啮齿目、鼠科。19 世纪后期开始人工饲养。

1. 饲养

大鼠饲料必须是营养完全的饲料，主要有动物性饲料、植物性饲料、维生素饲料。其饲料配方如下：面粉 20%、骨粉 4%、鱼粉 5%、盐 1%、酵母粉 1%、豆饼面 20%、玉米面 20%、高粱面 8%、鱼肝油 1%、麸皮 20%。若制成固体颗粒料，有条件的每 100kg 混合料中加入 10kg 鲜牛肉或兔肉（或不加），大鼠具随时、夜间采食之习性，因此不需每日定时喂料，2~3d 添 1 次即可。

2. 管理

鼠舍须具备良好的光线和通风，饲养室冬天注意保暖，夏季门窗外加纱布，防止蚊蝇飞入。笼养必须防止野猫和野鼠钻入。常用三角铁及圆铁做成长 160cm、宽 50cm 的鼠笼，可安置三层，每层放 4 只鼠。种鼠生产盒用铁皮做成，长 37cm、宽 26cm、高 17cm。注意每天给鼠喂新鲜食料 1 次。每周换窝草 2~3 次。管理人员应每天检查大鼠是否有疾病症状及摄食、粪便情况，并针对出现的病状，及时采取防治措施。

（八）家兔

家兔属于哺乳纲、兔形目，是常用的动物学、生理学、医学等的实验动物。实验用兔应选择健康活泼的成兔，体重 1.5~2kg，其表现为眼睛明亮，眼角干燥，毛色光滑，行动活泼，鼻孔无黏液。粪便粒长圆，润滑均匀。

1. 家兔的捕捉方法

正确的捉兔方法是用右手大把抓住颈后宽皮，轻轻提起，左手立即托住兔的臀部，使重量倾向左手，这样既不伤害兔，也防止兔抓伤人。切忌只抓双耳，因兔耳是软骨，不能承受全部重量，受拉捉时必因疼痛而挣扎，使耳根受伤，两耳垂落。若只抓家兔后腿，常因头部突然向下倒置，易发生脑充血而致死。

2. 饲养

兔舍要选择干燥、向阳、通风、光线充足的地方，并能防御狗、猫、鼠以及野兽侵害。室内笼养可用兔笼，笼壁用竹片、木板、砖或铁丝等做成，食槽、饮水器安装在笼门上，家兔喜食青绿和多汁饲料，对含水太多的蔬菜饲料，应晾干后限量喂饲。利用野草喂饲，注意剔除有毒的野草，如毛茛、石蒜等。此外，还可喂饲谷物、豆饼类饲料。喂料时要定时定量，经验是早餐早、中餐少、晚餐饱。

（九）豚鼠

豚鼠又称天竺鼠，分类属于哺乳纲、啮齿目、豚鼠科的小兽，原产南美洲巴西、乌拉圭等地，世界各地均有饲养，供作医学和生理学实验动物。

1. 形态特征

豚鼠体长约25cm，成鼠体重为450～700g。头较大，上唇分裂，眼明亮，耳朵短小，耳壳较薄，而血管鲜红色。体型短粗，身圆，颈部和四肢均较短，前肢4趾，后肢3趾，趾上爪短而锐利。无尾。豚鼠体色有白、黑和黄褐不一，全身被有长毛、短毛和硬毛。我国饲养的豚鼠多为短毛豚鼠（图12-4）。

图12-4　短毛豚鼠

2. 生活习性

豚鼠原生活于南美洲巴西、乌拉圭等地的旷野，多栖息于多岩地区的草原、沼泽地带和森林边缘，喜群居安静环境；畏寒、怕湿、怕热，性情温顺，胆小、机警，反应十分灵敏，任何响动及各种刺激都会导致其骚动与惊慌，白天穴居，夜间出来活动，以植物性食物为食。

公豚鼠6～8月龄、母豚鼠4～6月龄开始性成熟即可交配繁殖，妊娠期为68～72d，每胎产仔鼠2～3只，每年可产3胎。一般种用豚鼠可利用2～3年，2～3龄后不宜作种用。

3. 饲料管理

豚鼠可在笼具中饲养，豚鼠的饲料平时以青饲料为主，人工饲养饲喂豚鼠爱吃的含有纤维素较多的禾本科嫩草，特别是匍匐茎的青草，豚鼠对粗纤维的消化能力强，其消化率达38.2%。1只成年豚鼠每日需要青饲料150～200g，同时也应适当喂给一定的精料，1只成年豚鼠每日需喂精料50g左右。所需的精料种类应根据豚鼠对营养全面的要求制订出配合饲料，配方：玉米20%、麸皮21%、豆饼面25%、高粱面10%、大麦15%、鱼粉3%、酵母粉2%、骨粉3%、食盐1%。每100kg混合料中加入鱼肝油1kg。制作固型饲料时，每100kg混合料中另加草粉25kg，豚鼠对更换饲料非常敏感，会立即出现食欲减退现象，母豚鼠妊娠后期易流产。炎热夏季要适当增喂一些青饲料，并保证供给饮水。喂固型饲料的喂水量应增加3～4倍。一般1日分2次供给。

豚鼠饲养的管理方法基本上与家兔的管理方法相同，豚鼠的笼舍宜干燥防潮，要求室温18～22℃、相对湿度45%～55%。根据豚鼠既怕冷又怕热的习性，冬季寒冷应避风保暖，窝内要加垫干净垫草或干木屑保暖，夏季亦须防暑，加强室内通风，室温不得超过28℃，减少豚鼠的饲养密度，不可阳光直射，以防中暑死亡。豚鼠的性格胆怯，应保持环境安静，要防止豚鼠突然受惊吓。豚鼠喜欢干净，笼舍须每日定时打扫，笼具和食具要经常洗刷，定期消毒并要及时清除粪便、残食等。对怀孕和哺乳母鼠更须经常更换垫草，用干软稻草切成长15～18cm后加入箱内供其筑窝取暖。此外，豚鼠饲养室内应防止鼠害。豚鼠寿命一般为4～5年，寿命长的可活6～7年。

参考文献

[1] 李作龙，刘更. 生物标本的采集制作 [M]. 北京：光明日报出版社，1989.

[2] 冯典兴，关明军. 常见动植物标本制作 [M]. 北京：清华大学出版社，2020.

[3] 鲍方印、刘昌利. 生物标本制作 [M]. 合肥：合肥工业大学出版社，2008.

[4] 刘清廷. 一学就会的生物标本制作 [M]. 上海：上海科学普及出版社，2018.

[5] 辛广伟. 生物标本制作与艺术 [M]. 北京：北京大学出版社，2021.

[6] 佐藤佳代子著. 我的第一本标本制作书 [M]. 宋依阳译. 天津：天津科学技术出版社,2019.

[7] 珊丹，刘嘉晖. 北刘动物标本 [M]. 北京：北京美术摄影出版社,2021.

[8] 谢宗强，熊高明，神农架模式标本植物 [M]. 北京：科学出版社,2020.

[9] 贺士元，植物标本的采集、制作和保存 [J]，生物学通报，1981，(03)：56-58+55.

[10] 李玉平，崔宏安，慕小倩. 药用植物标本采集、鉴定、制作和保存 [J]. 江西农业学报，2007，(11)：46-51.

[11] 门秋雷，秦华光，穆丹. 建设高校生物标本馆 培养学生综合能力 [J]. 安庆师范大学学报（自然科学版），2022，28（4）：108-113.

[12] 李蕊. 在中国科学院海洋生物标本馆，开启科普和探秘之旅——"每件标本都在讲述海洋的故事" [N]. 人民日报，2023/09（013版）.

[13] 马荣，李婉婷，王安然，等. 新疆特色林业有害生物标本数字化的初步建设 [J]. 数字技术与应用，2022，40（7）：153-155.

[14] 李永民，禤志冰，郑涛，等. 生物标本制作课程思政元素挖掘与实践路径探究 [J]. 教育观察，2022，11（28）：91-94.

[15] 周银环，黄海立. 海洋经济生物标本的采集、制作和保存 [J]. 河北渔业，2014（06）：66-70.

[16] 杨广玲，张卫光，董会. 植物病害标本的采集制作与保存 [J]. 现代农业科技，2010（11）：188.

[17] 何建云，周鑫钰. 植物病虫害标本建设探讨——以湖南农业大学为例 [J]. 湖南农业科学，2015（1）：40-41.